六盘山森林生物多样性与生态效应

程积民　王双贵 等　编著

科学出版社

北京

内 容 简 介

　　本书通过森林生物多样性和生态效应调查，完成了对六盘山生物多样性、自然地理环境、社会经济状况和受威胁因素等的全面调查。本书主要内容包括动植物和菌物多样性、森林群落结构与生产力、土壤养分、社会经济、保护区管理、森林水文效应、森林固碳作用等。本书内容丰富翔实，注重理论与方法结合，基础与实用并重，是一本全面、细致的科学著作。

　　本书可供有关政府决策机构、从事自然保护区管理和生态恢复与保护的专业人员，以及从事自然科学研究的科研和教学人员参考。

图书在版编目（CIP）数据

　　六盘山森林生物多样性与生态效应/程积民等编著. —北京：科学出版社，2021.6

　　ISBN 978-7-03-053285-5

　　Ⅰ. ①六… Ⅱ. ①程… Ⅲ. ①六盘山–森林–生物多样性–生态效应 Ⅳ. ①S718

　　中国版本图书馆 CIP 数据核字（2021）第 113014 号

责任编辑：马　俊 / 责任校对：严　娜
责任印制：肖　兴 / 封面设计：无极书装

科 学 出 版 社 出版
北京东黄城根北街 16 号
邮政编码：100717
http://www.sciencep.com
中国科学院印刷厂 印刷
科学出版社发行　各地新华书店经销
*
2021 年 6 月第 一 版　开本：787×1092　1/16
2021 年 6 月第一次印刷　印张：15 1/2　插页 6
字数：368 000
定价：198.00 元
（如有印装质量问题，我社负责调换）

《六盘山森林生物多样性与生态效应》
编委会

前　言

六盘山位于我国黄土高原西部，地理位置处于东经 106°09′～106°30′，北纬 35°15′～35°41′。六盘山自然保护区南起陕西陇县，北到宁夏南部，走向为西北—东南，全长近 200 km，在宁夏境内约 110 km，平均宽约 40 km，山体起伏变化幅度较大，形成狭长的蛇状。六盘山自然保护区是我国西部重要的水源涵养林基地，是泾河、清水河和葫芦河的发源地。境内气候区属于中温带半湿润向半干旱的过渡带，完整的生态环境使这里成为黄土高原上的一颗"绿色明珠"，生物资源丰富多样的一座巨大的"基因库"。

六盘山自然保护区始建于 1982 年，1985 年宁夏回族自治区组织完成了对六盘山自然保护区的第一次综合科学考察，1988 年晋升为国家级水源涵养林自然保护区。

为了进一步查清自然保护区内森林植被恢复、建造与群落演变过程，为保护区建设和管理提供科学依据，2012 年 8 月，由六盘山林业局组织，西北农林科技大学、中国科学院水利部水土保持研究所、国家林业和草原局西北调查规划设计院、陕西省西安植物园等单位参加，共有来自科研、教学及有关部门的 30 余名专家和研究生组成"六盘山国家级自然保护区调查组"，分为自然环境、森林生物多样性与生物量、土壤、动物和保护区威胁因素等专业组对六盘山进行了全面的调查。2019 年由六盘山林业局负责，西北农林科技大学组织完成了六盘山第三次生物多样性调查。

经过大量的常规性调查，取得了重要的研究成果：通过野外植物标本采集，补充了大量前人未发现的植物，使该地区植物种类由 788 种增加到 1069 种，发现了宁夏新记录植物 6 种，并编著了《六盘山植物》；对六盘山主要森林群落类型按照树种选择标准木，分不同类型和器官（乔、灌、草、根系、枯枝落叶）进行生物量和固碳潜力测定，得出了六盘山不同森林群落类型总生物量和碳的变化趋势与潜力；按照森林群落水平样带 (东北—西南) 和垂直梯度 (海拔 1750～2900 m) 的调查方法，对主要森林群落类型的土壤物理化学性质进行了测定分析，明确了不同森林群落类型的土壤结构与养分变化趋势；通过野外考察与红外线固定连续拍摄，在前期考察提出的国家重点保护野生动物分布的基础上，进一步明确了动物的分布数量与生存变化规律；全面翔实地分析了自然保护区及周边社区社会经济的变化情况，结合国家退耕还林和生态环境保护，提出了不同区域的发展目标与对策。

经过对调查资料和测试样品数据进行系统整理分析，编纂出版本书。本书由中国科学院水利部水土保持研究所、国家林业和草原局西北调查规划设计院、陕西省西安植物园等单位参加编写。各章节编写人员：第一章总述 (程积民、郭梁、程杰、王双贵、许肖昀、闫德友、王伟智、李敏)；第二章自然环境 (程积民、郭梁、程杰、刘志安、于华学、董克库、樊亚鹏、张莹)；第三章植物多样性 (程积民、郭梁、程杰、金晶炜、李伟、王双贵、杨瑞俊、王华玺、郭志文、韩宏)；第四章主要森林类型细根生物量 (程积民、李伟、高阳、何高吉、胡永强、黄德喜、杨建祥)；第五章动物多样性特征 (程积民、王双贵、郭志宏、程晓福、马忠虎、慕占智、高军、高睿、管洪信、曹荣荣);第六章森林生态系统组成结构和功能(程积民、李伟、马宏选、马明利、张敏、张星、杨彩虹、殷晓慧、杨麦艳、黄君、贾旭、景文科、兰菊梅);第七章森林土壤结构与养分特征(程积民、金晶炜、程杰、常雪芬、陈凯、陈伟);第八章森林生态系统的固碳特征(程积民、井光花、马正锐、高阳、刘伟、曹贵霞、曹强、舒静良、司绍山、苏玉兵);第九章森林枯落物生态水文效应(程积民、井光花、赵艳云、赵兴元、周海明、禹万贵、张隆春、李宏生、李娜);第十章森林植被水源涵养效应(程积民、王彦辉、井光花、郭浩、金晶炜、王喜宏、黄君、贾旭、梁磊、明小强);第十一章自然保护区管理(程积民、王双贵、王克祥、于文有、郭志宏、夏固成、徐秀琴、张敏、张星、张永涛);第十二章自然保护区评价(程积民、刘志安、于华学、王克祥、于文有、王双贵、田瑛、马伯丞、马广华),程积民教授负责统稿和定稿。

《六盘山森林生物多样性与生态效应》是在自然保护区第二次科学考察的基础上,2019年由六盘山林业局、西北农林科技大学、中国科学院水利部水土保持研究所、国家林业和草原局西北调查规划设计院、旱区生态水文与灾害防治国家林业和草原局重点实验室、陕西省西安植物园和庆阳市农业科学研究院等单位的研究人员和师生结合六盘山自然保护区生态系统服务功能评价项目共同完成。

由于我们专业知识有限,疏漏难免,诚请读者批评指正。

作 者

2021年1月

目　　录

图版

第一章 总 述

第一节 自然保护区地理概况

一、地理位置

六盘山水源涵养林自然保护区位于我国西北东部、黄土高原的西部、宁夏回族自治区的南部，总面积为 90 071 hm^2。主峰位于宁夏泾源、隆德两县交界处的米缸山，海拔最高峰达 2942 m，一般分布于海拔 2300～2600 m，地理位置处于东经 106°09′～106°30′，北纬 35°15′～35°41′。它是我国西部半干旱区重要的生态屏障，对调节周边的天然降水、改善区域生态环境具有重要的意义。

二、地界区划

六盘山水源涵养林自然保护区南起陕西省陇县，北跨宁夏南部的固原、隆德、泾源3 县，山体为西北—东南走向，全长近 200 km，在宁夏境内约 110 km，平均宽约 40 km，山体间连绵起伏，变化幅度较大，形成狭长的蛇状 (石仲选等，2014)。

三、保护区面积

根据 1999 年森林资源调查统计，六盘山林区总面积 67 864 hm^2，林业用地面积 58 883 hm^2，非林业用地面积 8981 hm^2。林业用地中有林地面积 32 469 hm^2，疏林地面积 878 hm^2，灌木林地面积 8102 hm^2，未成林造林地面积 3164 hm^2，苗圃地面积 60 hm^2，宜林地面积 14 210 hm^2。森林覆盖率为 59.5%。根据 2011 年森林资源调查统计，六盘山林区总面积 74 071 hm^2，林业用地面积 67 824 hm^2，非林业用地面积 6247 hm^2。林业用地中有林地面积 40 520 hm^2，疏林地面积 488 hm^2，灌木林地面积 1827 hm^2，未成林造林地面积 9377 hm^2，苗圃地面积 77 hm^2，宜林地面积 15 535 hm^2。森林覆盖率为 64.5%，见表 1-1。

四、行政划分

六盘山自然保护区始建于 1982 年，1988 年晋升为国家级水源涵养林自然保护区，行政隶属宁夏固原市人民政府，土地属国家所有。管理部门现挂牌为宁夏六盘山国家级自然保护区管理局、宁夏六盘山国家森林公园管理局、固原市六盘山林业局，为了精简机构，提高工作效率，行政设置为三块牌子一套班子管理。

表 1-1　六盘山林业局不同时期土地面积表

地类		1985 年		1999 年		2011 年	
		面积/hm²	比例/%	面积/hm²	比例/%	面积/hm²	比例/%
林业用地	有林地	25 501	37.58	32 469	47.84	40 520	44.99
	疏林地	3 527	5.2	878	1.29	488	0.54
	灌木林地	10 669	15.72	8 102	11.94	1 827	19.79
	未成林造林地	3 265	4.81	3 164	4.66	9 377	10.41
	苗圃地	44	0.06	60	0.09	77	0.09
	宜林地	16 662	24.55	14 210	20.94	15 535	17.25
	合计	59 668	87.92	58 883	86.77	67 824	93.06
非林业用地	合计	8 196	12.08	8 981	13.23	6 247	6.94
森林覆盖率/%		46.3		59.5		64.5	
总面积		67 864	100	67 864	100	74 071	100

第二节　自然地理

六盘山自然保护区具有多种生态系统特征和自然地质地貌景观类型。六盘山山势雄伟，保护区内多以中山、丘陵为主，山峰两侧山地坡度陡峭，基岩裸露，多处坡度都为 25°～30°，部分可达 40°以上。两侧稍远低山处坡度稍缓，一般为 15°～25°。山体多以石质为主，土层较薄，母岩为红色砂岩、石灰页岩 (张千千等，2009)。六盘山是一座由石质山地组成的狭长蛇状群山，地势呈现东南高西北低的趋势。山地两侧及山前丘陵海拔为 1700～2000 m。从整个地区的地貌类型来看，同样具有较大的过渡性特点。其中，从六盘山中心的林区到其北侧的边缘地带表现为石质山地→土石山区→黄土高原丘陵区的过渡特点。

第三节　动植物资源

六盘山自然保护区自然资源丰富，形成由湿润植物群落和半干旱植物群落组成的地带群落交错的特征，植被类型随着海拔的变化而分为温带落叶阔叶林、针阔叶混交林、山地灌丛草原、山地草地草原和亚高山草甸，称得上是黄土高原上的"绿岛"。区内动植物资源丰富。

六盘山地区共有维管植物 110 科 462 属 1180 种，其中蕨类植物 11 科 18 属 31 种；裸子植物 3 科 6 属 9 种；被子植物 96 科 438 属 1140 种。经济价值较高的资源植物 153 种，属国家重点保护野生植物的有桃儿七、黄芪、水曲柳 3 种，主要造林树种及经济植物有 69 种，其中山杨、白桦、红桦、辽东栎、华山松是组成六盘山次生林的优势建群树种。人工林主要造林树种有华北落叶松、油松、青海云杉等。组成天然林的主要树种有桦类、山杨、辽东栎、华山松、椴树、山柳、春榆等。重要药用植物 51 种，其中比较名贵的有党参、贝母、黄芪、桃儿七等。六盘山有特有植物 2 种，即四花早熟禾和紫穗鹅观草。

脊椎动物有 25 目 61 科 143 属 227 种，其中，哺乳类 6 目 16 科 33 属 47 种；鸟类 15 目 36 科 98 属 160 种；爬行类 2 目 4 科 4 属 8 种；两栖类 1 目 3 科 3 属 6 种；鱼类 1 目 2 科 5 属 6 种。国家 I 级重点保护野生动物有金钱豹、林麝、红腹锦鸡和金雕等；昆虫资源有 20 目 197 科 1792 种，其中有珍贵稀有的金蝠蛾、丝粉蝶、波纹水蜡蛾等 (郜二虎等，2007)。区内年降水量 600～800 mm，年径流量 2.1×10^8 m^3。区内有大小河流 65 条，森林总调蓄能力为 2840×10^4 t，相当于径流总量的 3.5%，地下径流量的 2.0% 为径河、清水河和葫芦河提供了充足的水源，使六盘山成为生物资源丰富多样的一座巨大的"基因库"。

第四节 社会经济

一、行政区划

六盘山自然保护区位于宁夏回族自治区南部，行政区划跨泾源县、隆德县、彭阳县、原州区、西吉县和海原县 6 个县 (区)。长期生活在六盘山自然保护区范围内的农户约 3500 人，分布在泾源、隆德两县 6 个乡镇约 26 个行政村。

二、经济效益

宁夏六盘山是我国西部重要的苗木繁育基地，水分、热量、土壤适宜于苗木的繁育与生长。近年来，六盘山林区周边的广大群众，响应国家西部大开发的良好政策，根据国家退耕还林工程的需要积极建立育苗基地，并组织群众协会，参加成员已达万余人，每年投入资金近亿元。为本地区预植和培育各种苗木、城市绿化用花草、中药材等品种上百种，目前，大小不等的各种苗木、花草、中药材种植和培育面积达千万亩①，为建设城镇绿化工程、增加农民经济效益，创造了良好的条件。宁夏六盘山苗木基地成活率高达 95% 以上，苗木基地每年可接待各地客户达上百人，成交率达 90% 以上。苗木销往陕西、甘肃、内蒙古、新疆、青海、山东、山西及东北三省一带等地区，是我国西北部最大、最全的苗木花卉植物繁育基地，也是"百万元成交信得过"的苗木生产基地。这里气候湿润，土地肥沃，是最适合培养各种苗木、花草、中药材、树种子等的绿色基地。近年来受该产业发展的影响，人们的生活、生存环境发生了巨大的改变，尤其是以六盘山自然保护区为主体的荒山荒滩也变成了美丽的旅游景点和休闲娱乐的避暑山庄。

三、社会成效

六盘山地区是回族和汉族的聚居区，中华人民共和国成立初期人口迅速增加，对农、林、草地生态系统的需求和依赖性增大，加上生产方式落后，生产力低下，一方面不断地开垦林地、草地；另一方面将土壤肥力消耗殆尽的农田撂荒，结果使林草植被得不到恢复，植物群落的生产力降低。开荒垦地、伐木、放牧、挖药等多种人为活动的影响，

---

① 1 亩≈666.7m^2，下同。

使得当地原始植被遭到严重破坏。自 20 世纪 80 年代以来，在六盘山林业局的经营与管理下，六盘山的林业建设取得了巨大成效，生态、社会和经济效益显著。据计算，六盘山水源涵养林的水源涵养能力达 2.6 亿 t，是一座巨大的天然水库，木材蓄积量直接经济效益高达 18.87 亿元，旅游社会性收入每年为 5500 万元，是名副其实的"高原绿岛"。农业特色优势产业产值占农业总产值的比例提高到 80%。工业增加值占 GDP 的比例提高到 20% 以上，在提高人民生活水平上，城镇居民人均可支配收入、农民人均纯收入增长 10% 以上 (李玉军，2015)，完成了 23.25 万人口的生态移民工程，有效地保护了森林植被。

第五节 保护区范围及功能区划

六盘山自然保护区地跨泾源、彭阳、原州、隆德、西吉、海原五县一区的部分地区，保护区总面积 90 071 hm^2，涉及流域面积 294 100 hm^2。

六盘山自然保护区下设二龙河、龙潭、红峡、秋千架、西峡、东山坡、和尚铺台、卧羊川、绿塬、青石嘴、水沟和挂马沟等林场。六盘山林区森林主要分布于六盘山东西两侧的阴坡、半阴坡及半阳坡，阳坡多为灌丛和草地，乔木常以稀疏分布为主。生长较好的天然林多集中分布于二龙河、龙潭、西峡和苏台林场，人工林多集中分布于峰台、和尚铺台和东山坡林场等。

第六节 保护区综合评价

国家生态补偿机制的建立健全，是落实科学发展观与科学技术是第一生产力的重大举措，也是完善社会主义计划经济向市场经济体制转变的重要组成部分。2005 年，党的十六届五中全会明确要求，要按照"谁开发、谁保护，谁受益、谁补偿"的原则，建立健全生态补偿机制。同年 12 月颁布的《国务院关于落实科学发展观加强环境保护的决定》，提出要"完善生态补偿政策，尽快建立生态补偿机制。中央和地方财政转移支付应考虑生态补偿因素"。国家在"十二五"规划中强调要进一步加快建立生态补偿机制。到 2010 年年底《全国主体生态功能区规划》出台，为建立生态补偿机制确立了空间布局框架和体制基础。2011 年中央一号文件指出：加强水源地保护，依法划定饮用水水源保护区，强化饮用水水源应急管理，建立水生态补偿机制。2012 年，党的十八大报告明确要求，大力推行生态文明建设，加大对自然生态系统和环境的保护力度，实施重大生态修复工程，增强生态产品生产能力，推进荒漠化、石漠化、水土流失综合治理，扩大森林、湖泊、湿地面积，保护生物多样性，加快水利建设，增强城乡防洪、抗旱、排涝能力。加强防灾减灾体系建设，提高气象、地质、地震灾害防御能力。坚持以预防为主、综合治理，以解决损害群众健康的突出环境问题为重点，强化水、大气、土壤等污染防治。坚持共同但有区别的责任原则、公平原则、各自能力原则，同国际社会一道积极应对全球气候变化。六盘山自然保护区具有重要的水源涵养林作用。中国有关生态补偿的实践开始于 20 世纪 90 年代初期，经过十多年的建设与发展，总体框架已初步形成，目前，实践工作主要集中在森林与自然保护区、重点生态功能区、流域和矿产资源开发的生态补偿等方面。

2019 年，为深入贯彻落实习近平总书记"山水林田湖草是共同生命体"的立体思维精神，推进山水林田湖草生态修复与保护工作，六盘山林业局率先对保护区生态修复工作进行了深入研究，并对国家生态补偿整体工作做出了新的部署，对于森林生态补偿，要求逐步提高国家的补助标准；对于草原生态补偿，要求按照核减超载牲畜数量、核定禁牧休牧面积的办法进行补偿；对于流域生态补偿，中央财政将加大对上游地区等重点生态功能区的均衡性转移支付力度，同时鼓励同一流域上下游生态保护与生态受益地区之间建立生态补偿机制；对于矿产资源开发生态补偿，明确要求建立资源企业可持续发展准备金制度，矿产资源所在地政府对企业提取的准备金要按一定比例统筹使用。现代林业建设的主要目标是构建三大体系，首先是完善林业生态体系，其次是培育发达的林业产业体系，最终建立繁荣的林业生态文化体系。六盘山自然保护区对于林业生态体系和林业产业体系研究较多，而对于林业生态文化体系的深入研究却少有报道。森林文化是生态文化的主体，如何构建繁荣的森林文化体系，如何评价森林文化则是研究繁荣的生态文化体系的理论和技术基础。另外，森林健康的评价指标体系包括 4 部分，即生态、社会、经济和文化。因此，森林文化研究与评价不但对于现代林业建设，而且对于森林健康都有重要意义。目前，六盘山自然保护区总体是：常绿针叶林林相整齐，天然更新与顺向演替趋势明显；落叶阔叶林乔木-灌木-草本-枯枝落叶层次结构合理，具有重要的水源涵养林作用，森林生态效益显著。六盘山自然保护区把林业建设与生态旅游相结合，既丰富了森林文化体系，又增加了周边群众的经济收入，促进了林业的保护与建设。

第七节　保护区的创新思路

应用新技术（GIS、无人机、红外相机等），对保护区及其周边区域的生态环境问题进行综合评估，高效率、高精度地动态监测生态环境数据变化，保障保护区生态修复规划、治理的科学性。

参 考 文 献

郜二虎，胡德夫，王志臣，等. 2007. 宁夏六盘山自然保护区金钱豹资源初步调查. 林业资源管理, (1): 68, 80-82.

郭浩. 2006. 六盘山水源涵养林研究. 北京: 中国林业科学研究院博士后研究工作报告.

李玉军. 2015. 宁夏农业农村经济发展面临的矛盾和挑战. 北京农业, (34): 180, 181.

六盘山自然保护区科学考察编委会. 1988. 六盘山自然保护区科学考察. 银川: 宁夏人民出版社: 10-20.

石仲选，胡永强，曹荣荣. 2014. 六盘山国家自然保护区森林生态系统服务功能价值评估. 陕西农业科学, 60(6): 102-104.

张千千，王彦辉，缪丽萍，等. 2009. 六盘山叠叠沟小流域草本地上生物量的空间变化及其与环境因子的关系. 中国农学通报, 25(4): 82-87.

第二章 自 然 环 境

第一节 地 质

六盘山自然保护区处于华北地台与祁连山系地槽之间的过渡带。在中生代晚期，六盘山区曾强烈下沉，形成了一个较大的内陆盆地。在燕山运动和喜马拉雅造山运动的作用下，多次褶皱成山并发生断裂，致使六盘山表现出断裂山的特征；第四纪期间，断裂上升仍在继续。在长期内外营力的作用下，形成强烈切割的中山地貌。六盘山为石质山地，地势呈现东南高西北低的趋势。本区位于青藏高原东北缘，是我国中央造山系的重要组成部分，主体隶属祁连山造山带东段，贺兰山—六盘山南北向构造带与其斜接，西秦岭造山带与本区南部毗邻，独特的大地构造位置使本区在丰富和发展大陆造山带的形成过程、组成结构及动力学机制等方面具有举足轻重的作用。本区经历了自元古代以来的不同时代、不同层次、不同性质的构造变形的叠加改造，形成复杂多样的构造样式和组合，记录了陆壳形成—裂解—俯冲—造山—碰撞造山—陆内叠覆造山的复杂的地质发展过程。六盘山主体由早白垩世六盘山群山麓相、辫状三角洲、湖泊相陆源碎屑岩及碳酸盐岩组成，构造岩体以自西向东为主导的中高角度多层次构造为特点，经历了加里东期—燕山期—喜山期的构造变形。特殊的大地构造位置，丰富多彩的地质构造现象，使六盘山走滑逆冲推覆构造成为认识我国逆冲推覆构造的窗口。

第二节 地 貌 特 征

六盘山由关山、月亮山和马东山三大支脉体系构成，属于宁夏南部地区最高的山系，也是水系、气候、植被重要的天然分界线与发源地。六盘山最高峰米缸山海拔为2942 m，山脉呈西北向延伸，山体陡峻，峡谷深邃，像巨大的绿色长城把黄土高原分成东西两大部分，构成清水河、泾河、葫芦河的发源地和分水岭，也是宁夏重要的三大天然林区(北部贺兰山、中部大罗山、南部六盘山)之一。

关山：六盘山的主体，包括两列南北走向的山脉，西列为六盘山山地主脉，即狭义的六盘山，又称为大关山，海拔一般在2500 m以上，山体狭窄，宽5～10 km，地貌类型为流水侵蚀碎屑岩和泥质岩为主的山地。东列称为小关山，长约70 km，宽10 km左右，海拔为2000～2400 m，地貌类型为流水侵蚀碎屑岩和泥质岩为主的山地。大小关山两侧为红岩石丘陵，两者之间是一条宽约5 km、堆积古近纪红岩和第四纪黄土的新生代断陷谷地，地貌类型为流水侵蚀的红岩石丘陵 (王有元和王廷印，2004)。

月亮山：山体西缘海拔在2500 m以上，主峰海拔为2633 m，向东海拔逐渐降至2100 m。在西侧坡度短而陡峭，断层崖清晰，高差在400 m左右；在东侧坡度长而较平缓，前缘断层崖高差在100 m左右。地貌类型东部是以干燥剥蚀泥质岩为主的山地，西部是以干燥剥蚀碎屑岩为主的山地。在位于西吉县境内的火石寨一带，砂岩受风化和风蚀的危害，发育形成了明显的丹霞地貌。

马东山：最高峰石窑子海拔为 2351 m，山体近于南北走向，地貌类型是以干燥剥蚀泥质岩为主的山地，山地两侧为干燥剥蚀红岩丘陵，马东山西麓泥石流发育，容易形成严重的水土流失。

第三节 气 候

六盘山自然保护区处于东亚季风区的边缘，夏季受东南季风的影响，冬季受干冷的蒙古高压气流控制，形成四季分明、年温差和日温差较大的大陆性季风气候特征；冬季寒冷干燥，夏季高温多雨，春季升温快，秋季降温快。在自然地理区划上处于暖温带半湿润区向半干旱区过渡的地带。年日照时数为 2100～2400 h，年平均温度为 5.8℃，最热月 (7 月) 平均气温为 17.4℃，最冷月 (1 月) 平均气温为 -7.0℃，极端最高温度为 30℃；极端最低温度为 -26℃。≥10℃积温为 1846.6℃，无霜期 90～130 d。年均降水量为 676 mm，多集中于夏季，6～9 月的降水量占全年降水量的 73.3%，由于受局部地形的影响，在六盘山的东南坡降水量较大，随着高程的增加其增加率也在加大；但是在六盘山的西北坡，水汽较少，降水量相应减少，随高程的变化增加率相对较小 (王晶，2009)。

通过对距六盘山最近的泾源县的气象站多年的气象资料分析，了解到气象要素的变化规律。多年气象要素月平均值统计情况见表 2-1。该气象站位于六盘山山脚的泾源县城西侧，其海拔为 1960 m，低于香水河小流域出口 110 m，基本能代表六盘山区的气象条件。泾源站的降水主要集中于 6～9 月，占年总降水量的 71.8%。受森林的影响，降水量自 4 月就成倍增加，达到 29.3 mm，5 月达到 57.9 mm，到 10 月仍然高达 49.4 mm。蒸发主要集中于 4～9 月，占全年总蒸发量的 67.6%。地温(地表温度)及气温以 7 月最高，1 月最低。年均湿度为 65.0%，8 月最高，12 月最低。在该区域内，随着海拔的升高，地表平均气温、≥10℃积温、年总蒸发量均降低，而平均风速、年降水量及平均湿度则升高。海拔每升高 100 m，年均降水量增加 4.23 mm，气温降低 0.23℃，地表温度降低 0.43℃，≥10℃积温降低 135.4℃，而年总蒸发量降低 31.2 mm (刘引鸽，2007)。

表 2-1 泾源气象站近年 (1995～2004 年) 气象要素月平均值统计表

气象指标	月份											
	1	2	3	4	5	6	7	8	9	10	11	12
地温/℃	-5.1	-1.8	3.9	11.4	16.7	21.6	22.2	19.9	14.9	8.2	1.7	-3.6
风速/(m/s)	3.3	3.4	3.7	3.8	3.6	3.3	3.3	3.3	3.5	3.4	3.7	3.6
降水量/mm	5.5	7.7	11.8	29.3	57.9	87.2	134.5	129.2	89.5	49.4	8.7	2.9
蒸发量/mm	57.4	62.5	112.1	170.2	187.5	183.2	176.2	146.9	109.2	93.0	75.8	64.4
气温/℃	-6.2	-3.6	1.5	7.8	12.3	16.2	17.9	16.5	12.4	6.6	0.7	-4.4
湿度/%	62.6	64.4	62.6	59.8	65.0	68.7	79.2	81.0	79.1	72.2	62.7	56.9

一、气温

（一）平均气温

气温是影响植物生长的最重要的气候要素。对于不同森林区域植物生长的健康，气温起着直接的作用，本森林区多年来平均温度为 5.8℃，平均最低气温为–3.85℃（11 月），最高气温为 12.17℃（7 月）。在区域内受地形地貌的影响，气温变化差异较大，尤其是在高海拔的山顶和低海拔的山脚常常受温度的影响，六盘山森林植被的分布、生长、演替及其组成与结构差异明显。

（二）积温

积温指标不仅因生物种类和发育期不同而有异，在地区之间和年际也有一定的变动。这是因为生物的发育有赖于外界环境条件的综合作用，只有在其他条件得到满足时，温度才对生物发育速度起主导作用，而外界环境条件实际上是在不断变化的。同时，各种生物对温度变化都有一定的适应能力，生物积温指标的稳定性只是相对的。因此，掌握某一地区的积温变化过程，是进行农业、林业气候区划，合理配置森林树种结构，进行物候期、病虫害发生期等预测预报的重要科学依据。一般常用的积温有≥0℃和≥10℃两种。六盘山区日平均气温稳定在 0℃ 以上的日数在 220 d 以下，≥10℃年积温为 1846.6℃左右，是宁夏积温最低的地区之一。

二、太阳辐射及日照

太阳辐射和日照是重要的气象要素之一。日照表示一地接收太阳光照射的状况，是一种十分重要的自然能源。日照可用日照时数和日照百分率两个指标来表示。海拔较高，森林植被垂直分布界线明显，大气透光度较强，辐射强度高，日照时间长。年平均太阳总辐射量为 4950～6100 MJ/m^2，年日照时数为 2100～2400 h，日照百分率为 50%～69%，是全国日照资源较为丰富的地区之一。

三、降水量

六盘山区多年平均降水量为 630.78 mm，降水量由南向北递减，为宁夏南部的降水中心。降水量季节分配极不均匀，降水多集中于 6～9 月，降水量占全年降水量的 71%，6～9 月降水量占全年比例最大的郭岔站为 73.3%，最小的月亮山站为 67.5%。最大降水量出现在 7 月或 8 月，以 8 月出现次数居多，12 月降水量最少。降水量的年际变化不大，20 世纪 70 年代的年平均降水量为 620.22 mm，80 年代的年平均降水量为 663.02 mm，90 年代的年平均降水量为 610.46 mm，2000～2004 年的年平均降水量为 629.45 mm，2006～2011 年的年平均降水量为 642.5 mm。

四、蒸发量

六盘山区多年平均蒸发量为 1102.80 mm，是多年平均降水量的 1.7 倍，从 20 世纪 70 年代至 2004 年，年平均蒸发量的年际变化趋于减少，表明六盘山自然保护区对小气候的调节作用明显，生态正效应已开始显现。

水面蒸发量以 E601 型蒸发值为准，它是反映蒸发能力的重要指标，反映了当供水充分时，该地的全部热能将蒸发掉这些水量，以毫米计。保护区内年水面蒸发量变化为 750～1000 mm，为宁夏境内水面蒸发量最少的地区，随高程的增加蒸发减少，六盘山高山气象站为实测最小值，平均年蒸发量为 720 mm。水面蒸发的年际变化一般为 20% 左右，多雨年份相对较小，干旱年份大。水面蒸发年内变化较大，11 月至翌年 3 月为结冰期，蒸发量小，占全年的 20% 左右。水面蒸发量最小月一般出现在气温最低月的 12 月和 1 月。春季风大，气温较高，蒸发量增大，4～6 月气温升高，风大，蒸发量大，可占全年的 40% 左右，各站多年平均最大水面蒸发量多出现在 5 月，为 120～160 mm，约占全年的 1/7。5 月是宁南山区夏粮作物主要的生长需水期，水面蒸发量最大，旱情频繁发生。7～8 月气温显著升高，但相对湿度大，风速小，蒸发量较 4～6 月小，占全年的 25% 左右。随气温的下降，9 月和 10 月水面蒸发量逐渐减少，蒸发量占全年的 15% 左右，详见表 2-2。

表 2-2 六盘山林区蒸发代表站多年平均水面蒸发量月分配 (E601 型蒸发皿) (单位：mm)

站名	多年平均月水面蒸发量												全年
	1 月	2 月	3 月	4 月	5 月	6 月	7 月	8 月	9 月	10 月	11 月	12 月	
原州区	29.6	36	71.1	113.7	138.1	136.1	112.2	101.4	67.6	55.3	37.1	28.9	927.8
泾源	46.6	21.6	44.2	92.2	157.1	150.8	136.1	78.6	36.6	52.5	33.8	41.7	891.7
西吉	28.3	34.1	51.9	89.2	133	92.3	102.1	108.3	89.5	58.5	27.2	16.7	831
隆德	27.2	32.7	62.6	96.5	121.6	113.5	103.6	98.1	63.7	49.1	31.6	24.6	824.8
彭阳	24	30.3	57.9	107.7	129	118.1	125.7	104.3	68.1	54.9	34.4	24.2	878.6

资料来源：《宁夏六盘山自然保护区水文考察报告》，内部资料。

陆面蒸发为土壤蒸发、植物散发和地面水体蒸发的综合值，即流域或区域内的总蒸发量，是流域的实际蒸发消耗量。陆面蒸发与降水、河川径流和地下水径流有密切的关系。山丘区河流如果河床切割较深、地表水与地下水的分水岭基本为一致的闭合流域，在多年平均情况下，地下水的蓄变量 ΔW 为零。根据水量平衡原理，多年平均陆地蒸发量 (E) 可用多年平均年降水量 (P) 与多年平均河川径流量 (R) 的差值求得 (单位均为 mm)，即 $E=P-R$。为补充站点不足，将多年平均降水量等值线和多年平均径流深等值线重合在一起求出两条等值线交叉点处的陆地蒸发。保护区陆面蒸发量的变化趋势、走向与年降水量相似，南部大，向北递减，蒸发量为 380～500 mm。降水量大的地区，陆地蒸发值相应也大。六盘山区陆面蒸发量为 500 mm 左右，低山丘陵一带植被差，气温高，年陆面蒸发量略大于 500 mm；地势较高区，是森林植被生产较好的林区，年陆面蒸发量为 450 mm 左右。月亮山区陆面蒸发量为 380～430 mm。

五、主要气象灾害

六盘山自然保护区属于温带半湿润区，为典型的森林草原类型气候，呈现"春寒、夏凉、秋短、冬长"的气候特点 (徐振贤等, 2014)。自然灾害频繁，主要灾害有暴雨、霜冻、冰雹、雷电、连阴雨和干旱等，可直接影响森林植被的正常生长，同时，在一些特殊地段 (山顶、风口、洼地等)，常受霜冻、冰雹或干旱的影响。

(一) 暴雨

保护区受季风和地形地貌的影响，暴雨天气具有明显的地域性和季节性特点。保护区暴雨特点是"暴雨次数少、历时短、覆盖面积小、雨强较大"，相应的洪水危害特性是"次数少、局地性大"。暴雨特性稍有差异，暴雨次数相对较多，可占全区的1/2，每年3～4次，历时较长，一般可达6～24 h，而半干旱、干旱区大多在6 h以下，覆盖范围稍大，即易受大的天气系统影响，雨区范围大，但其中又可伴有中小尺度的天气系统，造成大范围降水中有局地性短历时大暴雨。汛期局地强对流天气频发，常造成流域性洪涝灾害，年平均3.6次。暴雨的季节分布呈夏多春秋少的特点，暴雨发生于3～9月，集中于6～9月，年际变化幅度较大。

(二) 霜冻

六盘山保护区在春秋转换季节的时期，经常会出现较强的霜冻天气，霜冻初日一般发生在9月下旬，最晚可出现在10月上旬，持续到翌年5月上旬或中旬。全年无霜期有120～170 d。春季树木萌芽，开花期偏早，常遇到晚霜冻害侵袭，受害严重。

(三) 冰雹

冰雹是仅次于干旱的主要气象灾害之一，由于保护区地形复杂，森林植被覆盖率高，温度变化剧烈，对流云层容易形成和发展。冰雹发生的时间一般为3～10月，多集中于5～8月，成灾的冰雹主要分布于6～8月。冰雹对工农业生产都有不同程度的危害。

(四) 雷电

雷电灾害是最严重的10种自然灾害之一，常常造成人畜伤亡、树木断裂、引发火灾及电力通信瘫痪等，可带来巨大的经济损失。

(五) 连阴雨

连阴雨的时空分布多呈现出明显的季节性与地域性。在季节上保护区主要受夏季和秋季连阴雨的影响，一般出现于6～10月，集中出现于8～9月，时间跨度比较大。连阴雨主要危害农作物的生长和树木的正常发育，尤其是在农作物和树木的生长发育期间，连阴雨天气使空气和土壤长时间潮湿，日照严重不足，既直接影响农作物的土壤结构，又影响森林植被的正常生长发育，还会滋生病虫害。例如，六盘山保护区的华北落叶松人工林受叶蜂的影响，保护区每年要投入大量的资金进行防治。落叶松叶蜂暴发时对落叶松生长的影响是明显的，连年叶量损失均在50%以上，高生长及枝生长将下降

6.12 cm/a，胸径增量损失 16.10%。虫害较轻年份的材积年增量损失 0.8528 m^3/hm^2，严重年份损失 2.1706 m^3/hm^2。

(六) 干旱

干旱是危害最严重的气象灾害之一，干旱在春夏季节发生较多 (王素艳等，2013)。据气象观测，本区发生干旱的概率为 20%，即平均 5 年一遇。六盘山保护区地处中纬度内陆地区，受西风带、副热带控制，水汽来源缺乏，导致水分分布极不平衡，一般干旱多发生在林区覆盖率比较低的农田。

第四节　水　文[①]

一、地下水资源

六盘山保护区地下水资源总面积为 2940.75 km^2，主要分布在大小关山、马东山、月亮山 3 个亚区，其面积分别为 1912.97 km^2、282.71 km^2、745.07 km^2。该区域受地质构造和降水渗入作用的影响，地下水资源较为贫乏，在地壳表层的地层中储存有地下水，地层的溶洞、孔洞、孔隙和裂隙等是地下水主要的分布场所，潜水资源总量每年只有 0.58 亿 m^3。六盘山自然保护区地下水资源评价结果表明：地下水天然补给资源量为 $2.006×10^8$ m^3/a，其中 <1 g/L 的淡水为 $1.9251×10^8$ m^3/a，占地下水天然补给资源量的 95.97%，1～3 g/L 的微咸水为 $0.0804×10^8$ m^3/a，占地下水天然补给资源量的 4.01%；地下水可开采资源量为 $0.0460×10^8$ m^3/a，其中，<1 g/L 的淡水为 $0.0432×10^8$ m^3/a，占地下水可开采资源量的 93.91%，1～3 g/L 的微咸水为 $0.0028×10^8$ m^3/a，占地下水可开采资源量的 6.09%。地下水径流模数大于 $3×10^4$ $m^3/(km^2·a)$，矿化度小于 1 g/L，水化学类型一般为 HCO_3-Ca 水和 HCO_3-Ca-Mg 水，地下水中缺碘，易引起地方性甲状腺肿。

二、地表水资源

六盘山保护区是宁夏降水量较为丰富的地区，天然地表水资源充沛，地表水资源量为 3.163 亿 m^3，占全区地表水资源总量 (9.493 亿 m^3) 的 33.3%，即全区 1/3 的地表水资源量分布在保护区内。全保护区径流深 108 mm。产水模数为 2.4 万～23.5 万 m^3/km^2，策底河最大，为 23.5 万 m^3/km^2，清水河中上游最小，为 2.4 万 m^3/km^2，保护区平均产水模数为 10.8 万 m^3/km^2。

三、天然降水

六盘山保护区多年平均降水量为 557 mm，其中泾河流域平均降水量为 623 mm，渭河流域平均降水量为 565 mm，清水河流域平均降水量为 466 mm。全年降水量主要集中于 6～9 月，该时段占全年平均降水量 (592.7 mm) 的 70.9%，5～10 月降水量占全年平

---

① 本节内容参考《宁夏六盘山自然保护区水文考察报告》，内部资料。

均降水量的 87.1%，其余 6 个月仅占 12.9%。

四、水资源利用

同时，利用山区广阔的伸缩空间和地形条件，实施雨水集蓄利用工程，兴建"五小" (小水窖、小水池、小塘坝、小泵站、小水渠)水利工程，发展滴灌、微灌和窖灌农业，实现黄河水、泾河水、天然降水的综合利用、优化配置 (樊银军，2013)。

第五节　土　　壤

一、土地资源概况

六盘山保护区多为石质山区，土地类型较为简单，土壤发育不良。土地类型组成主要有旱地、林地、牧草地和其他未用地，总面积 2940.75 km^2 (表 2-3)，其中旱地面积 1125.22 km^2，占总面积的 38%；牧草地面积 979.52 km^2，占总面积的 33%；林地面积 55.78 km^2，占总面积的 2%；其他未用地面积 780.23 km^2，占总面积的 27%，尚有较大的土地利用潜力。

表 2-3　土地利用现状表　　　　　　　　(单位：km^2)

地类	旱地	林地	牧草地	其他未用地	合计
面积	1125.22	55.78	979.52	780.23	2940.75

资料来源：《宁夏六盘山地质考察报告》，内部资料。

二、土壤类型及分布

(一) 土壤类型

六盘山保护区土壤类型主要有：亚高山草甸土、灰褐土、新积土、红土、潮土和粗骨土，其中以灰褐土的面积最大，占土壤总面积的 94.44%；红土和亚高山草甸土分别占土壤总面积的 2.34% 和 1.11%，其他土壤均在 1% 以下。六盘山土壤类型带有明显的山地特征，随着海拔升高和气候条件的差异，土壤类型均呈现较规律的垂直分布。

(二) 土壤分布及特征

1. 灰褐土

灰褐土是六盘山保护区面积最大的一类土壤。分布在海拔 1700～2700 m 的二龙河、龙潭、西峡、红峡、秋千架、苏台、东山坡等林场，总面积约为 63 059 hm^2 (李云和张仲举，2013)。成土母质为沙质泥岩、页岩、灰岩风化的残积物和坡积物，土体中一般含有残余石灰。灰褐土质地较细，土层薄，易遭冲刷。全剖面盐基呈饱和状态，pH 为中性或偏碱性。在六盘山边缘地区则表现为森林土与黄土相互镶嵌的分布格局。

2. 亚高山草甸土

亚高山草甸土分布于二龙河、苏台、峰台、东山坡等海拔 2600 m 以上的山地,总面积约为 743.3 hm²。成土母质为页岩的风化物,土层厚约 140 cm。分布区水分条件较好,全坡面具有深厚的腐殖质层,草被生长茂密。

参 考 文 献

樊银军. 2013. 宁夏六盘山地区水资源开发利用途径与措施. 水利规划与设计, (7): 1-3.

李云, 张仲举. 2013. 六盘山自然保护区生物多样性的研究. 宁夏农林科技, 54(8): 24-26.

刘引鸽. 2007. 陕北黄土高原降水的变化趋势分析. 干旱区研究, (1): 49-55.

王晶. 2009. 六盘山南部华北落叶松人工林生长特征及其影响因子. 哈尔滨: 东北林业大学硕士学位论文.

王素艳, 郑广芬, 李欣, 等. 2013. CI 综合气象干旱指数在宁夏的本地化修正及应用. 干旱气象, 31(3): 561-569.

王有元, 王廷印. 2004. 平凉太统——崆峒山自然保护区地质地貌研究. 甘肃林业科技, (2): 27-31, 36.

徐振贤, 余京文, 王双贵. 2014. 六盘山植物群落稳定性构建途径. 宁夏农林科技, 55(11): 52-53, 61.

张千千. 2009. 六盘山叠叠沟小流域土壤水分动态变化与植被生长的研究. 保定: 河北农业大学硕士学位论文.

第三章 植物多样性

第一节 植物区系

一、植物科属种的组成

据野外调查与标本鉴定分析,六盘山保护区共有野生维管植物 110 科 462 属 1180 种,其中蕨类植物 11 科 18 属 31 种;裸子植物 3 科 6 属 9 种;被子植物 96 科 438 属 1140 种。从表 3-1 可知,六盘山植物区系组成中起源较古老的裸子植物分类群十分贫乏,被子植物占绝对的优势。下面对本区种子植物科属组成进行分析,科、属、种的学名见本章第三节。

表 3-1 六盘山主要维管植物组成*

分类群	科	属	种	占总种数的百分数/%
蕨类植物	11	18	31	2.6
裸子植物	3	6	9	0.8
被子植物	96	438	1140	96.6
合计	110	462	1180	100

*不包括栽培植物,在本书的计算中以裸子、被子植物为主,未计入蕨类植物。

(一) 科的组成

在六盘山植物区系成分的组成中科的分化程度不甚明显,其中含有 10 种以上的科有 26 科 743 种,分别占种子植物总科数和总种数的 26.3%和 71.6%,分别是蔷薇科 (95 种)、菊科 (91 种)、禾本科 (74 种)、豆科 (52 种)、毛茛科 (43 种)、百合科 (38 种)、唇形科 (33 种)、伞形科 (33 种)、玄参科 (27 种)、石竹科 (24 种)、蓼科 (23 种)、虎耳草科 (21 种)、莎草科 (20 种)、十字花科 (17 种)、忍冬科 (16 种)、紫草科 (15 种)、小檗科 (14 种)、杨柳科 (14 种)、罂粟科 (14 种)、兰科 (13 种)、茜草科 (12 种)、卫矛科 (12 种)、龙胆科 (11 种)、五加科 (11 种)、柳叶菜科 (10 种)、五福花科 (10 种);20 种以上的科有 13 个,占总科数的 13.1%,包含的属数和种数分别占总属数和总种数的 50.1% 和 55.3%。本区仅出现 1 种的科有 28 个,占总科数的 28.3%,分别是白花丹科、北极花科、大麻科、杜鹃花科、防己科、胡桃科、花蔺科、金粟兰科、锦葵科、壳斗科、列当科、马齿苋科、马兜铃科、清风藤科、省沽油科、薯蓣科、水麦冬科、檀香科、无患子科、五味子科、苋科、星叶草科、樟科、紫葳科、醉鱼草科、酢浆草科、麻黄科、柏科,所含植物占总种数的 2.7%。

从上面的植物组成变化的分析可以看出,六盘山植物科的组成特点是:大科 (≥20

种) 数量少 (13.1%)，却包括了大部分植物种类 (55.3%)。从表 3-2 可以看出，在六盘山植物组成的优势科中，大多数 (76.9%) 包含的种数超过宁夏对应科包含种数的一半，比例最高的是虎耳草科植物，在宁夏有 22 种虎耳草科植物，其中 21 种就生长分布在六盘山地区。而在六盘山禾本科植物分布的种类相对较少，这与区域的气候变化、海拔及其天然植被恢复时间有直接的关系。在宁夏豆科植物的分布中，有近 24 种为栽培植物，如果单从野生植物分布的角度来看，六盘山豆科植物种数是宁夏豆科植物种数的 41.9%。莎草科植物种数接近宁夏的一半。因此，从优势科的分布数量变化可以看出，六盘山地区植物的分布在宁夏全区具有重要地位。

表 3-2　六盘山优势科的种数与宁夏对应的种数

科名	六盘山	宁夏	占宁夏的比例/%	科名	六盘山	宁夏	占宁夏的比例/%
蔷薇科	95	154	61.7	伞形科	33	47	70.2
菊科	91	141	64.5	玄参科	27	40	67.5
禾本科	74	193	38.3	石竹科	24	45	53.3
豆科	52	148	35.1	蓼科	23	44	52.3
毛茛科	43	77	55.8	虎耳草科	21	22	95.5
百合科	38	67	56.7	莎草科	20	48	41.7
唇形科	33	48	68.8				

(二) 属的组成

从表 3-3 可知，在六盘山地区包含 10 种及以上的属有 13 个，分别是委陵菜属 (20 种)、薹草属 (18 种)、忍冬属 (15 种)、早熟禾属 (15 种)、柳属 (13 种)、披碱草属 (13 种)、黄芪属 (12 种)、马先蒿属 (12 种)、栒子属 (12 种)、卫矛属 (11 种)、蓼属 (10 种)、蔷薇属 (10 种)、小檗属 (10 种)。六盘山的优势属所包含的植物均较少，最多的仅 20 种。优势属的种数与整个宁夏地区对应属相比，所占比例较高的属有马先蒿属 (92.3%)、卫矛属 (91.7%)、忍冬属 (88.2%)、栒子属 (75.0%)、薹草属 (75.0%)，这些属所包含的种数均达到整个宁夏对应属包含种数的 3/4 及以上，是温带森林生态系统的代表成分。宁夏全区属于黄土高原半干旱地区的面积大，适宜黄芪属植物的分布与生长，而在相对湿润的六盘山区，黄芪属植物却不是很丰富，虽是六盘山的优势属，但仅占宁夏该属植物种数的 31.6%。

表 3-3　六盘山优势属的种数与宁夏对应的种数

属名	六盘山	宁夏	比例/%	属名	六盘山	宁夏	比例/%
委陵菜属	20	31	64.5	马先蒿属	12	13	92.3
薹草属	18	24	75.0	栒子属	12	16	75.0
忍冬属	15	17	88.2	卫矛属	11	12	91.7
早熟禾属	15	33	45.5	蓼属	10	17	58.8
柳属	13	27	48.1	蔷薇属	10	17	58.8
披碱草属	13	24	54.2	小檗属	10	14	71.4
黄芪属	12	38	31.6				

六盘山地区仅包含 1 种植物的属有 215 个，占总属数的 50.8%，所包含的种数占总种数的 20.7%。也就是说，六盘山植物属的组成的另一个特点是：单种属的数量很多 (约为总属数的一半)，但是包含的植物种数很少 (占总数的 20.7%)。

二、植物区系的特有性

在植物区系分区中，六盘山地区属于泛北极植物区的中国-日本森林植物亚区，华北植物地区的黄土高原亚地区。根据前人研究成果，本区无中国特有科。但有中国特有属 11 个，占该地区种子植物总属数的 2.6% (百分比不包括世界分布属)，包括东俄芹属、箭竹属、华蟹甲属、高山豆属、文冠果属、虎榛子属、地构叶属、藤山柳属、羌活属、假贝母属、车前紫草属，中国特有种 300 余种，占总种数的近 5.0%。在中国特有种中，华北成分、西南成分、西北成分、华中-华东成分等均有分布。

三、植物区系的地理成分

植物分布区是指某一植物分类单位 (科、属、种) 分布的地理空间变化。植物区系的地理成分就是按照它们的分布区类型进行划分，植物区系分区的界线也常以不同等级分类单位分布区的边界为主要依据。此外，植被的发生分类、植被区划、自然地理区划等，也常以植物区系的分布区类型或地理成分为重要参考依据。

(一) 植物科的地理分布

植物科的地理分布和对气候的忍耐力是受遗传因子控制的，因此，植物科具有比较稳定的分布区域范围，并与一定的气候条件相适应。本区世界广布科所占比例最大，占本区种子植物科总数的 44.9%。例如，禾本科是世界分布最广的科，再者是菊科、莎草科和石竹科，从热带到两极都有分布；本区比例较大的科为热带分布科和温带分布科，分别占种子植物科总数的 29.7% 和 25.8%。由于热带科并非仅分布于热带地区，其分布区边缘可到达亚热带或温带，在本区热带科有樟科、卫矛科、天南星科等；分布较广的温带科有小檗科、杨柳科、槭树科、桦木科、忍冬科等；东亚成分在本区仅有一科，即猕猴桃科，但没有中国特有科。

(二) 植物属的地理分布

在六盘山地区同一属的植物常具有相同起源和相似的进化趋势，其分类特征相对稳定，并占有比较稳定的分布区域，在进化过程中，随着地理环境的变化发生一定的分异，而有比较明显的地区性差异。植物属的分布区类型比科能够更具体地反映植物的演化扩展过程、区域分异及地理特征。根据吴征镒对中国种子植物属的分布区类型的划分，将本区种子植物 345 属分为 15 个类型 (表 3-4)。

从表 3-4 可以看出，在六盘山地区种子植物 423 属中，属于世界分布属的有 53 个，它们大多数是温带起源的喜温性或中生性植物，多为林下草本、灌木和杂草，如薹草属、蓼属、毛茛属、藜属、灯芯草属、悬钩子属、鼠李属，它们分布极为普遍。

表3-4　六盘山地区种子植物属的分布区类型和变型

植物分布区类型	六盘山属数	占总属数的比例/%[*]	宁夏的属数	占总属数的比例/%[*]	占宁夏同类型属的比例/%
1. 世界分布	53	—	66	—	—
2. 泛热带分布	28	7.6	33	7.5	84.8
3. 热带亚洲至热带美洲分布	2	0.5	2	0.5	100
4. 旧世界热带分布	5	1.3	5	1.1	100
5. 热带亚洲至热带大洋洲分布	1	0.3	1	0.2	100
6. 热带亚洲至热带非洲分布	1	0.3	6	1.4	16.7
7. 热带亚洲分布	3	0.8	5	1.1	60.0
8. 北温带分布	168	45.4	171	38.9	98.2
9. 东亚和北美间断分布	23	6.2	27	6.1	85.2
10. 旧世界温带分布	60	16.2	68	15.5	88.2
11. 温带亚洲分布	18	4.9	19	4.3	94.7
12. 地中海、西亚至中亚分布	10	2.7	41	9.3	24.4
13. 中亚分布	13	3.5	23	5.2	56.5
14. 东亚分布	27	7.3	27	6.2	100
15. 中国特有分布	11	3.0	12	2.7	91.7
合计	423	100	506	100	

注: *已扣除世界分布类型的属数; —表示不纳入数据分析。

　　热带分布属以泛热带分布属为主, 常见的有卫矛属、菟丝子属、大戟属、菝葜属、蒺藜属、木蓝属、狗尾草属、蛇莓属、苦荬菜属等。热带分布属在六盘山地区分布较少, 约占总属数的10%, 且有的属还延伸分布到亚热带和温带范围, 这充分说明植物属的地理分布具有一定的过渡性特点。

　　温带分布类型包括北温带分布、东亚和北美间断分布、旧世界温带分布和温带亚洲分布, 共有269属, 占据除世界分布属外属数 (后文类似比较同此处) 的72.7%, 占有绝对优势, 这与六盘山地区地处典型的温带区域有密切关系。北温带分布类型及其变型在六盘山地区含有168属, 居该地区各分布类型之首, 主要包括各类乔木, 如针叶树中的松属和刺柏属, 阔叶树中的槭属、桦木属、鹅耳枥属、栎属、榆属、杨属、柳属、花楸属等, 这些属是构成本区温带落叶阔叶林、针阔叶混交林、针叶林的建群植物或重要组成部分。含灌木的属有茶藨子属、小檗属、忍冬属、荚蒾属、蔷薇属、绣线菊属等, 是本地落叶灌丛的主要成分。草本属则更为丰富, 如蒿属、风毛菊属、葱属、委陵菜属和乌头属等, 分布极为广泛, 是林下和山顶草甸的代表植物。这清楚地表明, 北温带分布类型在该地区的植物区系成分组成和植被分布中起着主导作用。东亚和北美间断分布的属在六盘山区约有23个, 约占总属数6.2%, 其中大部分为温带性质, 少数为热带、亚热带分布的属。还有较为古老的五味子属和蝙蝠葛属、七筋菇属、莲子藨属、红毛七属、山荷叶属等少型属。旧世界温带分布属及其变型在六盘山有60属, 约占16.2%。除丁香属、柽柳属等少数木本属外, 绝大部分为草本, 如石竹属、橐吾属、重楼属、披碱草属等具有北温带性质, 主产于温带亚洲或东亚。

　　地中海、西亚至中亚分布属在本区共有10个, 大部分为草本属, 少种型属较多。

中亚分布在六盘山仅有 13 属，约占 3.5%，如鸡娃草属、沙冬青属等。东亚分布型共 27 属，占总属数的 7.3%，多为单型属和少型属，如桃儿七属、射干属、兔儿伞属等，以及东亚特有单种科的星叶草属和第三纪古热带区系的后裔猕猴桃属。我国特有属在本区有 11 个，占六盘山植物总属数的 3.0%。除藤山柳为单种属外，其余均为少种属。

以上的分析表明，六盘山地区的植物区系成分中属的分布区类型复杂多样，在我国的 15 个分布区类型中六盘山均有分布，而且六盘山地区植物区系成分与其他地区区系成分的联系较为广泛，是各类热带分布，东亚分布，地中海、西亚至中亚分布和中亚分布等类型交汇的地带，因此，六盘山地区植物区系中属的分布区类型具有复杂性和过渡性的特征，而且各种温带分布区类型在该区具有明显优势，从而决定了该区植物区系的温带性质。

四、六盘山植物区系的对比分析

为了进行植物区系成分的对比分析，选择与六盘山邻近的小陇山、太白山、中条山和贺兰山 4 个山体。分析这些山体的 2219 个种子植物属 (包括各山区相同属) 的地理分布，以及它们之间的相互关系。仍然采用吴征镒植物属的分布区类型方法，将这些属划分为 15 个分布类型 (表 3-5)。由于蕨类植物种类较少，在植物群落中较少见，而且对于蕨类植物分布区类型的界定至今还未有一个统一的说法，因此只对种子植物属的分布区类型进行分析。

表 3-5　六盘山及周围 4 座山体种子植物属的分布区类型比较

山地类型	COS	热带类型区系							温带类型区系									总属数
		PAN	TAA	OT	TAU	TAF	TSE	总计	NT	ENA	OTE	TA	MWC	CA	总计	EA	EN	
六盘山	53	28	2	5	1	1	2	39	168	23	60	18	10	13	292	27	10	423
太白山	56	60	4	16	9	10	11	110	191	54	74	20	8	6	353	71	23	613
小陇山	51	49	8	10	6	12	6	91	139	37	51	11	10	4	252	45	9	448
贺兰山	47	23	1	1	—	4	1	30	119	4	43	18	29	14	227	7	6	317
中条山	48	58	6	11	6	11	10	102	138	30	60	12	12	3	261	39	11	461

资料来源：戴军虎，2007。

注：COS. 世界分布；PAN. 泛热带分布；TAA. 热带亚洲至热带美洲分布；OT. 旧世界热带分布；TAU. 热带亚洲至热带大洋洲分布；TAF. 热带亚洲至热带非洲分布；TSE. 热带亚洲分布；NT. 北温带分布；ENA. 东亚和北美间断分布；OTE. 旧世界温带分布；TA. 温带亚洲分布；MWC. 地中海、西亚至中亚分布；CA. 中亚分布；EA. 东亚分布；EN. 中国特有分布；—表示未出现。

(1) 从表 3-5 可以看出，六盘山地区的热带属植物有 39 个，而温带属却高达 292 个。温带属的数量明显较高，表明温带成分在该区植物区系组成中占有主导地位，反映了该地区植物区系的温带性质。

(2) 5 个山体的植物区系均以温带成分为主，而且优势科的构成 (菊科、蔷薇科、禾本科) 基本相似，代表着温带森林植物区系的一般特点。其中贺兰山禾本科、藜科所含种数明显增加，这充分反映出气候干旱，并具有温带草原与荒漠植被的区系特征，而蒿属、针茅属的比例加大，说明温带草原植物组成的旱生性成分，在植物组成的区系成分中具有不可忽略的作用。

（3）热带属向低纬度方向递增的规律性明显，在最北端的贺兰山的热带属占总属数的 9.5%，而六盘山因基带海拔较高，热带属的比例比贺兰山稍偏少，热带属占总属数的 7.6%，而最南端的小陇山热带属比例已经达到 20.3%，热带属明显增加。

（4）5 个山体的种子植物属总数的组成排序为：太白山>中条山>小陇山>六盘山>贺兰山，这主要是受气候变化的影响。例如，太白山、中条山和小陇山位于六盘山的东南部，属森林草原地带，气候湿润，有利于植物多样性的增加。而贺兰山位于六盘山的北部，属荒漠草原地带，气候干燥，不利于植物的生长 (戴君虎等，2007)。

五、六盘山植物区系的古老性

通过全面考察与分析，结果表明在六盘山植物区系中也保存着不少古老成分。例如，胡桃、漆树、鞘柄菝葜、粟草、䔖草等均属晚第三纪温带落叶阔叶林的残遗成分；而五味子属、猕猴桃属、鹅耳枥属等的个别种是本区温带针阔叶混交林中残留的一些古老成分；豆科的沙冬青是第三纪亚热带常绿阔叶林植物的后裔，上述植物种属仅出现于六盘山地区，沙冬青的最南界位于固原须弥山，这些事实为本区植物区系的热带亲缘关系的分析提供了依据。另外，小檗属、忍冬属、荚蒾属、蔷薇属、绣线菊属等是本地落叶灌丛的主要组成类型。绣线菊属是蔷薇科绣线菊亚科落叶类型中最原始的属，间断分布于欧洲、亚洲和北美洲。忍冬属出现地质年代较晚，在山东发现于中新世的化石种刚毛忍冬 (Lonicera hispida) 与现代种相同，该种在六盘山山坡灌木丛中或林缘较常见。除此之外，紫堇属起源于横断山区至华中和滇黔桂一带；虎耳草科鬼灯檠属于晚白垩世至早第三纪，起源于日本、朝鲜一带；虎耳草科的另一个原始族落新妇在晚白垩世至早第三纪起源于日本，朝鲜，中国吉林、辽宁东部一带；在晚白垩纪，龙胆科獐牙菜属起源于中国西南山地。这些可以说明六盘山地区植物区系与晚白垩纪至始新世，以及与上新世和第四纪的植物区系有一定联系。

以上从种类组成、地理分布等方面研究了六盘山地区植物区系组成的基本特征，并与邻近山体的植物区系组成进行了对比，主要结论如下。

（1）六盘山地区的植物种类组成比较丰富，从采集的植物标本和野外调查分析表明，六盘山植物以被子植物占绝对优势，其中又以蔷薇科、菊科和禾本科等为优势科，薹草属和忍冬属等为优势属。

（2）从植物分布的科属组成的特点分析，大科数量少，但包含的植物种类占有较大的数量，单种属数量分布较多，但包含的植物种类所占的比例较小。

（3）从六盘山地区植物区系的组成来看，具有温带性质的植物十分众多，不仅属种的地理成分以温带成分占有绝对的优势，而且优势科、优势属和优势种的组成与生长，也多属温带分布类型。

（4）分析表明在六盘山地区植物区系组成中，具有明显的过渡性，在植物的区系组成中多以华北成分为主，并与华中、华东、西南等植物的区系组成成分有一定联系。

（5）另外，在六盘山植物区系组成中含有不少中生代和第三纪的古老成分，同时又有一定的热带亲缘成分。

（6）六盘山与小陇山、中条山和太白山等山地植物区系组成的相似性系数较高，但与贺兰山植物组成的相似性程度最差，表明六盘山植物区系与北部地区隔离性明显。这与气候变化和植物的地带性分布相吻合。

第二节　森林植被分布

一、六盘山植物的生态学特征

六盘山地处我国温带草原区域的南部，气候属温带大陆性季风气候型。冬季寒冷干燥，夏季高温多雨，从而导致植物的生态型以中生植物为主，并含有一定数量的旱生中生植物和湿中生植物。植物在生长季中正常地生长和发育，在寒冷的冬季则进入休眠状态，并形成一定的生态适应特性。例如，山杨、白桦、少脉椴等乔木树种的树干和枝条都有一层较厚的皮层保护，芽有坚实的芽鳞，也常受树脂保护，树皮有较发达的木栓组织等。而生长在山顶的糙皮桦，由于受低温大风恶劣生境的影响，树木生长低矮，树干弯曲较大，有顺着风向倾斜生长的趋势，形成的林相极不整齐。有些灌木植物，如高山绣线菊、蒙古绣线菊和鬼箭锦鸡儿则呈丛状生长，提高植株近地面的温度，增强其抗寒性。此外，许多植物的器官表面被有蜡粉和密毛，叶片有油脂类物质保护，这些形态特征都是对低温的生态适应。

本区夏季气温较高，而且阳坡较阴坡生境更为干旱贫瘠。一般分布在阳坡的草地植被，其建群种多为中旱生的多年生草本植物，如狼针草、甘青针茅、白羊草等。典型的旱生植物也为数不少，如大针茅、本氏针茅等。这些植物的根系部分也强烈发育，有利于吸收更多的土壤水分、养分和其他的营养元素，这些形态特征属于植物对干旱的生态适应。此外，有些灌木，如沙冬青，其叶片具有绒毛，呈灰白色，并形成较厚的角质层和蜡层。这些特征都会减弱阳光的照射强度，使植物体温不会增加得太快，失去较多的水分。

依据瑙基耶尔 (Raunkiaer) 的生活型系统，对本区 780 种种子植物的生活型进行统计，结果显示地面芽植物最多，占 48.23%；其次属高位芽植物，占 33.89%；地下芽植物占 9.67%；一年生植物占 6.96%；地上芽植物仅占 1.25%。由此可见，以多年生草本地面芽植物占优势，木本高位芽植物次之，反映了本区植物发育是在温带半湿润的森林草原气候条件下进行的。

在木本植物中，除了几种常绿植物，如华山松、油松、刺柏、箭竹、唐古特瑞香、沙冬青等，其余都为冬季落叶的针阔叶种类。在草本植物中，除常绿地上芽植物鹿蹄草，其余也都是冬季地上部分枯死的种类及一年生植物。因而，本区各种植物群落的季相随着一年四季的进程形成有规律的变化，而且表现十分明显。

二、植被分类

本区地处我国温带草原区域的南部，气候属温带大陆性季风气候型。冬季寒冷干燥，夏季高温多雨，从而导致植物的生态型以中生植物为主，并含有一定数量的旱生中生植物和湿中生植物。本区经过人类的长期干扰破坏，许多原生植被类型不复存在，代之以各种各样的不同演替阶段的类型，或者遭受较轻微的破坏，而具有较强的韧性，仍然保持较稳定特性的类型，由此呈现出一幅五光十色、类型复杂的森林植被景观。按照植被类型分类原则，将本区分为 7 个植被型、35 个群系和 107 个群丛 (表 3-6)。

表 3-6　六盘山自然保护区植被类型表

植被型	植被型组	群系	群丛
温性针叶林	山地松林	华山松林	华山松-箭竹群丛
			华山松+华椴-箭竹群丛
			华山松+红桦-箭竹-苔藓群丛
			华山松+辽东栎群丛
			华山松+糙皮桦-箭竹-苔藓群丛
		油松林	油松-灰栒子+虎榛子群丛
			油松-沙冬青群丛
			油松-太平花群丛
夏绿阔叶林	山地栎林	辽东栎林	辽东栎-榛-点叶薹草群丛
			辽东栎-榛群丛
			辽东栎-箭竹群丛
			辽东栎群丛
			辽东栎-点叶薹草群丛
			辽东栎-栓翅卫矛+甘肃山楂-短柄草群丛
			辽东栎-榛+箭竹群丛
			辽东栎+少脉椴-榛群丛
			辽东栎+山杨-榛群丛
			辽东栎+山杨-箭竹群丛
	山地杨林	山杨林	山杨-榛-苔藓群丛
			山杨-榛群丛
			山杨-土庄绣线菊-点叶薹草群丛
			山杨+辽东栎-榛群丛
			山杨-箭竹-苔藓群丛
			山杨+辽东栎-箭竹-苔藓群丛
			山杨+少脉椴-箭竹-苔藓群丛
			山杨+白桦-箭竹群丛
			山杨-蕨类群丛
	山地桦林	白桦林	白桦-榛-点叶薹草群丛
			白桦-甘肃山楂-淫羊藿群丛
			白桦+山杨-榛群丛
			白桦-箭竹-苔藓群丛
			白桦-箭竹群丛
			白桦+辽东栎-箭竹群丛
			白桦+红桦-箭竹群丛
			白桦-拟五蕊柳-箭竹群丛
		红桦林	红桦-箭竹-苔藓群丛
			红桦+白桦-箭竹-苔藓群丛

续表

植被型	植被型组	群系	群丛
夏绿阔叶林	山地桦林	红桦林	红桦+华山松-箭竹-苔藓群丛
			红桦+陕甘花楸-箭竹-苔藓群丛
		糙皮桦林	糙皮桦-箭竹-苔藓群丛
			糙皮桦+华山松-箭竹-苔藓群丛
			糙皮桦+红桦-箭竹-苔藓群丛
			糙皮桦-纤齿卫矛-合瓣鹿药群丛
常绿竹类灌丛	山地灌丛	箭竹灌丛	箭竹-苔藓群丛
落叶阔叶灌丛	河谷落叶阔叶灌丛	乌柳灌丛	乌柳-华扁穗草-小花草玉梅群丛
			乌柳-柳兰群丛
	山地落叶阔叶灌丛	沙棘灌丛	沙棘-白莲蒿+华北米蒿群丛
			沙棘-短柄草+薹草群丛
			沙棘-风毛菊群丛
		虎榛子灌丛	虎榛子-白莲蒿+华北米蒿群丛
			虎榛子-短柄草+薹草群丛
		榛灌丛	榛-薹草+大火草群丛
		峨眉蔷薇灌丛	峨眉蔷薇-短柄草群丛
			峨眉蔷薇+白莲蒿群丛
		秦岭小檗灌丛	秦岭小檗-细叶亚菊群丛
			秦岭小檗-薹草群丛
		中华柳灌丛	中华柳-短柄草-苔藓群丛
			中华柳-柳叶风毛菊群丛
			中华柳-大披针薹草-苔藓群丛
			中华柳-羊茅-苔藓群丛
		灰栒子灌丛	灰栒子-白莲蒿群丛
			灰栒子-蛛毛蟹甲草+三脉紫菀群丛
		秀丽莓灌丛	秀丽莓群丛
			秀丽莓-风毛菊群丛
		岩生忍冬灌丛	岩生忍冬群丛
			岩生忍冬-短柄草-风毛菊群丛
		糖茶藨子灌丛	糖茶藨子群丛
			糖茶藨子-条裂黄堇-风毛菊群丛
		银露梅灌丛	银露梅+高山绣线菊-风毛菊群丛
			银露梅-疏齿银莲花群丛
		陇东海棠灌丛	陇东海棠-短柄草群丛
			陇东海棠-无毛牛尾蒿群丛
		高山绣线菊灌丛	高山绣线菊-紫羊茅群丛
			高山绣线菊-肋脉野豌豆群丛
			高山绣线菊+银露梅-风毛菊群丛
草原	典型草原	本氏针茅草原	本氏针茅群丛
			本氏针茅-百里香群丛
	草甸草原	狼针草草原	狼针草+短柄草群丛

续表

植被型	植被型组	群系	群丛
草原	草甸草原	狼针草草原	狼针草+白莲蒿+华北米蒿群丛
		甘青针茅草原	甘青针茅+白莲蒿群丛
			甘青针茅+狼针草群丛
			甘青针茅+落芒草群丛
		白羊草草原	白羊草+狼针草群丛
			白羊草+白莲蒿+华北米蒿群丛
	小半灌木草原	白莲蒿草原	白莲蒿+短柄草群丛
			白莲蒿+华北米蒿群丛
			白莲蒿+甘青针茅群丛
			白莲蒿+百里香群丛
			白莲蒿+狼针草群丛
			白莲蒿+阿尔泰狗娃花群丛
		华北米蒿草原	华北米蒿+百里香群丛
			华北米蒿+短柄草群丛
			华北米蒿+白莲蒿群丛
			华北米蒿+本氏针茅群丛
	垫状草原	冷蒿草原	冷蒿群丛
			冷蒿+百里香群丛
荒漠	草原化荒漠	沙冬青荒漠	沙冬青-戈壁针茅群丛
草甸	禾草草甸	短柄草草甸	短柄草+白莲蒿群丛
			短柄草+蕨+薹草群丛
			短柄草+薹草群丛
		紫穗披碱草草甸	紫穗披碱草+短柄草群丛
			紫穗披碱草+紫苞雪莲群丛
	薹草草甸	薹草草甸	薹草+禾叶风毛菊群丛
			薹草+蟹甲草群丛
			薹草群丛
	杂类草草甸	蕨草甸	蕨+短柄草+薹草群丛
		紫苞雪莲草甸	紫苞雪莲+大耳叶风毛菊+蕨群丛

注：植被类型依据《中国植被》(中国植被编辑委员会，1980)，划分为植被型、植被型组、群系、群丛。

（一）温性针叶林

温性针叶林是指主要分布于温暖平原、丘陵及低山的针叶林，还包括亚热带和热带中的针叶林。生境要求夏季温暖湿润、冬季寒冷、四季分明的气候条件。本区温性针叶林仅包括华山松林和油松林。

1. 华山松林

华山松为中国-喜马拉雅成分，分布于北纬 23°33′～36°30′，东经 88°50′～113°；垂直分布于海拔 1000～3000 m，且随纬度的增加而降低，本区为华山松分布的北部边缘地带。在六盘山和尚铺林场以北无分布。本区一般多分布于海拔 2000~2500 m 的阴坡、半阴坡，多为中幼龄林，林龄以 30~50 年生为主，单层林，林分较稀疏，多生长在悬崖、陡峭的山坡中部，郁闭度为 0.4~0.5，土壤为普通灰褐土，并伴有大量的片石和碎石，岩石裸露，风化严重，其生长状况见表 3-7。

表 3-7　华山松林的生长状况

径级/cm	林龄/a	密度/(株/hm²)	树高/m	胸径/cm	枝下高/m	冠幅/m 横	纵	林分组成	抚育管理	评价
14	59	775	11.7	14.6	4.5	4.9	1.4	20% 椴树	封育	90
18	59	775	10.5	19	2.5	4	6.6	20% 椴树	封育	90
28	59	775	14	28.5	1.8	6.1	7.6	20% 椴树	封育	90

在六盘山林区华山松林的生长，由于长期遭受人为砍伐和采种的破坏，林分分布的面积越来越小，仅残存在一些偏僻的山地和悬崖陡壁上。在山地生境湿润、风力小、土壤肥沃的生境，华山松生长良好，林相整齐；而生长在崖壁上的华山松因生境较恶劣，生长不良，树冠大而呈圆锥形，枝干低矮，林相不整齐。华山松林遭受破坏后，多处被次生灌丛或次生草甸代替。

由于华山松所处的不同生境和不同演替阶段，可分为下列几个群丛。

1) 华山松-箭竹群丛

分布于海拔 2000~2400 m 的阴坡和半阴坡，少数见于半阳坡，生境阴湿，土壤为淋溶灰褐土。

华山松林总盖度为 80%~90%，其中乔木层盖度 40%~50%，高度 10~15 m，主要伴生树种有辽东栎、华椴、白桦、糙皮桦、红桦、湖北花楸、柳属等。灌木层则十分发达，盖度 70%~80%，高度 1~2 m。箭竹为优势种，盖度 40%~50%；次优势种为鞘柄菝葜、两色帚菊和榛；常见种有绒毛绣线菊、刺五加、枸子和甘肃山楂等。林下草本层生长不好，盖度仅有 5%左右，高度 10~30 cm，常见植物种有薹草属、糙苏、贝加尔唐松草和玉竹等。林下苔藓层只生长在地表部分阴湿处和树干基部。层外植物稀少，主要有四萼猕猴桃和大瓣铁线莲等。

2) 华山松+华椴-箭竹群丛

分布在海拔 2300 m 以下的阴坡和半阴坡。群落总盖度 80%~90%，高度 10~15 m。其中乔木层盖度 60%~70%，建群种为华山松，亚建群种为华椴，其他乔木树种有湖北花楸、柳属等。灌木层盖度 40%~60%，高度 1~2 m，除优势种箭竹外，常见种有两色帚菊、甘肃山楂、甘肃小檗、葱皮忍冬、扁刺蔷薇等。林下草本植物有糙苏、薹草、淫羊藿、掌叶铁线蕨等。在海拔 2000 m 左右的半阴坡，灌木层中榛可与箭竹作为共优势种出现，从而形成华山松+华椴-箭竹+榛群丛。

3) 华山松+红桦-箭竹-苔藓群丛

分布在海拔 2400~2500 m 的阴坡。群落总盖度 70%~90%，高度 10~12 m。其中乔木层盖度 50%~60%，优势种为华山松和红桦，伴生树种有糙皮桦、白桦等。灌木层中，箭竹占绝对优势，其他种有甘肃山楂、两色帚菊、陕西荚蒾、梾木等。草本层不发育，常见种有薹草、淫羊藿等。林下苔藓层则十分发育，盖度 70%~80%。

4) 华山松+糙皮桦-箭竹-苔藓群丛

分布在海拔 2400～2500 m 的阴坡。群落总盖度 80%～90%，高度 8～12 m。其中乔木层盖度 40%～50%，种类组成上除优势种华山松和糙皮桦外，还见有青榨枫等。灌木层中，箭竹占绝对优势，伴生种有两色帚菊、蒙古荚蒾、针刺悬钩子、甘肃山楂等。苔藓层较发育，盖度 30%～50%。而草本层不发育，常见种有薹草、蕨等。此外，在悬崖陡壁，因生境较恶劣，华山松生长不良，树高 6～8 m，多呈纯林，群落总盖度 40%～50%。结构十分简单，通常仅有乔木层，林下灌木层、草本层和苔藓层都不发育，且种类少；但在局部地段，乔木层还混生有辽东栎，从而形成陡崖华山松+辽东栎群丛。

2. 油松林

油松是我国特有种，其分布区在北纬 39°00′～43°33′，东经 103°20′～124°45′。在六盘山，只分布于固原市须弥山，海拔 1700～2100 m 的阴坡。从本区出土的古木和孢粉分析的结果及邻近山地油松林的分布规律等进行分析，可以论证在历史时期六盘山曾有较大面积的油松林。

油松生长对生境的要求是温暖湿润，年降水量 500 mm 以上，土壤为山地灰褐土。群落外貌整齐，多为单层同龄林和纯林，局部地段伴生山杨、白桦等。群落结构简单，总盖度一般达 70%～80%，但乔木层仅 20%～30%。油松平均树高 8～10 m，平均胸径 15～20 cm。由于林内透光度较大，林下灌木十分发达，盖度 50%～60%，高度 0.5～1.5 m。优势种为灰栒子和虎榛子，在山地外围或林缘地段，则以沙冬青为主。其他常见种有小叶忍冬、小叶锦鸡儿和冰川茶藨子等。林下草本层和苔藓层不发育，前者盖度 20%～30%，高度 30～50 cm，主要有华北米蒿、薹草、北柴胡等，林缘处则有大针茅、白羊草和青甘韭等草原成分侵入；后者盖度仅 10%～20%。在林中极少见到油松的幼苗和幼树，说明油松的天然更新不良 (表 3-8)。究其原因，主要是油松属喜光树种，而林内灌木层盖度大，造成林下光线条件差，喜光的油松幼树大多不能完成更新过程而进入立木层。此外，林下地表为干燥、不易分解的枯枝落叶层所覆盖，阻碍了种子和土壤接触，种子萌发困难。因此，要采取有效措施，促进油松林的更新。

表 3-8　油松林的生长

径级/cm	林龄/a	密度/(株·hm²)	树高/m	胸径/cm	枝下高/m	冠幅/m		林分组成	抚育管理	评价
						横	纵			
8	35	2875	6.2	7.8	1.8	2.3	1.7	纯林	封育	70
15	35	2875	12.5	15.6	2.4	2.3	2.3	纯林	封育	70
28	35	2875	13.8	27.9	2	4.6	3.3	纯林	封育	70

(二) 夏绿阔叶林

夏绿阔叶林在山地下部，分布于阴坡，与阳坡的草原植被构成森林草原带。林内生境较温湿，林下土壤为山地灰褐土。

组成本区夏绿阔叶林的乔木树种以栎属、杨属、柳属、桦属、椴属的树种为主。林中乔木都是冬季落叶的阳性树种，林下的灌木也多是冬季落叶的种类，草本植物到了冬季地上部分枯死或以种子越冬，所以，群落季相十分明显。群落结构简单，分层明显。一般可分为乔木层、灌木层和草本层，而苔藓层仅在海拔高处或生境阴湿地段才发育良好。此外，因林内较干燥，林中少见藤本植物和附生植物。

本区夏绿阔叶林，由于遭受人为砍伐和破坏，目前多为幼龄林和中龄林的次生林，有的甚至被次生灌木丛或次生草甸类型所代替。因此，各类型之间多呈小块状镶嵌分布。

本植被类型分为5个群系。

1. 辽东栎林

本区辽东栎林主要见于山地海拔1700~2300 m的阴坡和半阴坡，也生长在生境较恶劣的陡壁上和较为平缓的山脊地带，是主要的森林类型之一。林内生境温湿，林下土壤为山地灰褐土和普通灰褐土，其生长状况见表3-9。

表3-9 辽东栎林的生长状况

径级/cm	林龄/a	密度/(株/hm²)	树高/m	胸径/cm	枝下高/m	冠幅/m 横	冠幅/m 纵	林分组成	抚育管理	评价
14	65	775	11	13.8	1.7	4.1	2.8	15% 椴树、10% 李子	封育	90
24	65	775	15.4	24.3	3.3	5	4.3	15% 椴树、10% 李子	封育	90
28	54	775	14.3	28.4	4.3	7.4	1.7	15% 椴树、10% 李子	封育	90

辽东栎林以辽东栎为建群树种，伴生多种乔木；在坡陡的山地和悬崖陡壁上，往往形成纯林，但面积很小。随着海拔和坡向的变化，致使辽东栎群系分化为10个群丛。

1) 辽东栎-榛-点叶薹草群丛

分布在海拔1700~2000 m的阴坡、半阴坡，生境湿润，土壤为山地碳酸盐灰褐土。群落总盖度70%~80%，其中乔木层盖度40%~50%，高度10~15 m，建群种为辽东栎，伴生树种有白桦、山杨、少脉椴、茶条枫、青榨枫、鹅耳枥、榆、杜梨、漆树、山荆子等。林下灌木层和草本层较发育，前者盖度60%~70%，高度1~2 m，以榛占绝对优势，分盖度常达40%~50%；优势种有甘肃山楂、陕西荚蒾、两色帚菊、水枸子、鞘柄菝葜、木姜子、牛奶子、淫羊藿，次优势种有糙苏、东方草莓、七叶鬼灯檠、蛛毛蟹甲草等，常见种有贝加尔唐松草、华北鳞毛蕨、甘菊等。苔藓层极不发育，林中少见层外植物，主要有四萼猕猴桃、猕猴桃藤山柳等。

2) 辽东栎-榛群丛

本群丛分布的生境与前一群丛相近，群落总盖度90%~95%，其中乔木层盖度60%~70%，高度8~10 m，建群种为辽东栎，伴生树种很少。灌木层较发育，盖度50%~60%，高度1~2 m，优势种为榛，次优势种为土庄绣线菊和杭子梢，伴生种有水枸子、刺蔷薇和鞘柄菝葜等。林下草本层不发育，种类少，常见有淫羊藿、薹草、玉竹等。

3) 辽东栎-箭竹群丛

分布在海拔2000~2300 m的阴坡和半阴坡，少数也见于半阳坡和阳坡。生境土壤为山地普通灰褐土。群落总盖度80%~90%，其中乔木层盖度40%~50%，高度12~15 m，建群种为辽东栎。伴生种有华山松、山杨、白桦、春榆、红桦、鹅耳枥等。灌木层十分发育，盖度70%~80%，高度1~2 m，箭竹占绝对优势，分盖度达40%~50%，次优势灌木有鞘柄菝葜、甘肃山楂等，常见种有水栒子、南方六道木、栓翅卫矛、葱皮忍冬、刺五加、楤木等。林下草本层和苔藓层均不发育，前者盖度仅 5%～19%，高度 20～50 cm，常见植物有薹草、糙苏、淫羊藿等。林中层外植物也少，有啤酒花等。

4) 辽东栎群丛

分布在山地悬崖陡壁，生境十分恶劣，土层薄，辽东栎常常呈纯林，有时混生有华山松。群落结构很简单，通常仅乔木层，盖度 30%～40%，高度 8～10 m。林下更新一般。

5) 辽东栎-点叶薹草群丛

分布在海拔 2000 m 以下的半阴坡，属于辽东栎-榛群丛或辽东栎-榛-点叶薹草群丛受破坏后而形成的次生群落。群落中灌木层不发育，说明生境较干燥和群落本身的不稳定性。群落总盖度 70%～80%，其中乔木层盖度 40%～50%，高度 8～10 m，辽东栎占绝对优势，少见其他树种，从而形成纯林。林下灌木层不发育，常见种有水栒子、甘肃小檗、土庄绣线菊、刺蔷薇等。草本层较发育，盖度 40%～50%，高度 20～30 cm，点叶薹草占绝对优势，其分盖度达 30%～40%。其他种有蕨、淫羊藿等。

6) 辽东栎-栓翅卫矛+甘肃山楂-短柄草群丛

分布在海拔 2000 m 以上的半阴坡和半阳坡，是辽东栎-箭竹群丛受破坏而形成的。群落总盖度 70%～90%。其中乔木层盖度 40%～50%，高度 6～10 m，除建群种辽东栎外，伴生种有山杨、青榨槭等乔木树种。灌木层和草本层都发育，前者盖度 40%～50%，高度 1～2 m，优势种为栓翅卫矛和甘肃山楂，伴生种有鞘柄菝葜、水栒子、蒙古荚蒾等；后者盖度 40%～50%，高度 30～50 cm，以短柄草占绝对优势，其分盖度达 30%～35%，其他种有贝加尔唐松草、东方草莓、蕨等。

7) 辽东栎-榛+箭竹群丛

分布在海拔 1900～2000 m 的阴坡，土壤为石灰性灰褐土。群落总盖度 80%～85%，其中乔木层盖度 40%～50%，高度 10～15 m，除建群种辽东栎外，伴生种有青榨槭、春榆等。灌木层盖度 60%～70%，高 1～1.5 m，箭竹和榛作为共优势种出现，其他种有鞘柄菝葜、水栒子、木姜子、甘肃山楂等。草本层不发育，种类也少，主要有淫羊藿、糙喙薹草等。

8) 辽东栎+少脉椴-榛群丛

分布在海拔 1900 m 左右的阴坡，土壤为石灰性灰褐土。群落总盖度 70%～80%，其中乔木层盖度 40%～50%，高度 10～15 m，辽东栎和少脉椴为共建种，其他树种有白桦、茶条槭等。灌木层盖度 60%～70%，高度 1～2 m，以榛占绝对优势，伴生种有甘肃山楂、水栒子、土庄绣线菊、鞘柄菝葜等。草本层不发育，常见种有淫羊藿、点叶薹草、贝加尔唐松草、糙苏等。

9) 辽东栎+山杨-榛群丛

分布在海拔 1700～1900 m 的阴坡和半阴坡，以辽东栎与山杨为共建种而形成的混交林。群落总盖度 70%～80%，其中乔木层盖度 40%～50%，高度 10～15 m。灌木层盖度 60%～70%，高度 1～2 m，箭竹占绝对优势，分盖度达 30%～40%，其他种有陕西荚蒾、甘肃山楂、土庄绣线菊、鞘柄菝葜等。林下草本层不发育，常见种有点叶薹草、贝加尔唐松草、糙苏等。

10) 辽东栎+山杨-箭竹群丛

分布在海拔 2000 m 以上的阴坡，土壤为普通灰褐土。群落总盖度 70%～90%，其中乔木层盖度 50%～60%，高度 10～12 m，辽东栎和山杨作为共优势种出现，形成两者的混交林。其他伴生种有茶条枫、春榆、使君子、白桦等。灌木层盖度 60%～70%，高度 1～2 m，箭竹占绝对优势，分盖度达 30%～40%，其他种有陕西荚蒾、甘肃山楂、土庄绣线菊、鞘柄菝葜等。林下草本层不发育，盖度仅 10%～20%，常见种有点叶薹草、贝加尔唐松草、糙苏、七叶鬼灯檠等。

2. 山杨林

山杨林分布在海拔 1700～2400 m 的阴坡和半阴坡，也见于半阳坡和阳坡，并以小块状与辽东栎、白桦林、红桦林等呈块状相间分布。林内生境温湿，林下发育山地石灰性灰褐土和普通灰褐土。

本区山杨林多为山杨与其他阳性树种混生而形成的单层同龄林。这是因为山杨多是由根蘖繁殖形成的，而且生长迅速，很快占据上层空间，但因山杨寿命不长，不等其他阴性树种形成林层，它就已经衰退。林内混生树种一般还有辽东栎、白桦、华椴等，在海拔低处有木梨、茶条枫、榆树等；海拔高处有华山松、红桦等。由于海拔和坡向的不同，山杨林包括下列群丛。

1) 山杨-榛-苔藓群丛

分布在海拔 1700～2000 m 的阴坡和半阴坡，群落所处生境温湿，土壤为石灰性灰褐土。群落总盖度 80%～90%，其中乔木层盖度 40%～50%，高度 6～10 m，除建群种山杨外，混生有辽东栎、少脉椴、白桦、茶条枫、青榨枫、春榆等。灌木层发育良好，盖度 60%～80%，高度 1～2 m，榛占绝对优势，分盖度达 30%～50%，次优势种为甘肃山楂、土庄绣线菊、水枸子，常见种有木姜子、刺五加、甘肃小檗、南川绣线菊等。草本层不发育，盖度仅 10%～20%，高度 10～40 cm，常见种有点叶薹草、蛛毛蟹甲草、淫羊藿、糙苏、贝加尔唐松草等。苔藓层则较发育，一般盖度为 30%～40%，阴湿处达 50%～60%。林内层外植物很少，生有长瓣铁线莲。

2) 山杨-榛群丛

分布在海拔 2000 m 以下的阴坡和半阴坡，土壤为石灰性灰褐土。群落总盖度 80%～90%，其中乔木层盖度 40%～50%，高度 8～9 m，除建群种山杨外，伴生种有白桦、辽东栎、少脉椴等。灌木层盖度上，榛占绝对优势，分盖度达 40%～50%，伴生有水枸子、甘肃山楂、刺蔷薇、甘肃小檗等。草本层和苔藓层不发育，前者常见淫羊藿、薹草等。

3) 山杨-土庄绣线菊-点叶薹草群丛

分布在海拔 2400 m 以下的阴坡和半阴坡，它是山杨-榛群丛或山杨-箭竹-苔藓群丛遭破坏后形成的类型。群落总盖度 70%～80%。群丛乔木层盖度 40%～50%，高度 8～12 m，除建群种山杨外，伴生种有白桦、辽东栎等。灌木层和草本层都较发育，前者盖度 50%～60%，高度 1～2 m，优势种为土庄绣线菊，次优势种为水枸子，常见伴生种有刺梗蔷薇、刺五加、葱皮忍冬、甘肃山楂等；后者盖度 30%～40%，高度 20～40 cm，以点叶薹草占绝对优势，常见种有东方草莓、贝加尔唐松草、淫羊藿等。

4) 山杨+辽东栎-榛群丛

分布在山地海拔 1700~2000 m 的阴坡和半阴坡，土壤为石灰性灰褐土。群落总盖度 80%~90%，其中乔木层盖度 40%~50%，高度 8~12 m，山杨和辽东栎为共建种。灌木层盖度为 70%~80%，高度 1~2 m，榛占绝对优势，分盖度达 40%~50%，次优势种为土庄绣线菊，常见伴生种有扁刺蔷薇、甘肃山楂、水栒子等。草本层不发育，盖度仅 15%~20%，高度 10~20 cm，常见种为糙苏、淫羊藿、贝加尔唐松草等。

5) 山杨-箭竹-苔藓群丛

分布在海拔 2000~2400 m 的阴坡和半阴坡，局部可下延到海拔 1700 m，生境比较湿润，土壤为普通灰褐土和淋溶灰褐土。群落总盖度 80%~90%，其中乔木层盖度 40%~60%，高度 8~10 m，除建群种山杨外，一般混生有白桦、辽东栎、华椴。但在海拔低处还有木梨、春榆、茶条枫、山荆子等；海拔高处有红桦、华山松等。灌木层十分发育，盖度 60%~70%，高度 1~2 m，箭竹占绝对优势，分盖度 40%~60%，次优势种为华西忍冬、榛等，常见种有水栒子、甘肃山楂、绒毛绣线菊、木姜子、针刺悬钩子、土庄绣线菊、木姜子、刺五加、陕西荚蒾等。林下草本层不发育，盖度仅 15%~20%，高度 10~30 cm，常见种有薹草、七叶鬼灯檠、淫羊藿、贝加尔唐松草、歪头菜、蛛毛蟹甲草、甘菊等。苔藓植物十分发育，盖度 60%~80%。

6) 山杨+辽东栎-箭竹-苔藓群丛

分布在秋千架林场等地海拔 1900 m 以上的阴坡，所处生境湿润，林下发育着普通灰褐土。群落总盖度 80%~90%，其中乔木层盖度 50%~60%，高度 10~15 m，优势种为山杨和辽东栎，伴生种有少脉椴、白桦、山荆子等。灌木层盖度 60%~80%，高度 1~2 m，箭竹为优势种，陕西荚蒾和榛为次优势种，伴生种为土庄绣线菊、甘肃山楂、鞘柄菝葜、木姜子等。草本层不发育，盖度仅 10%~20%，高度 10~20 cm，主要种为点叶薹草、七叶鬼灯檠、蟹甲草等。苔藓层较发育，盖度 40%~50%。

7) 山杨+少脉椴-箭竹-苔藓群丛

分布地点和生境特征与前一群丛相似。群落总盖度 70%~80%，其中乔木层盖度 40%~50%，高度 10~12 m，山杨和少脉椴混交，伴生种还有辽东栎、茶条枫等。灌木层盖度，箭竹占绝对优势，分盖度达 50%~60%，伴生种有鞘柄菝葜、桵木、葱皮忍冬等。草本层不发育，种类较少，主要有淫羊藿、二叶舞鹤草、薹草等。苔藓层则十分发育，盖度达 70%~80%。

8) 山杨+白桦-箭竹群丛

分布在海拔 2000~2400 m 的山地阴坡和半阴坡，土壤为普通灰褐土。群落总盖度 80%~85%，山杨和白桦为共建种。灌木层盖度 60%~70%，高度 1~2 m，箭竹占绝对优势，分盖度达 30%~40%，常见伴生种有刺蔷薇、甘肃山楂、水栒子、甘肃小檗等。草本层则不发育，盖度仅 10%~20%，高度 10~30 cm，主要种有东方草莓、疏穗薹草、玉竹等。

9) 山杨-蕨类群丛

分布于山地的半阴坡和阳坡，群落所处生境较干，土壤为石灰性灰褐土。群落总盖度 80%~90%，其中乔木层盖度 40%~50%，高度 8~12 m，山杨占绝对优势，形成纯林。由于生境较干，林下灌木不发育，只有零星分布的峨眉蔷薇、甘肃山楂、水栒子等。

草本层发育良好，盖度达 50%～60%，高度 30～50 cm，以蕨占绝对优势，其他常见植物有甘菊、点叶薹草、三脉紫菀等。苔藓层不发育，零星分布。

3. 白桦林

白桦林多是各种针叶林或落叶阔叶林被破坏后形成的次生林类型。在本区，白桦林分布于山地海拔 1700～2450 m 的阴坡和半阴坡，少数见于半阳坡。在垂直分布上，位于红桦林的下部和辽东栎林的上部，与山杨林呈交错分布 (表 3-10)。

表 3-10　白桦林的生长状况

径级/cm	林龄/a	密度/(株/hm²)	树高/m	胸径/cm	枝下高/m	冠幅/m 横	冠幅/m 纵	林分组成	抚育管理	评价
24	53	700	18.1	22.5	7.8	8	4.2	15% 茶条枫	封育	85
23	53	700	19.3	23.1	11.8	4.3	2.4	15% 茶条枫	封育	85
32	65	700	20.3	31.4	5.3	6.5	5.5	15% 茶条枫	封育	85

白桦属于喜光树种，能耐一定的荫蔽，也能忍耐酷寒的气候条件，但其耐寒能力低于红桦。白桦对生境的适应幅度较宽，结实能力强，种子能远距离地传播。因此，它既是某些森林群系的混交树种，又是森林采伐迹地和火烧迹地上的先锋树种。在本区，白桦林多属于辽东栎林等砍伐破坏后形成的次生类型。如果进一步遭受破坏，则形成各种次生灌丛和次生草甸。它在本区的分布范围较大，是主要的森林类型之一。白桦林包括下列群丛。

1) 白桦-榛-点叶薹草群丛

分布在海拔 1700～2000 m 的阴坡和半阴坡，群落所处生境湿润，土壤为山地石灰性灰褐土。群落总盖度 80%～90%，其中乔木层盖度 40%～50%，高度 8～12 m，除建群种白桦外，混生有辽东栎、山杨等树种，低海拔处还伴生有少脉椴、漆树等。灌木层发育良好，盖度 50%～60%，高度 0.5～1.5 m，优势种为榛，次优势种为甘肃山楂、土庄绣线菊，常见种有鼠李、唐古特瑞香、甘肃小檗、针刺悬钩子、鞘柄菝葜等。草本层盖度 40%～50%，高度 20～40 cm，优势种为点叶薹草，次优势种为大火草、淫羊藿、东方草莓，常见种有贝加尔唐松草、糙苏、二叶舞鹤草、柳叶亚菊等。苔藓层不发育，盖度仅 5%～10%。

2) 白桦-甘肃山楂-淫羊藿群丛

本群丛生境特征与前一群丛相似，属于白桦-榛-点叶薹草群丛继续遭破坏而形成的次生类型。群落总盖度 80%～90%，其中乔木层盖度 40%～50%，高度 12～15 m，建群种为白桦，伴生种有辽东栎和山杨等。林下灌木层和草本层均发育。灌木层盖度 50%～60%，高度 1～2 m，优势种为甘肃山楂，次优势种为土庄绣线菊，常见伴生种有针刺悬钩子、水枸子、陕西荚蒾等。草本层盖度 50%～60%，高度 10～15 cm，优势种为淫羊藿，次优势种为柳叶亚菊，常见伴生种为疏穗薹草、贝加尔唐松草等。

3) 白桦+山杨-榛群丛

分布在海拔 2000 m 以下的阴坡和半阴坡，土壤为石灰性灰褐土。群落总盖度 70%～80%，其中乔木层盖度 40%～50%，高度 8～12 m，白桦和山杨作为共优势种而形成两者的混交林。灌木层盖度 50%～60%，高度 1～2 m，榛占绝对优势，分盖度达 30%～40%，伴生种有甘肃山楂、土庄绣线菊、刺蔷薇、鞘柄菝葜等。林下草本层不发育，盖度仅 10%～20%，高度 20～40 cm，主要有糙苏、蛛毛蟹甲草、贝加尔唐松草等。

4) 白桦-箭竹-苔藓群丛

分布于海拔 2000～2450 m 的阴坡和半阴坡，群落所处生境湿润，土壤为普通灰褐土和淋溶灰褐土。群落总盖度 80%～90%，其中乔木层盖度 40%～60%，高度 10～15 m，除建群种白桦外，伴生种有山杨、红桦、辽东栎、康定柳、川滇柳、四蕊枫等。灌木层较发育，盖度 60%～80%，高度 1～2 m，箭竹占绝对优势，分盖度达 40%～60%，次优势种为扁刺蔷薇、唐古特忍冬，常见种有鞘柄菝葜、钝叶蔷薇、甘肃小檗、水栒子、针刺悬钩子等。林下草本层不发育，盖度仅 5%～10%，常见种有薹草、短柄草、东方草莓、贝加尔唐松草、蛛毛蟹甲草等。苔藓层发育良好，盖度 30%～40%，最大达 50%～70%。

5) 白桦-箭竹群丛

分布地点与前一群丛相似，但群落所处生境相对偏干，故林下苔藓层不发育。群落总盖度 80%～90%，其中乔木层盖度 50%～60%，高度 12～15 m，除建群种白桦外，少见其他树种。灌木层盖度 60%～70%，高度 0.5～1.5 m，箭竹占绝对优势，其分盖度达 40%～50%，常见伴生种有甘肃小檗、针刺悬钩子、峨眉蔷薇等。林下草本层不发育，种类也少，主要有东方草莓、贝加尔唐松草、短柄草等。

6) 白桦+辽东栎-箭竹群丛

分布在海拔 2000～2300 m 的阴坡和半阴坡，土壤为普通灰褐土。群落总盖度 80%～90%，其中乔木层盖度 40%～50%，高度 8～12 m，白桦和辽东栎作为共优势种出现，伴生树种有山杨、四蕊枫等。灌木层盖度 60%～70%，高度 1～2 m，箭竹占绝对优势，其分盖度达 40%～50%，常见伴生种有鞘柄菝葜、甘肃小檗、水栒子、陕西荚蒾等。草本层不发育，盖度仅 5%～10%，主要有短柄草、薹草、贝加尔唐松草等。

7) 白桦+红桦-箭竹群丛

分布在海拔 2200～2450 m 的阴坡，土壤为普通灰褐土和山地淋溶灰褐土。群落总盖度 80%～90%，其中乔木层盖度 40%～50%，高度 10～15 m，白桦和红桦作为共优种，伴生种有黄花柳、山杨等。灌木层盖度 80%～90%，高 1～2 m，箭竹占绝对优势，其分盖度可达 70%～80%，其他种有水栒子、针刺悬钩子、鞘柄菝葜等。林下草本层不发育，种类也少，有短柄草、华北鳞毛蕨、贝加尔唐松草等。

8) 白桦+拟五蕊柳-箭竹群丛

仅见于老二龙河一带海拔 2100～2200 m 的河滩地上，群落所处生境阴湿，分布面积很小。群落总盖度 80%～90%，其中乔木层盖度 40%～50%，高度 8～12 m，白桦和拟五蕊柳混交成为这一群落的建群种。灌木层较发育，盖度 60%～70%，高度 1～3 m，优势种为箭竹，次优势种为另一种柳，伴生种有针刺悬钩子、刚毛忍冬、钝叶蔷薇等。草本层不发育，种类少，有薹草、东方草莓等。

本区的白桦林多为白桦与辽东栎、山杨、红桦等树种组成的混交林，纯林较少。群落外貌较整齐，其灰白色树皮形成特有的森林景观。林内生境温湿，土壤为普通灰褐土和石灰性灰褐土。

4. 红桦林

红桦是一种喜光的阳性树种，喜温凉湿润的生境，也耐寒冷。本区红桦林分布于山地海拔 2100～2600 m 的阴坡和半阴坡，少数见于半阳坡和阳坡。群落所处生境阴湿，全年空气湿度较大。对于土壤类型，山地阴坡下部和阳坡上部为山地典型灰褐土，阴坡上部为山地弱淋溶灰褐土。

本区的红桦林，在林地下部多为红桦与华山松、白桦等树种组成的落叶阔叶混交林或针阔混交林，上部则为红桦纯林。红桦较其他阔叶树种立地高而耐寒冷，往往在其他阔叶树种还没有分布到此之前就大量繁殖起来，成为优势树种，并形成较为稳定的植物群落。红桦林通常有下列群丛。

1) 红桦-箭竹-苔藓群丛

分布在海拔 2200 m 以上的山地阴坡和半阴坡。群落所处生境阴湿，林下土壤为普通灰褐土和淋溶灰褐土。群落总盖度 70%～80%，其中乔木层盖度 40%～50%，高度 8～10 m，建群种为红桦，伴生种有山杨、白桦等。灌木层盖度 40%～50%，高度 0.5～1.5 m，箭竹占绝对优势，伴生种有扁刺蔷薇、葱皮忍冬、陕西荚蒾等。林下草本层不发育，盖度仅 5%～10%，高度 10～20 cm，种类少，有华北鳞毛蕨、薹草、北重楼等。苔藓层较发育，盖度 60%～70%。

2) 红桦+白桦-箭竹-苔藓群丛

分布在山地海拔 2200～2450 m 的阴坡和半阴坡，林内生境阴湿，土壤为普通灰褐土和淋溶灰褐土。群落总盖度 70%～80%，其中乔木层盖度 40%～50%，高度 8～12 m，红桦和白桦作为共优势种而形成混交林。灌木层十分发育，盖度 60%～70%，高度 1～2 m，箭竹占绝对优势，其分盖度达 50%～60%，常见种有甘肃山楂、甘肃小檗、刺蔷薇等。草本层不发育，种类也少，有蛛毛蟹甲草、贝加尔唐松草、东方草莓等。苔藓层较发育，盖度达 60%～70%。

3) 红桦+华山松-箭竹-苔藓群丛

分布在海拔 2500 m 以下的阴坡和半阴坡，少数见于半阳坡和阳坡。土壤为普通灰褐土和淋溶灰褐土。群落总盖度 70%～80%，其中乔木层盖度 40%～50%，高度 8～12 m，红桦和华山松作为共优势种而形成混交林。灌木层盖度 60%～70%，高度 1～3 m，优势种为箭竹，次优势种为甘肃山楂和两色帚菊，常见伴生种有甘肃小檗、土庄绣线菊、水枸子等。林下草本层不发育，盖度仅 5%～10%，高度 5～10 cm，常见种有淫羊藿、膨囊薹草等。苔藓层则十分发育，盖度达 70%～80%。

4) 红桦+陕甘花楸-箭竹-苔藓群丛

分布在二龙河南台沟，海拔 2100～2200 m 的山地阴坡和半阴坡。面积很小，土壤为普通灰褐土。群落总盖度 70%～80%，其中乔木层盖度 40%～50%，高度 8～12 m，红桦和陕甘花楸作为优势种形成混交林。伴生种有华椴、茶条枫、川滇柳等。灌木层盖度 50%～60%，高度 1～1.5 m，箭竹占绝对优势，分盖度达 40%～50%，伴生种有土庄绣线菊、钝叶蔷薇、针刺悬钩子、水枸子等。草本层不发育，种类少，有东方草莓、华北鳞毛蕨、贝加尔唐松草等。苔藓层较发育，盖度达 50%～60%。

5. 糙皮桦林

本区糙皮桦林分布在山地海拔 2500 m 以上的背风坡，但在迎风坡和山脊比较少见。生境的特点是温度低、风大、光照强。土壤为山地强淋溶灰褐土。糙皮桦能耐寒抗风，且萌生力强，能在其他树种难以生长的高度上形成纯林，成为较稳定的群落类型。

本区的糙皮桦林，在海拔 2700 m 以下生长良好，主干较直，并同华山松、红桦等树种混交。在海拔 2700 m 以上的陡坡处，由于气候寒冷，常年大风，糙皮桦生长矮小、弯曲，并顺风向倾斜生长，形成疏林。糙皮桦林包括以下 3 个群丛。

1) 糙皮桦-箭竹-苔藓群丛

分布在海拔 2600 m 以上，群落所处生境风大、寒冷而湿润。林下土壤为淋溶灰褐土。群落总盖度 80%～90%，其中由糙皮桦组成的乔木层盖度 40%～50%，高度 6～10 m。灌木层中箭竹盖度占绝对优势，分盖度达 40%～50%，常见伴生种有中华柳、秦岭小檗、湖北花楸。林下草本层不发育，种类少，偶见东方草莓、薹草、柳叶亚菊等。由于空气湿度大，地面潮湿，苔藓十分发育，盖度达 80%～90%，高度 8～12 cm。

2) 糙皮桦+华山松-箭竹-苔藓群丛

分布在海拔 2500～2600 m 的阴坡和半阴坡，少数见于阳坡和半阳坡。群落总盖度 80%～90%，其中乔木层盖度 40%～50%，高度 8～12 m，除优势种糙皮桦和华山松外，还伴生有青榨枫、红桦等。灌木层盖度 70%～80%，高度 1～1.5 m，箭竹占绝对优势，其分盖度达 40%～50%，常见伴生种有两色帚菊、针刺悬钩子、蒙古荚蒾、甘肃山楂等。林下草本层不发育，盖度小于 5%，高度 10～20 cm，常见种有薹草、蕨等。苔藓层较发育，盖度达 60%～70%。

3) 糙皮桦+红桦-箭竹-苔藓群丛

分布在海拔 2500～2600 m，群落所处生境与前一群丛相同。群落总盖度 80%～90%，其中乔木层盖度 40%～50%，高度 8～12 m，糙皮桦和红桦为共优势种。林下灌木层和苔藓层均较发育，前者盖度 60%～70%，高度 1～1.5 m，箭竹占绝对优势，分盖度达 40%～50%，常见伴生种有鞘柄菝葜、甘肃小檗、水枸子、针刺悬钩子等。苔藓层盖度达 70%～80%。草本层不发育，种类少，主要有薹草、蕨等。

4) 糙皮桦-纤齿卫矛-合瓣鹿药群丛介绍

分布在海拔 2500～2600 m 的阴坡。群落总盖度 80%～90%，其中乔木层总盖度 60%～70%，优势种为糙皮桦。灌木层盖度上，优势种为纤齿卫矛，伴生种有箭竹、红毛五加等。草本种类稀少，优势种为合瓣鹿药。

(三) 常绿竹类灌丛

由箭竹形成的群落，无论在结构、种类组成、生态外貌和地理分布等方面，均较特殊，所以把这一灌丛划分在灌丛植被型组中，并作为一个独立的植被型加以概述。它是森林破坏后的次生灌丛，包括一个群系——箭竹灌丛。

箭竹灌丛仅分布在海拔 1900 m 以上的阴坡、半阴坡和半阳坡。土壤为普通灰褐土和淋溶灰褐土。

箭竹原是海拔 1900 m 或海拔 2000 m 以上各类森林下灌木层的主要优势种。当森林遭到严重破坏后，箭竹因能适应寒冷和强光照，且具有特殊的地下茎分生繁殖等生态生物学特性，得以在原地生存下来，并成为次生灌丛的建群种或优势种。如果这一灌丛继续被破坏，就会被沙棘、柳等次生灌丛或蕨、蒿等次生草甸所代替。这种逆行演替系列常常在一个地段上表现得很明显。

群落总盖度70%～90%。结构简单，分层明显，一般只有灌木层和苔藓层。灌木层盖度，箭竹占绝对优势，分盖度达40%～50%，次优势种为小叶柳、中华柳等，常见种有甘肃山楂、水栒子、鞘柄菝葜、扁刺蔷薇、土庄绣线菊、唐古特忍冬。苔藓层盖度30%～50%。由于箭竹生长十分茂密，草本层植物生长稀疏，数量少，常见种有薹草、华北鳞毛蕨、糙苏、东方草莓、柳叶亚菊。

(四) 落叶阔叶灌丛

落叶阔叶灌丛是指由冬季落叶的阔叶灌木所组成的植物群落。它广泛分布于我国各地的高原、山地、丘陵、河谷和平原。本区的落叶阔叶灌丛属于温带气候下发育的山地灌丛和河谷灌丛，且多属森林被严重破坏后形成的次生类型，但也有较稳定的原生类型。这些灌丛如果继续遭到破坏，将进一步被次生草甸所代替。

本区落叶灌丛的生活型组成 (150种植物进行统计) 以高位芽植物为主 (占45.1%)，地面芽植物次之 (占37.2%)，其他依次为地下芽植物 (8%)、地上芽植物 (5.3%) 和一年生植物 (4.4%)。群落结构简单，一般仅灌木层和草本层。植物种类也较少，一般每平方米的饱和度仅15～20种。落叶阔叶灌丛包括11个群系。

1. 乌柳灌丛

主要分布在河流和沟谷的两旁。生境十分潮湿，从而导致喜湿性的乌柳大量繁殖，形成单优势种的乌柳灌丛。群落总盖度70%～80%，其中灌木层盖度60%～70%，高度1.5～3 m，除优势种乌柳外，还见有水栒子、其他柳属植物。草本层盖度50%～60%，高度10～20 cm，优势种为大火草、华扁穗草等，常见种有日本续断、北水苦荬、湿生扁蕾、窃衣等。

2. 沙棘灌丛

本区沙棘灌丛分布较广，一般见于山地海拔1600～2400 m的阴坡和阳坡。但阳坡分布较少，生长较差；阴坡分布较多，生长较好，尤其以沟底、路边和梁脊最为密集。群落外貌呈灰绿色，夏季结果时则呈红黄绿相间，季相十分明显。群落总盖度80%～90%，其中，灌木层盖度50%～60%，高度1～3 m，沙棘占绝对优势，分盖度达40%～50%，常见种有水栒子、土庄绣线菊、牛奶子、山桃等。草本层盖度50%～70%，高度20～50 cm，优势种为白莲蒿和华北米蒿，次优势种是短柄草和薹草，常见种有东方草莓、大火草、阿尔泰狗娃花、多茎委陵菜、甘菊等。根据草本层优势种类及生境特点，将本区的沙棘灌丛分为两个群丛。

1) 沙棘-白莲蒿+华北米蒿群丛

分布在阴坡或半阴坡森林边缘，灌木层平均高度1.5～2 m，盖度70%～80%，其中沙棘盖度达50%～60%，伴生种有胡枝子、针刺悬钩子、川滇小檗等。草本层盖度50%～

60%，以白莲蒿和华北米蒿为主，其余常见种有狼毒、泡沙参、白羊草、薹草、东方草莓等。

2）沙棘-短柄草+薹草群丛

这种群落主要分布在半阴坡，生境较前一群落干旱。群落盖度较小，沙棘生长没有阴坡好，但形成单优群落。草本层常见有薹草、短柄草、白莲蒿、细叶亚菊、华北蓝盆花等。这种群落一旦受到破坏，很容易发生逆行演替，因此，应该禁止任意破坏。

3. 虎榛子灌丛

分布于我国东北大兴安岭南部山地、河北西部和陕西北部的山地、黄土高原、阴山山脉、贺兰山和秦岭北坡等地。在本区，它分布在山地海拔 700～2200 m 的阴坡、半阴坡和半阳坡，少数见于阳坡，多呈小块状分布。本区虎榛子灌丛可以分成两个群丛。

1）虎榛子-白莲蒿+华北米蒿群丛

群落总盖度 70%～90%，其中灌木层盖度 50%～70%，高度 0.5～1 m。除建群种虎榛子外，伴生种有水栒子、沙棘、山桃、牛奶子、甘肃小檗等。草本层盖度 30%～50%，高度 20～40 cm，优势种为白莲蒿和华北米蒿，常见种有薹草、歪头菜、薄雪火绒草、东方草莓、异叶败酱等。

2）虎榛子-短柄草+薹草群丛

主要分布在海拔 2100～2200 m 的阴坡。灌木层总盖度 60%～70%，其中虎榛子占绝对优势，偶见有土庄绣线菊、白毛银露梅、小叶柳、灰栒子、扁刺蔷薇等。草本层种类较丰富，主要为短柄草和薹草。此外还有贝加尔唐松草、淫羊藿、地榆、日本续断、穗花婆婆纳、歪头菜、狼毒、黄毛棘豆、柳叶亚菊、狼针草、白莲蒿、滇黄芩等。

4. 榛灌丛

本区榛灌丛分布在海拔 2000 m 以下的山地阴坡、半阴坡和半阳坡。榛常作为各类森林中灌木层的优势种出现，一旦这些森林遭到严重破坏，很容易形成榛灌丛，但土壤仍然保持原来的石灰性灰褐土。

群落总盖度 70%～80%，其中灌木层盖度 50%～60%，高度 1～2 m，除建群种榛外，次优势种为甘肃山楂和毛榛，常见种有土庄绣线菊、水栒子、甘肃小檗、胡枝子等。草本层盖度 40%～50%，高度 20～50 cm，优势种为薹草和大火草，次优势种为白莲蒿和华北米蒿，常见种有短柄草、淫羊藿、狼毒、委陵菜属、甘菊等。

5. 峨眉蔷薇灌丛

主要分布在秦岭西段、马御山、祁连山东段及青藏高原东缘山地。在本区，它分布在山地海拔 2300～2700 m 的阳坡、半阴坡和半阳坡，多属白桦林、山杨林、红桦林和糙皮桦林被砍伐破坏后形成的次生群落。土壤为普通灰褐土和淋溶灰褐土。本区峨眉蔷薇灌丛可分为两个群丛。

1）峨眉蔷薇-短柄草群丛

群落总盖度 60%～80%，其中灌木层盖度 50%～60%，高度 0.5～1 m，峨眉蔷薇占绝对优势，分盖度达 30%～40%，次优势种为箭竹、中华柳和秦岭小檗，但在海拔 2600 m

以上次优势种为红花岩生忍冬；常见种有甘肃山楂、白毛银露梅、稠李、黄瑞香、冰川茶藨子等。草本层盖度 40%～50%，高度 20～30 cm，优势种为短柄草，次优势种为蕨、白莲蒿，常见种有东方草莓、贝加尔唐松草、歪头菜、火绒草、地榆、甘菊、秦艽等。

2）峨眉蔷薇-白莲蒿群丛

分布在半阴坡，生境较上一群丛干旱。灌木层盖度 50%～60%，高度 0.5～0.8 m，以峨眉蔷薇为主，盖度达 30%～40%，次优势种华北珍珠梅，常见种有红花岩生忍冬、白毛银露梅、甘肃山楂、灰栒子。草本层盖度 40%～50%，以白莲蒿为主，常见种有翼茎风毛菊、短柄草、东方草莓、瓣蕊唐松草等。

6. 秦岭小檗灌丛

在本区见于山地海拔 2700～2800 m 的阳坡和半阳坡，多属糙皮桦林被破坏后形成的次生灌丛。土壤为山地淋溶灰褐土。群落总盖度为 80%～90%，其中灌木层盖度 70%～80%，高度 0.5～0.8 m，以峨眉蔷薇为主，盖度达 50%～60%，伴生种有峨眉蔷薇、白毛银露梅、红花岩生忍冬、土庄绣线菊等。草本层盖度 40%～50%，高度 10～20 cm，优势种为细叶亚菊，次优势种为柳叶风毛菊和紫穗披碱草，常见种有香青、火绒草、紫苞雪莲、胭脂花等。

7. 中华柳灌丛

分布在海拔 2000 m 以上的山地阴坡、半阴坡和半阳坡。它是辽东栎林、红桦林、华山松林、糙皮桦林等被砍伐破坏后形成的次生灌丛。如果进一步遭到破坏，将被次生灌丛或次生草甸所代替。土壤为山地典型灰褐土和山地淋溶灰褐土。本区中华柳灌丛分为 4 个群丛。

1）中华柳-短柄草-苔藓群丛

主要分布在海拔 2300 m 以上，生境较阴湿，土壤为淋溶灰褐土。群落总盖度可达 90%～95%，结构可分为 3 层：灌木层、草本层和苔藓层。灌木层盖度 40%～50%，中华柳为优势种，常见种有沙棘、峨眉蔷薇、灰栒子、土庄绣线菊等。草本层以短柄草为主，次优势种有薹草，常见种有长喙唐松草、细叶亚菊等。苔藓发育较好，盖度 40%～50%。

2）中华柳-柳叶风毛菊群丛

主要分布在西坡海拔 2300 m。群落结构分为两层，灌木层盖度 40%～50%，中华柳占绝对优势，分盖度 30%～35%，伴生种有峨眉蔷薇、土庄绣线菊、灰栒子。草本层盖度 80%～90%，优势种为柳叶风毛菊，分盖度 40%，伴生种有地榆、短柄草、柳叶亚菊、蕨等。

3）中华柳-大披针薹草-苔藓群丛

分布在西坡海拔 2500 m。群落盖度 75%～80%，中华柳占绝对优势，分盖度达 55%，高度 0.5 m，伴生种有峨眉蔷薇、刺五加、灰栒子等。草本层优势种为大披针薹草，伴生种有柳叶亚菊、宽叶荨麻、高山韭等。苔藓层较发育，盖度达 70%～80%。

4）中华柳-羊茅-苔藓群丛

群落盖度 70%～80%，最大可达 90%以上。群落结构简单，通常分为灌木层、草本层和苔藓层。其中灌木层盖度 50%～60%，高度 1～2 m，中华柳占绝对优势，分盖度达 40%～50%，伴生种在海拔低处有箭竹、蒙古荚蒾、土庄绣线菊、长刺茶藨子、鞘柄菝葜等；海拔较高处有高山绣线菊、峨眉蔷薇、陕甘花楸、小叶柳、黄花柳等。草本层盖度 30%～40%，高度 20～40 cm，优势种为羊茅，常见种有苞芽粉报春、火绒草、珠芽蓼等。苔藓层发育良好，盖度 40%～50%，局部可达 70%～80%。

8. 灰栒子灌丛

灌丛所在地多为林缘或无林的山坡，为森林被破坏后形成的次生类型。本区分布在山地海拔 1700～2000 m 的阴坡和半阴坡，少数见于半阳坡。土壤为暗灰褐土。本区灰栒子灌丛可分为两个群丛。

1) 灰栒子-白莲蒿群丛

群落总盖度 70%～80%，其中灌木层盖度 50%～60%，高度 1～1.5 m。除优势种灰栒子外，常见种为水栒子、土庄绣线菊、葱皮忍冬、牛奶子、陕西荚蒾、扁刺峨眉蔷薇。草本层盖度 30%～40%，高度 30～50 cm，优势种为白莲蒿，次优势种为蛛毛蟹甲草和华北米蒿，常见种有火绒草、短柄草、东方草莓、薹草、长柄唐松草、三脉紫菀、甘菊、淫羊藿等。

2) 灰栒子-蛛毛蟹甲草+三脉紫菀群丛

分布于雪山林场海拔 1850 m。群落优势种为灰栒子，次优势种为葱皮忍冬，伴生种有土庄绣线菊、陕西荚蒾、短柄稠李、刺蔷薇等。草本层优势种有蛛毛蟹甲草和三脉紫菀，伴生种有淫羊藿、东方草莓、白莲蒿等。

9. 陇东海棠灌丛

分布在阳坡和半阴坡，其中，以二龙河林场南台沟南坡最为典型，土壤为暗灰褐土。群落总盖度 80%～85%，其中灌木层盖度 35%～40%。陇东海棠高 2～4 m，盖度达 20%。灌木层伴生种多，有细枝栒子、针刺悬钩子、李、毛药忍冬等。草本层不发育，偶见东方草莓、薹草、细根茎黄精等，但在阳光充足的地方草本层盖度可达 80%～90%，短柄草为优势种，分盖度 40%～50%，常见种有华北米蒿、甘菊、东方草莓、薹草等。

10. 高山绣线菊灌丛

本区高山绣线菊灌丛主要分布在海拔 2700 m 以上，生境风大，温度较低。群落总盖度 85%～95%，灌木层盖度 60%～70%，优势种为高山绣线菊，伴有峨眉蔷薇、白毛银露梅、秦岭小檗等。灌木层高度 10～20 cm，显示亚高山灌丛特有的性质。草本层盖度 40%～50%，高度 10～20 cm，优势种为紫羊茅，伴有珠芽蓼、紫苞雪莲、歪头菜、柳叶亚菊、大苞鸢尾、高山韭等。

11. 秀丽莓灌丛

见于米缸山海拔 2800 m 左右的山顶，生境湿润。群落总盖度 70%～85%，灌木层盖度 60%～70%，秀丽莓占绝对优势，伴生种有糖茶藨子、峨眉蔷薇、红花岩生忍冬等。草本层盖度 20%～30%，主要有薹草、羊茅，常见种有胭脂花、条裂黄堇、垂头蒲公英等。

12. 岩生忍冬灌丛

见于海拔 2600～2900 m 的高山地区，生境湿润。群落总盖度 80%～90%，灌木层盖度 50%～60%，高度 30～50 cm。岩生忍冬占绝对优势，有少量糖茶藨子。草本层以风毛菊属植物为主，其次为短柄草。

13. 糖茶藨子灌丛

见于海拔 2600～2900 m 的高山地区，生境湿润。群落总盖度 70%～80%，灌木层盖度 40%～50%，高度 0.8～1.5 m，糖茶藨子占绝对优势，伴生有少量岩生忍冬和秦岭小檗。草本层以风毛菊属植物占优势，其次为条裂黄堇，伴生有胭脂花、疏齿银莲花等植物。

14. 银露梅灌丛

见于海拔 2800 m 以上的山顶草甸，生境湿润，风大。群落总盖度 80%～90%，灌木层盖度 70%～80%，高度 30～50 cm。银露梅占绝对优势，伴生有高山绣线菊和少量秦岭小檗。草本层以风毛菊属植物为主，其次为疏齿银莲花。

(五) 草原

草原是由低温、旱生、多年生草本植物 (有时为旱生小半灌木) 组成的植物群落，为温带大陆性气候下的一种地带性植被类型。本区处于草原区南缘的森林草原地带，属于草甸草原，分布在海拔 1700～2500 m 的阳坡和半阳坡，并与阴坡的落叶阔叶林等组成山地森林草原带。

1. 本氏针茅草原

在本区，本氏针茅草原出现于六盘山中北段大西坡干旱外围地区。由于此地区已被广泛开垦，天然植被几乎残存无几，已很难找到大面积连片的本氏针茅群落，但在山坡、田边、路边及撂荒地段，仍可见到本氏针茅草原片段。本区仅一个群丛。

本氏针茅群丛群落高 40～60 cm，盖度 50%～60%。群落中本氏针茅占绝对优势，分盖度 30%～40%，常见伴生种有百里香、茵陈蒿、冷蒿、大针茅、多茎委陵菜、西山委陵菜、平车前、狼毒、花苜蓿、阿尔泰狗娃花等。

2. 狼针草草原

狼针草为中旱生的多年生密丛禾草。在区系地理上属兴安-蒙古种。狼针草是我国草甸草原中具代表性的建群植物，一般见于排水良好的地带性生境。本区分布在山地海拔 1800～2300 m 的阳坡和半阳坡，秦岭所处生境属半湿润区，土壤为暗灰褐土，腐殖质层一般都较深厚，土质结构良好。本区狼针草可分为两个群丛。

1) 狼针草+短柄草群丛

本群丛分布于东山坡及东山区等海拔 1800～2300 m 的山地，主要见于阴坡和半阴坡。群落高度 20～60 cm，盖度 60%～80%。分层现象不明显，一般只有草本层。群落中狼针草占绝对优势，其次是短柄草。常见种有华北米蒿、北柴胡、早熟禾、细叶亚菊、蕨、薹草、地榆、瓣蕊唐松草、西山委陵菜、多茎委陵菜、火绒草、香青、泡沙参、甘菊等。此外，局部混生有绣球绣线菊、水枸子、虎榛子、红花岩生忍冬、沙棘等灌木。

2）狼针草+白莲蒿+华北米蒿群丛

该群丛主要集中分布于东山区等地，多出现于阳坡。与前一群丛相比，垂直分布上限要低一些。群落高度 30～60 cm，盖度 80%～90%。分层不明显，单生白莲蒿和华北米蒿构成的小半灌木片层很突出。其他伴生种有细叶亚菊、北柴胡、香青、早熟禾、大火草、多茎委陵菜、西山委陵菜、羊茅、红纹马先蒿、青蒿、天门冬等。

3. 甘青针茅草原

在本区，甘青针茅草原只小面积分布在山地海拔 1800～2300 m 的阴坡，群落所处生境较干旱，土壤为暗灰褐土。本区可分为 3 个群丛。

1）甘青针茅+狼针草群丛

分布于海拔 1800～2300 m 的阳坡和半阳坡，生境干燥，土壤为黑垆土。群落分层不明显，高 30～60 cm，盖度 80%左右。群落优势种为甘青针茅和狼针草，盖度达 55%～70%。常见伴生种有糙叶败酱、委陵菜、白花枝子花、狼毒、瓣蕊唐松草、远志、短柄草、风毛菊、中国马先蒿等。

2）甘青针茅+白莲蒿群丛

群落高度为 1 m 以下，盖度 70%～90%。除优势种甘青针茅和白莲蒿外，伴生种有地榆、华北米蒿、茵陈蒿、细叶亚菊、柳叶风毛菊、北柴胡、菭草、阿拉善马先蒿、狼毒、花苜蓿等。

3）甘青针茅+落芒草群丛

分布于海拔 2200 m 以下的阳坡或半阳坡。群落高 50～100 cm，盖度达 80%～90%。其中甘青针茅和落芒草分盖度分别可达 40%左右，其他伴生种有北柴胡、糙叶败酱、长柱沙参、狼针草、花苜蓿、委陵菜、蓬子菜等。

4. 白羊草草原

白羊草是中旱生多年生禾草，是我国温带森林草原地区的代表类型，在本区分布在海拔 1800 m 以下的山地阳坡和半阳坡，生境干旱，土壤为暗灰褐土。本群系包括两个群丛。

1）白羊草+狼针草群丛

分布于海拔 1800 m 以下的阳坡和半阳坡。本群丛是白羊草草原与狼针草草原的过渡类型，建群种有白羊草和狼针草。群落高度 30～100 cm，盖度 60%～80%，常见种有白莲蒿、吊竹梅、北柴胡、冷蒿、委陵菜、黄毛棘豆、宿根亚麻、狼毒、兴安胡枝子、狗娃花、刺疙瘩、瞿麦等。

2）白羊草+白莲蒿+华北米蒿群丛

本群丛主要由白羊草草原退化而成。主要分布于阳坡和半阳坡。优势种为白羊草、白莲蒿和华北米蒿，其他伴生种有茵陈蒿、委陵菜、二裂委陵菜、北柴胡、地榆、香青、百里香、狼针草等。

5. 白莲蒿草原

分布在山地海拔 1700～2300 m。其中分布于阴坡和半阴坡的群落，属于森林被严重破坏或次生灌丛进一步退化演替而形成的次生类型，其下土壤为石灰性灰褐土和普通灰褐土。群落中还有少许草本层的种类，如东方草莓、淫羊藿等。而分布在阳坡和半阳坡的白莲蒿草原，多属狼针草草原、甘青针茅草原等的一个演替类型，其下土壤类型为暗灰褐土。本群系分为 5 个群丛。

1) 白莲蒿+华北米蒿群丛

分布于海拔 2000～2100 m 的阳坡和半阳坡，生境干旱。群落盖度 60%～70%，高度 20～50 cm，分层不明显，优势种为白莲蒿和华北米蒿，常见种有百里香、小红菊、羊茅、短柄草、香青等。群落内还散生少数的绒毛绣线菊、兴安胡枝子等灌木。

2) 白莲蒿+短柄草群丛

见于海拔 2500 m 左右的山地半阳坡、半阴坡。群落所处生境相对偏湿，土壤为黑垆土和灰褐土。群落盖度 70%左右，高度 20～50 cm，以白莲蒿和短柄草为优势种，伴生种有百里香、甘青针茅、青甘韭、糙叶败酱、细叶亚菊、中国马先蒿、风毛菊等。

3) 白莲蒿+甘青针茅群丛

见于海拔 1800～2300 m 的阳坡，生境干旱，其下发育黑垆土。群落盖度 60%～70%，高度 30～50 cm，分层不明显，优势种为白莲蒿，次优势种为甘青针茅，常见种有地榆、细叶亚菊、柴胡、阿拉善马先蒿、华北米蒿、柳叶风毛菊、委陵菜、花苜蓿等。

4) 白莲蒿+百里香群丛

见于海拔 2300 m 以下的阳坡和半阳坡，生境干旱。群落结构可分为两个亚层：第一亚层高 40～70 cm，盖度 50%～60%，以白莲蒿为优势种，伴生种有华北米蒿、甘菊、短柄草等；第二亚层高 5～20 cm，盖度 20%～25%，以百里香为主，伴生有地角儿苗、多叶棘豆、甘青青兰、东方草莓、多茎委陵菜等。

5) 白莲蒿+狼针草群丛

分布于海拔 2300 m 以下的山地阳坡和半阳坡。群落盖度 70%左右，高度 30～50 cm，白莲蒿和狼针草为共优势种，常见种有华北米蒿、细叶亚菊、北柴胡、香青、早熟禾、委陵菜、青甘韭等。

6. 华北米蒿草原

华北米蒿为小半灌木，叶片狭小，被灰白色绒毛，结实丰富，且能从每株根部萌生出新株，根条发达，故其耐旱与适应环境的能力很强。华北米蒿草原是我国温带森林草原地区的一种半灌木草原类型，并可伸入暖温带落叶阔叶林区域，成为森林被破坏后重要的次生类型之一，它主要分布在黄土高原。在本区，华北米蒿草原分布在山地海拔 1700～2200 m 的阳坡和半阳坡，少数见于半阴坡。群落所处生境干旱，其下土壤为黑垆土。本群系可分为 4 个群丛。

1) 华北米蒿+百里香群丛

零星分布于海拔 2200 m 左右的阳坡、半阳坡的干旱地段，土壤为黑垆土。群落盖度 70%～80%。草本层高 10～30 cm，可分为两层：第一亚层高 30 cm，优势种为华北米蒿，伴生种有小红菊、北方獐牙菜、甘菊、白莲蒿、北柴胡、狼针草、白羊草、早熟禾等；第二亚层高 10 cm 左右，优势种为百里香，分盖度达 30%～40%，伴生种有多茎委陵菜、黄毛棘豆等。

2) 华北米蒿+短柄草群丛

见于东山坡大海子海拔 2270 m 的东坡，面积很小。群落高 50～80 cm，盖度较大，达 85%左右，分层不明显，优势种为华北米蒿和短柄草，伴生种有白莲蒿、早熟禾、百里香、甘菊、蕨、长柱沙参、狼针草，局部有红花岩生忍冬、木梨、水栒子和沙棘等。

3) 华北米蒿+白莲蒿群丛

分布于海拔 1700～2300 m 的阳坡、半阳坡至半阴坡，土壤为黑垆土，少数地段为灰褐土。群落高 20～50 cm，分层不明显，总盖度 60%～70%。华北米蒿和白莲蒿为共建种，盖度可达 40%～60%。伴生种有短柄草、百里香、香青、华北蓝盆花、三脉紫菀、羊茅、瓣蕊唐松草等。此外还有土庄绣线菊、蒙古荚蒾、小叶鼠李、兴安胡枝子等灌木出现。

4) 华北米蒿+本氏针茅群丛

见于海拔 2200 m 以下的阳坡，生境较干旱。群落高度 20～50 cm，盖度 40%～60%，分为两层：第一亚层以华北米蒿和本氏针茅为主，常见种有吊竹梅、白莲蒿等；第二亚层以华北米蒿、多茎委陵菜、黄毛棘豆为主。除此之外还见有北方獐牙菜、花苜蓿、阿尔泰狗娃花、糙叶败酱、北柴胡、星毛委陵菜、北黄花菜、狼毒、天仙子、刺疙瘩等。

7. 冷蒿草原

冷蒿草原是以旱生小半灌木冷蒿为建群种的一个草原群系，多是在过度放牧的影响下，由针茅草原或其他草原演替而来，具有"偏途顶级"的性质。冷蒿草原在我国东至西辽河流域的森林草原地带，往西广布于蒙古高原中部、东部和黄土高原西部，并延伸至青藏高原东北部。在本区，它见于草原地带以北的地区，多数由本氏针茅草原，少数由其他草原如大针茅草原，长期过度放牧，从而演替而成的次生类型。

群落高 40 cm 以下，盖度 60%～70%。其中建群种冷蒿高 10 cm 以下，分盖度 30%～40%。其他主要种还有本氏针茅等，常见种有多茎委陵菜、白花枝子花、青蒿、委陵菜、平车前、二裂委陵菜、黄毛棘豆、多叶棘豆、阿尔泰狗娃花、白花葱等。

(六) 荒漠

荒漠指的是超旱生的半乔木、半灌木、小半灌木和灌木占优势的稀疏植被。在我国主要分布于西北各省 (自治区)，包括准噶尔盆地、塔里木盆地、柴达木盆地、河西走廊、阿拉善高原和鄂尔多斯台地西部。本区仅见于固原市须弥山海拔 1700 m 左右的阳坡、半阳坡和半阴坡，植物以沙冬青为主，这是目前关于沙冬青及其组成的群落类型分布群的最南界线。群落总盖度只有 30%～40%，高度 20～50 cm。

(七) 草甸

草甸是以多年生中生草本植物为主的植物群落，是在中度湿润条件下形成和发展起来的。本区的草甸植被属典型草甸，主要由典型中生植物组成，也含有一定数量的旱生植物和湿中生植物，它多属于森林或灌丛遭受破坏后形成的次生类型，其下土壤为森林土壤，但具有生草化的特点。

本区草甸结构简单，仅草本一层；有时有亚层的分化。主要优势层片有根茎禾草层片、根茎薹草层片和多年生杂草层片，从而组成不同类型的群落。而且，前两者如遭到破坏，常常被杂类草草甸所代替。

种类组成颇多，植物酸枣十分旺盛，盖度常达 80%～90%，外貌华丽，草群中常混生大量林下草本植物。可以划分为以下 5 个群系。

1. 短柄草草甸

在本区，短柄草草甸分布在山地海拔 1800～2600 m 的阴坡、半阴坡和半阳坡，是辽东栎林、山杨林、白桦林和红桦林等森林植被遭受破坏后形成的次生类型。群落所处的土壤为山地灰褐土，分为 3 个代表性群丛。

1) 短柄草+白莲蒿群丛

见于海拔 1800～2600 m 的山地阴坡、半阴坡至半阳坡。生境较湿润，土壤为山地灰褐土。群落高 1 m 以下，一般只有草本层，盖度较大，达 80%～90%甚至以上。群落种类组成较复杂，主要种类有短柄草、白莲蒿、薹草、华北米蒿、细叶亚菊、百里香、蕨等。常见伴生种有香青、地榆、披碱草、风毛菊、艾、甘青针茅、狼针草、蒙古风毛菊、斜茎黄芪、早熟禾、糙叶败酱、北方獐牙菜、瓣蕊唐松草、花苜蓿、北柴胡等。还常见有土庄绣线菊、沙棘、灰栒子、牛奶子等灌木散生。

2) 短柄草+蕨+薹草群丛

见于海拔较高处，生境较湿润，土壤为山地灰褐土。群落高 50 cm 左右，盖度 80%～90%，其中短柄草分盖度达 40%～50%，蕨分盖度也有 20%～25%，其他主要组成成分有薹草、二裂委陵菜、羊茅、百里香、蓪梗花、白花枝子花、老芒麦等。灌木有匍匐栒子等。

3) 短柄草+薹草群丛

见于西山区高海拔山坡，以半阳坡为主。群落高 20～40 cm，盖度 80%～90%，只有草本层一层。种类组成简单，除了优势种短柄草和薹草外，其他主要种有百里香、白莲蒿、披碱草、长柱沙参、香青、早熟禾、华北米蒿等。

2. 紫穗披碱草草甸

在本区，紫穗披碱草草甸分布在山地海拔 2600 m 以上，地势较为开阔的坡地和山脊、山顶。这里生境条件极为严酷，低温、大风，使乔木树种甚至灌木都难以生长，只有耐旱、耐寒的紫穗披碱草在此生长。可分为以下两个群丛。

1) 紫穗披碱草+短柄草群丛

见于六盘山主脉海拔 2600 m 以上的山峰顶部，是适应于山顶特殊生境的一类草甸，其下土壤为亚高山草甸土。群落高度 15～30 cm，盖度 80%～90%，只有一层。物种组成简单，紫穗披碱草占绝对优势，其他主要成分有短柄草、风毛菊、珠芽蓼、薹草、胭脂花等。

2) 紫穗披碱草+紫苞雪莲群丛

本群丛与上一群丛相比，风毛菊的主要地位代替了短柄草，其中紫苞雪莲在杂类草中最突出，并成为群落次优势种。

3. 薹草草甸

在本区，薹草草甸分布在山地海拔 2000 m 以上的各种坡向。它多属于各类型森林植被被破坏后形成的次生林，其下土壤为山地灰褐土，但已带有生草化的特点。接近山顶处或山脊上的薹草草甸，则属较稳定的草甸类型。所处生境低温、大风，其下发育亚高山草甸土。本区的薹草草甸可分为以下 3 个群丛。

1) 薹草+禾叶风毛菊群丛

见于海拔 2650 m 以上的半阳坡，在海拔较高的山顶也有零星分布。土壤为亚高山草甸土。群落高度 20～40 cm，盖度 70%～85%，只有草本层。优势种为薹草、禾叶风毛菊，其他主要伴生种有疏齿银莲花、羊茅、矮火绒草、假水生龙胆、珠芽蓼、地榆、毛建草等，构成亚高山草甸群落类型，还见有零星的红花岩生忍冬分布。

2) 薹草+蟹甲草群丛

群落可分为两个亚层，总盖度 70%～80%，第一亚层高 40 cm 左右，有蟹甲草、乌头、毛蕊老鹳草等。第二亚层高 20 cm，以薹草为主，其盖度可达 40%～50%，其他伴生种有铁线蕨、香青、东方草莓等。

3) 薹草群丛

见于米缸山海拔 2830 m 左右的山脊面上，也见于海拔 2750 m 以下开阔的阴坡、阳坡。群落高 30 cm 左右，只有一层，盖度 90% 左右。薹草占绝对优势，分盖度可达 60%。其他伴生种有柳叶亚菊、火绒草、毛建草、大苞点地梅、细叶亚菊、高山豆、委陵菜、假水生龙胆、柴胡、中国马先蒿、披碱草等，还有红花岩生忍冬、峨眉蔷薇等灌木出现。

4. 蕨草甸

在本区，蕨草甸分布在山地海拔 1900～2400 m 的阴坡、半阴坡和半阳坡，它属于辽东栎林、山杨林、白桦林等被严重破坏后形成的次生类型。群落所处生境温湿，其下土壤为山地灰褐土。常见类型有蕨+短柄草+薹草群丛。植物生长茂密，群落盖度达 80%～90%，高度 30～50 cm，除优势种蕨外，次优势种有短柄草、薹草，常见种有白莲蒿、长柄唐松草、歪头菜、火绒草、地榆等。

5. 紫苞雪莲草甸

在本区，紫苞雪莲草甸分布在山地海拔 2600 m 以上的阳坡，也见于地势开阔的阴坡和半阴坡。群落所处生境寒冷、风大，土壤为亚高山草甸土。主要有紫苞雪莲+大耳叶风毛菊+蕨群丛。群落盖度 80%～90%，高约 30 cm，紫苞雪莲占绝对优势，分盖度达 40%～50%，次优势种为大耳叶风毛菊、薹草和蕨，常见种有细叶亚菊、火绒草、缘毛紫菀、珠芽蓼、乳白香青、短柄草等。

(八) 人工森林群落

本区的人工林树种主要有华北落叶松、油松和青海云杉，其中华北落叶松人工林的面积最大，其次为油松与青海云杉。华北落叶松为落叶树种，林下枯枝落叶层很厚，导致其他植物生长困难，在部分密林区，林下几乎不见其他植物生长，偶见有东方草莓、葡匐委陵菜、首阳变豆菜等草本。华北落叶松林中其他木本植物有李、沙棘、太平花、箭竹、扁刺蔷薇、针刺悬钩子、绣球绣线菊、甘肃山楂等，草本有东方草莓、首阳变豆菜、西固凤仙花、匍匐委陵菜、血满草、路边青、龙芽草、火烧兰、三脉紫菀等。油松林伴生树种有辽东栎、楝木、春榆、椴树等；林下灌木主要有甘肃山楂、刺蔷薇、针刺悬钩子、杜梨、灰栒子等；林下草本有东方草莓、紫斑风铃草、日本续断、大火草、小花草玉梅、藓生马先蒿、蛛毛蟹甲草、烟管头草等。青海云杉林除部分与华北落叶松混交外，其余都为纯林，结构简单，林下植物稀少，灌木主要有刺蔷薇、岩生忍冬、高山绣线菊等，草本有曲花紫堇、瞿麦、乳白香青、歪头菜、问荆、假水生龙胆等 (段文标等，2008)。

1. 华北落叶松林的分布与生长

本试验是在宁夏六盘山自然保护区的香水河小流域进行的。其行政区划属固原市泾源县西峡林场。在对试验地踏查的基础上，考虑立地因子的相近性，分别在坡面的中下坡位立地条件相近的地段建立 12 个临时样地。样地为 30 m×30 m，面积为 0.09 hm^2。在样地内设 5 m×5 m 的灌木层样方，作盖度、高度、优势种调查；并设置 1 m×1 m 的草本样方，记录草本层的种类、数量、高度、盖度等。在每个样地内进行每木检尺，以 2 cm 为径阶统计各径阶的株数及标准地总株数。同时计算出平均直径 ($\bar{D}$)，在树高曲线上查定林分平均高 ($\bar{H}$)，寻找与林分平均直径和平均高相接近且干形中等的林木作为平均标准木，每块标准地至少有一棵或两棵解析木。同时记载标准地的坡向、坡度、坡位、海拔和植被等因子。样地基本情况见表 3-11，华北落叶松林的生长状况见表 3-12。

表 3-11　样地的基本情况

样地编号	株数	密度/(株/hm²)	解析木数	海拔/m	坡度/(°)	郁闭度	平均胸径/cm	平均树高/m	枝下高/m	平均冠幅/m
1	173	2000	3	2351	37	0.7	12.8	13.6	1.9	2.8
2	153	1700	2	2386	41	0.6	13.5	13.7	2.4	2.7
3	180	2055	1	2300	37	0.6	12.9	11.5	1.9	2.5
4	139	1544	1	2345	38	0.6	13.3	13.18	2.2	2.6
5	135	1500	3	2302	39	0.6	13.5	13	2.1	2.7
6	171	1900	1	2333	42	0.6	13	11.2	2.4	1.8
7	125	1390	1	2302	45	0.4	13.6	12.9	2.3	2.1
8	160	1778	1	2346	25	0.65	13.1	13.9	2.4	2.6
9	147	1633	1	2307	23	0.6	12.9	13.7	2.3	2.4
10	148	1644	2	2355	15	0.6	12.9	12.7	2.3	2.4
11	137	1522	1	2336	15	0.6	13.5	14.1	2.3	2.5
12	108	1200	3	2351	25	0.5	13.8	12.1	2.2	2.6

表 3-12　华北落叶松林的生长状况

径级/cm	林龄/a	密度/(株/hm²)	树高/m	胸径/cm	枝下高/m	冠幅/m 横	冠幅/m 纵	林分组成	抚育管理	评价
4	27	1750	5.3	4.4	0.2	1.9	0.9	纯林	围护	80
14	29	1750	12.9	13.8	2.3	3.1	2.9	纯林	围护	80
24	27	1750	14.3	23.6	2.3	4.9	4.8	纯林	围护	80

2. 华北落叶松人工林的生长过程

通过对华北落叶松人工林 20 株解析木的树高、胸径和材积数据的总生长量、连年生长量和平均生长量分别求其平均值,分析其生长过程。由于本研究区立地条件基本一致,因而生长规律不会发生大的变化,单木生长量表现不一主要是由林分密度不同造成的。通过 SPSS 25.0 对不同的生长指标的年平均生长量进行相关分析可见,各解析木之间无显著差异,表明各解析木间的生长规律基本一致,其生长量的平均值可以用作研究该地区华北落叶松总生长规律的指标。

同时选择密度差异较大的 3 个样地:样地 12、样地 5 和样地 1,其密度分别为 1200 株/hm², 1500 株/hm², 2000 株/hm²,简称为 A、B、C 林分,分别计算各林分的树高、胸径、单株材积和单位面积立木蓄积的总生长量、平均年生长量和连年生长量 (每个林分内 3 株标准木的平均值),对比不同密度林分生长指标的差异性。

树高增长过程分析以 20 株解析木的树高总生长量数据作树高生长过程曲线和散点图,见图 3-1。

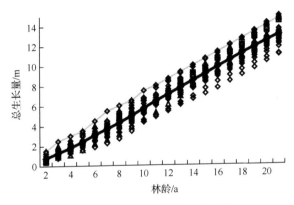

图 3-1　树高生长过程散点分布图

由树高生长过程曲线和散点图 (图 3-1) 可知,树高的总生长量曲线随年龄的增长逐渐上升,近似呈现直线形。在树高生长的整个过程中,单株之间生长差别变化不是很大。通过对华北落叶松树高生长过程的拟合发现,以下方程都能较好地拟合树高总生长量与年龄的关系,表 3-13 中只显示 $R^2 > 0.9$ 的生长方程。结果显示三次曲线和幂函数曲线的拟合效果最好,R^2 均达到 0.999。其中 Y 为树高总生长量,X 为年龄。

表 3-13　华北落叶松树高生长过程的回归模型

模型名称	方程式	相关系数				R^2
		b_0	b_1	b_2	b_3	
对数曲线	$Y = b_0 + b_1 \ln(X)$	−5.875	5.5867			0.900
三次曲线	$Y = b_0 + b_1 X + b_2 X^2 + b_3 X^3$	−0.193	0.4339	0.0212	−0.0006	0.999
幂函数曲线	$Y = b_0 X_1^b$	0.3475	1.2057			0.999
S 曲线	$Y = \exp \cdot b_0 + b_1 X$	2.5626	−6.6816			0.901
逻辑斯谛曲线	$Y = 1/(1/\mu + b_1 b_2 X)$	0.8453	0.8655			0.920

注:R^2 为相关性系数。

树高连年生长量和平均生长量变化曲线图 (图 3-2)表明，树高连年生长量变化幅度较大，快速增长主要集中于 8～14 年生，11 年生时连年生长量达到最大值 (0.708 m)，14 年生以后连年生长量呈现持续下降趋势。12～17 年生变化不大，其值均在 0.650 左右；同时可见树高平均生长量变化幅度相对较小，3～20 年生连年生长量一直大于平均生长量；20 年生时，树高的连年生长量与平均生长量曲线相交，此时平均生长量达到其生长高峰，其值为 0.624 m，此后树高的平均生长量呈下降趋势。

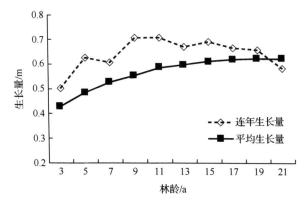

图 3-2　树高连年生长量和平均生长量曲线

从胸径生长过程曲线和散点图 (图 3-3)可知，胸径的总生长量曲线随年龄的增长呈现逐渐上升的趋势。在胸径生长的整个过程中，10 年生之前单株之间生长差别变化不是很大，随后差别明显增大，这说明随着年龄增长，单株之间对资源的竞争增强，出现了不公平的资源分配，导致了单株之间在后期生长差异增大。通过对华北落叶松胸径生长过程的拟合发现，以下方程都能较好地拟合胸径总生长量与年龄的关系，表 3-14 中只显示 $R^2 > 0.9$ 的生长方程。结果显示三次曲线和 S 曲线的拟合效果最好，R^2 均达到 0.999。其中 Y 为胸径总生长量，X 为年龄。

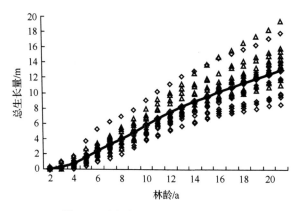

图 3-3　胸径生长过程曲线和散点图

表 3-14　华北落叶松胸径生长过程的回归模型

模型名称	方程式	相关系数				R^2
		b_0	b_1	b_2	b_3	
对数曲线	$Y=b_0+b_1\ln(X)$	−7.538	6.2644			0.919
三次曲线	$Y=b_0+b_1X+b_2X^2+b_3X^3$	−1.254	0.4101	0.0423	−0.0014	0.999
幂函数曲线	$Y=b_0Xb_1$	0.0259	2.207			0.909
S 曲线	$Y=\exp b_0+b_1X$	3.141	−13.49			0.999

注：R^2 为相关性系数。

　　胸径连年生长量和平均生长量变化曲线图 (图 3-4)表明，胸径连年生长量出现两次生长高峰，在经历了 3～6 年快速增长后，6 年生时达到初次生长高峰 (0.909 cm) 后连年生长量下降，10 年生时连年生长量再次达到顶峰 (1.01 cm)；10 年生以后连年生长量呈现持续下降趋势。胸径平均生长量在 11～21 年生变化幅度较小，其值均在 0.550 cm 左右；同时可见胸径平均生长量变化幅度相对较小，3～10 年生长幅度较大；17 年生时，胸径的连年生长量与平均生长量曲线相交，此时平均生长量达到其高峰 0.641 cm，此后胸径的平均生长量呈缓慢下降趋势，但一直高于连年生长量。林分直径连年生长量的变化反映出林木对营养空间的需求情况，因此可以作为是否需要进行首次间伐的标准。落叶松胸径的连年生长量在 10 年生后开始下降，显示林木对营养空间需求增加，林木之间竞争加剧。因此可以根据经营目标，进行抚育间伐，给林木以适宜的营养空间，提高胸径生长率。

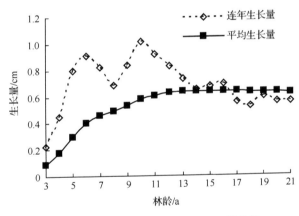

图 3-4　胸径连年生长量与平均生长量曲线

　　从单株材积生长过程曲线和散点图 (图 3-5)可知，材积的总生长量曲线随年龄的增长呈现逐渐上升趋势。在单株生长的整个过程中，11 年生之前单株之间生长差别变化不是很大，随后差别明显增大，这一趋势与单株之间胸径生长的变化趋势相似，说明华北落叶松单株材积增长与胸径增长之间存在着很大的相关性，可以说单株之间胸径生长的变化对材积生长的变化起到了至关重要的作用。通过对华北落叶松单株生长过程的拟合发现，以下方程都能较好地拟合胸径总生长量与年龄的关系，表 3-15 中只显示 $R^2>0.9$ 的生长方程。结果显示三次曲线的拟合效果最好，R^2 均达到 1.000。其中 Y 为单株材积总生长量，X 为年龄。

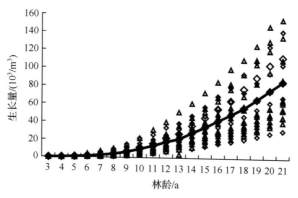

图 3-5 单株材积生长过程曲线和散点图

表 3-15 华北落叶松单株材积生长过程的回归模型

模型名称	方程式	相关系数				R^2
		b_0	b_1	b_2	b_3	
二次曲线	$Y=b_0+b_1X+b_2X^2$	0.0034	−0.0021	0.0003		0.999
三次曲线	$Y=b_0+b_1X+b_2X^2+b_3X^3$	0.0017	−0.0012	0.0002	0.0001	1.000

注：R^2 为相关性系数。

单株材积连年生长量和平均生长量变化曲线图 (图 3-6) 表明，胸径连年生长量变化幅度较大，为 $0.144 \times 10^3/m^3$ 至 $9.991 \times 10^3/m^3$；3~13 年生长速度缓慢，13 年生之后生长逐渐加速，说明单株材积的快速生长和胸径、树高相比较为偏后。至 21 年生调查时单株材积的连年生长量与平均生长量曲线并未相交，表明此时单株材积达到其生长高峰。现有资料很难确定材积的连年生长量与平均生长量曲线何时相交，其成熟的年龄有待于进一步的研究。为了研究华北落叶松人工林林木生长规律，也需要研究林龄更大的解析木。

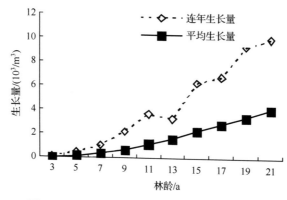

图 3-6 单株材积连年生长量与平均生长量曲线

从 1983 年起，科研人员对六盘山进行了为期 3 年的综合考察，2012 年六盘山自然保护区与中国科学院水土保持研究所和西北农林科技大学合作，进行了第二次综合科学考察。本次考察发现《宁夏植物志》未记载植物有 12 种，分别是长嘴薹草、花旗杆、对叶兰、岐山金丝桃、小果亚麻荠、接骨木、车轴草、中亚车轴草、林猪殃殃、野豌豆、垂头蒲公英、小花柳叶菜，其中对叶兰、岐山金丝桃、小花柳叶菜、野豌豆、林猪殃殃、花旗杆、长嘴薹草等，为宁夏新记录植物 (朱仁斌和程积民，2011)。结合 1983 年的植物考察名录和本次考察结果，参考中国数字标本馆查得的数据和各参考文献中的数据，共整理出本区分布的大型真菌 24 种，苔藓植物 43 种，蕨类植物 31 种，被子植物 1140 种 (包括种下阶元) (宁夏林业厅自然保护区办公室和宁夏六盘山自然保护区管理处，1989)。

三、蕈菌 (大型真菌)

大白桩菇 *Leucopaxillus giganteus* (Sowerby) Singer　生于海拔 2800 m 以下的混交林下

毛头鬼伞 *Coprinus comatus* (O. F. Müll.) Pers.　生于海拔 2000 m 以下的落叶松林地

粘柄丝膜菌 *Cortinarius collinitus* (Pers.) Fr.　生于海拔 1900 m 以下的混交林地

米黄丝膜菌 *Cortinarius polymorphus* Rob. Henry　生于海拔 1850 m 左右的混交林

美味牛肝菌 *Boletus edulis*　生于海拔 2000 m 左右的混交林

点柄乳牛肝菌 *Suillus granulatus* (L.) Roussel　生于海拔 1980 m 左右的针叶林地

多脂鳞伞 *Pholiota adiposa* (Batsch) P. Kumm.　生于海拔 1800 m 左右的柳树干上

茶树菇 (柱状环锈伞) *Agrocybe cylindracea* (DC.) Gillet　生于海拔 2170 m 左右的腐木上

带盾小伞菌 *Lepista personata* (Fr.) Cooke　生于海拔 2000 m 左右的混交林

毡毛小脆柄菇 *Lacrymaria lacrymabunda* (Bull.) Pat.　生于海拔 2100 m 左右的混交林

油蘑 *Tricholoma equestre* (L.) P. Kumm.　生于海拔 1900 m 左右的混交林

棕灰口蘑 *Tricholoma myomyces* (Pers.) J. E. Lange　生于海拔 1800~2300 m 的混交林下

蜜环菌 *Armillaria mellea* (Vahl) P. Kumm.　生于海拔 1900 m 左右的阔叶树腐木上

裂褶菌 *Schizophyllum commune* Fr.　生于海拔 1800 m 左右的针阔混交林腐木上

红顶枝瑚菌 *Ramaria botrytoides* (Peck) Corner　生于海拔 1830 m 左右的混交林地

黄枝瑚菌 *Ramaria flava*　生于海拔 1830 m 左右的混交林地

粗柄羊灶菌 *Morchella crassipes* (Vent.) Pers.　生于低山湿林地

木耳 *Auricularia auricula* (L. ex Hook) Underw　生于海拔 2170 m 的阔叶树腐木上

猪苓 *Polyporus umbellatus* (Pers.) Fr.　生于阔叶林地或腐木

普通念珠藻 *Nostoc commune* Vauch　生于海拔 1700~2250 m 的林地草丛

多孔菌 *Polyporus varius* (Pers.) Fr.　生于海拔 1800~2300 m 的腐木上

绒毛栓菌 *Trametes pubescens* (Schum.：Fr.) Pilát　生于海拔 2000 m 左右的腐木上

深凹杯伞 *Clitocybe gibba* (Pers.) P. Kumm.　生于海拔 2000 m 左右的华北落叶松林下

云芝 *Coriolus versico* Lor (L. ex Fr.)Quel　生于海拔 1900~2200 m 的腐木上

四、苔藓植物

该区共有苔藓植物 21 科 36 属 43 种。

瘤冠苔科　Grimaldiaceae
　紫背苔属 *Plagiochasma*

紫背苔 *P. rupestre* (Forst.) Steph.　见于西峡海拔 2200 m

地钱科　**Marchantiaceae**

地钱属　*Marchantia*

地钱　*M. polymorpha* L. 见于小南川海拔 2000 m

牛毛藓科　**Ditrichaceae**

牛毛藓属　*Ditrichum*

细牛毛藓　*D. flexicaule* (Schwaegr.) Hamp. 见于老龙潭海拔 1963 m

曲尾藓科　**Dicranaceae**

石毛藓属　*Oreoweisia*

疏叶石毛藓　*O. laxifolia* (Hook. f.) Kindb. 见于大雪山海拔 2100 m

山毛藓属　*Oreas*

山毛藓　*O. martiana* (Hopp. et Hornsch.) Brid. 见于老龙潭海拔 1930 m

大帽藓科　**Encalyptaceae**

大帽藓属　*Encalypta*

大帽藓　*E. ciliata* Hedw. 见于二龙河海拔 2170 m

高山大帽藓　*E. alpina* Smith 见于老龙潭海拔 1930 m

丛藓科　**Pottiaceae**

扭口藓属　*Barbula*

短叶扭口藓　*B. tectorum* C. Muell. 见于和尚铺海拔 2150 m

小石藓属　*Weissia*

小石藓　*W. controversa* Hedw. 见于泾河源海拔 1730 m

紫萼藓科　**Grimmiaceae**

紫萼藓属　*Grimmia*

亮叶紫萼藓　*G. hartmanii* Schimp. 见于和尚铺海拔 2140 m

葫芦藓科　**Funariaceae**

葫芦藓属　*Funaria*

葫芦藓　*F. hygrometrica* Hedw. 见于二龙河海拔 1900 m

真藓科　**Bryaceae**

真藓属　*Bryum*

丛生真藓　*B. caespiticium* Hedw. 见于西峡海拔 2250 m

大叶藓属　*Rhodobryum*

大叶藓　*R. roseum* Limpr. 见于小南川海拔 2000 m

金发藓科　**Polytrichaceae**

仙鹤藓属　*Atrichum*

仙鹤藓　*A. undulatum* (Hedw.) P. Beauv. 见于小南川海拔 2100 m

提灯藓科　**Mniaceae**

提灯藓属　*Mnium*

平肋提灯藓　*M. laevinerve* Card. 见于二龙河海拔 2100 m

偏叶提灯藓　*M. thomsonii* Schimp. 见于小南川海拔 2100 m

匍灯藓属　*Plagiomnium*

钝叶匍灯藓　*P. rostratum* T. Kop. 见于和尚铺海拔 2150 m

珠藓科　**Bartramiaceae**

珠藓属　*Bartramia*

直叶珠藓　*B. ithyphylla* Brid. 见于二龙河海拔 2250 m

白齿藓科　**Leucodontaceae**

白齿藓属　*Leucodon*

白齿藓　*L. sciuroides* (Hedw.) -Schwaegr. 见于小南川海拔 2000 m

平藓科　**Neckeraceae**

平藓属　*Neckera*

皱叶平藓　*N. crispa* Hedw. 见于小南川海拔 2000 m

拟平藓属　*Neckeropsis*

截叶拟平藓　*N. lepineana* (Mon.) Fleisch. 见于小南川海拔 2000 m

万年藓科　**Climaciaceae**

万年藓属　*Climacium*

万年藓　*C. dendroides* Web. et Mohr 见于老龙潭海拔 1980 m

羽藓科　**Thuidiaceae**

麻羽藓属　*Claopodium*

疣茎麻羽藓　*C. pellucinerve* Best 见于老龙潭海拔 1800 m

羽藓属　*Thuidium*

细枝羽藓　*T. delicatulum* (Hedw.) Mitt. 见于秋千架海拔 1790 m

毛尖羽藓　*T. plumulosum* (Dozy et Molk.) Dozy et Molk. 见于老龙潭海拔 1790 m

柳叶藓科　**Amblystegiaceae**

细湿藓属　*Campylium*

细湿藓　*C.hispidulum* (Brid.) Mitt.见于老龙潭海拔 1930 m

拟细湿藓属　*Campyliadelphus*

仰叶拟细湿藓　*C. stellatus* (Hedw.) Kanda 见

于秋千架海拔 1800 m

牛角藓属 *Cratoneuron*

　　牛角藓 *C. filicinum* (Hedw.) Spruce 见于和
　　尚铺海拔 2100 m

水灰藓属 *Hygrohypnum*

　　山地水灰藓 *H. montanum* Brotherus 见于
　　西峡海拔 2100 m

青藓科　Brachytheciaceae

青藓属 *Brachythecium*

　　多褶青藓 *B. buchananii* (Hook.) Jaeg. 见于
　　大雪山海拔 2100 m

　　羽枝青藓 *B. plumosum* (Hedw.) B. S. G. 见
　　于大雪山海拔 2100 m

　　青藓 *B. pulchellum* Broth. et Par. 见于老龙
　　潭海拔 1730 m

　　褶叶青藓 *B. salebrosum* (Web. et Mohr.) B.
　　S. G. 见于老龙潭海拔 1860 m

毛尖藓属 *Cirriphyllum*

　　毛尖藓 *C. piliferum* (Hedw.) Grout 见于二龙
　　河海拔 2170 m

美喙藓属 *Eurhynchium*

　　尖叶美喙藓 *E. eustegium* (Besch.) Dix. 见
　　于二龙河海拔 2170 m

鼠尾藓属 *Myuroclada*

　　鼠尾藓 *M. maximowiczii* (Borszcz.) Steere et

Schof. 见于二龙河海拔 2170 m

褶叶藓属 *Palamocladium*

　　深绿褶叶藓 *P. euchloron* (C. Muell.)
　　Wijk et Margad. 见于秋千架海拔
　　1740 m

长喙藓属 *Rhynchostegium*

　　墙生长喙藓 *R. murale* W. P. Schimper in B.
　　S. G. 见于二龙河海拔 2100 m

绢藓科　Entodontaceae

绢藓属 *Entodon*

　　多胞绢藓 *E. caliginosus* (Mitt.) Jaeg. 见于
　　老龙潭海拔 2150 m

　　厚角绢藓 *E. concinnus* (De Not.) Par. 见于
　　和尚铺海拔 2151 m

棉藓科　Plagiotheciaceae

棉藓属 *Plagiothecium*

　　棉藓 *P. denticulatum* (Hedw.) B. S. G. 见于
　　老龙潭海拔 1860 m

塔藓科　Hylocomiaceae

赤茎藓属 *Pleurozium*

　　赤茎藓 *P. schreberi* (Brid.) Mitt. 见于小南川
　　海拔 1800 m

假蔓藓属 *Loeskeobryum*

　　船叶假蔓藓 *L. cavifolium* (Lac.) Fleisch. ex
　　Broth. 见于老龙潭海拔 2100 m

五、蕨类植物

该区共有蕨类植物 11 科 18 属 31 种。

木贼科　Equisetaceae

木贼属 *Equisetum*

　　问荆 *E. arvense* L. 见于西峡海拔 2000 m

　　木贼 *E. hyemale* L. 见于大雪山海拔 2000 m

　　节节草 *E. ramosissimum* Desf. 见于秋千架
　　海拔 1740 m

蕨科　Pteridiaceae

蕨属 *Pteridium*

　　蕨 *P. aquilinum* var. *latiusculum* (Desv.)
　　Underw. ex Heller 见于秋千架海拔
　　2100 m

中国蕨科　Sinopteridaceae

粉背蕨属 *Aleuritopteris*

　　银粉背蕨 *A. argentea* (Gmél.) Fée 见于秋千
　　架海拔 1740 m

　　多鳞粉背蕨 *A. anceps* (Blanford) Panigrahi

见于小南川海拔 2100 m

铁线蕨科　Adiantaceae

铁线蕨属 *Adiantum*

　　肾盖铁线蕨 *A. erythrochlamys* Diels 见于老
　　龙潭海拔 1930 m

　　掌叶铁线蕨 *A. pedatum* L. 见于西峡海拔
　　2100 m

　　白背铁线蕨 *A.davidii* Franch. 见于秋千架
　　海拔 2101 m

裸子蕨科　Hemionitidaceae

凤丫蕨属 *Coniogramme*

　　普通凤丫蕨 *C. intermedia* Hieron. 见于红
　　峡海拔 1900 m

蹄盖蕨科　Athyriaceae

短肠蕨属 *Allantodia*

　　黑鳞短肠蕨 *A. crenata* (Sommerf.) Ching 见

于二龙河海拔 2700 m

蹄盖蕨属 *Athyrium*

    中华蹄盖蕨 *A. sinense* Rupr. 见于大雪山海拔 2000 m

    麦秆蹄盖蕨 *A. fallaciosum* Milde，见于小南川海拔 2100 m

冷蕨属 *Cystopteris*

    冷蕨 *C. fragilis* (L.) Bernh. 见于老龙潭海拔 2000 m

    膜叶冷蕨 *C. pellucida* (Franch.) Ching ex C. Chr. 见于二龙河海拔 2270 m

    高山冷蕨 *C. montana* (Lam.) Bernh. ex Desv. 见于小南川海拔 2100 m

羽节蕨属 *Gymnocarpium*

    东亚羽节蕨 *G. oyamense* (Bak.) Ching 见于西峡海拔 1900 m

    羽节蕨 *G. remote-pinnatum* (Hayata) Ching 见于二龙河海拔 2500 m

蛾眉蕨属 *Lunathyrium*

    东北蛾眉蕨 *L. pycnosorum* (Christ) Koidz. 见于红峡海拔 2040 m

    陕西蛾眉蕨 *L. giraldii* (Christ) Ching 见于红峡海拔 2280 m

假冷蕨属 *Pseudocystopteris*

    三角叶假冷蕨 *P. subtriangularis* (Hook.) Ching 见于二龙河海拔 2300 m

铁角蕨科　Aspleniaceae

铁角蕨属 *Asplenium*

    北京铁角蕨 *A. pekinense* Hance 见于泾源县

海拔 1900 m

鳞毛蕨科　Dryopteridaceae

鳞毛蕨属 *Dryopteris*

    粗茎鳞毛蕨 *D. crassirhizoma* Nakai 见于红峡海拔 1900 m

    华北鳞毛蕨 *D. goeringiana* (Kunze) Koidz. 见于老龙潭海拔 2100 m

耳蕨属 *Polystichum*

    中华耳蕨 *P. sinense* Christ 见于秋千架海拔 1800 m

    鞭叶耳蕨 *P. craspedosorum-* (Maxim.) Diels 据《宁夏植物志》记载

槲蕨科　Drynariaceae

槲蕨属 *Drynaria*

    中华槲蕨 *D. sinica* Diels 见于秋千架海拔 1773 m

卷柏科　Selaginellaceae

卷柏属 *Selaginella*

    中华卷柏 *S. sinensis* (Desv.) Spring 见于小南川海拔 2100 m

水龙骨科　Polypodiaceae

瓦韦属 *Lepisorus*

    高山瓦韦 *L. eilophyllus* (Diels) Ching 据《宁夏植物志》记载

    网眼瓦韦 *L. clathratus* (C. B. Clarke) Ching 见于小南川海拔 2100 m

石韦属 *Pyrrosia*

    华北石韦 *P. davidii* (Baker) Ching 见于小南川海拔 2100 m

六、裸子植物

该区共有裸子植物 3 科 6 属 9 种。

麻黄科　Ephedraceae

麻黄属 *Ephedra*

    单子麻黄 *E. monosperma* Gmél. ex Mey. 见于和尚铺海拔 2640 m

    矮麻黄 *E. minuta* Florin 见于隆德清凉乡分水岭

松科　Pinaceae

落叶松属 *Larix*

    华北落叶松 *L. gmelinii* var. *principis-rupprechtii* (Mayr) Pilg. 见于二龙河海拔 2000 m

云杉属 *Picea*

    青海云杉 *P. crassifolia* Kom. 见于和尚铺

海拔 2700 m

松属 *Pinus*

    华山松 *P. armandii* Franch. 见于西峡海拔 1800 m

    油松 *P. tabuliformis* Carrière 见于和尚铺海拔 2200 m

柏科　Cupressaceae

刺柏属 *Juniperus*

    刺柏 *J. formosana* Hayata 见于老龙潭海拔 1900 m

    圆柏 *J. chinensis* L. 栽培见于海拔 1900 m

侧柏属 *Platycladus*

侧柏 *P. orientalis* (L.) Franco 见于泾源县海　　拔 1900 m

七、被子植物

该区共有被子植物 96 科 438 属 1140 种 (包括种下阶元)。

金粟兰科　Chloranthaceae

金粟兰属 *Chloranthus*

银线草 *C. japonicus* Sieb. 见于秋千架海拔 1820 m

杨柳科　Salicaceae

杨属 *Populus*

银白杨 *P. alba* L. 见于栽培

青杨 *P. cathayana* Rehd. 见于栽培

山杨 *P. davidiana* Dode 见于泾源县

小青杨 *P. pseudosimonii* Kitagawa 见于栽培

柳属 *Salix*

中国黄花柳 *S. sinica* (Hao) C. Wang et C. F. Fang 见于西峡海拔 2400 m

齿叶黄花柳 *S. sinica* var. *dentata* (Hao) C. Wang et C. F. Fang 见于大雪山海拔 2300 m

中华柳 *S. cathayana* Diels 见于西峡海拔 1900 m

密齿柳 *S. characta* Schneid. 见于米缸山海拔 2900 m

乌柳 *S. cheilophila* Schneid. 见于秋千架海拔 1700 m

小叶柳 *S. hypoleuca* Seemen 见于西峡海拔 1900 m

康定柳 *S. paraplesia* Schneid. 见于西峡海拔 2000 m

川滇柳 *S. rehderiana* Schneid. 见于西峡海拔 2500 m

皂柳 *S. wallichiana* Anderss. 见于西峡海拔 1800 m

丝毛柳 *S. luctuosa* Lévl. 见于米缸山海拔 2660 m

周至柳 *S. tangii* Hao 据《宁夏植物志》

鹧鸪柳 *S. zhegushanica* N. Chao 据《宁夏植物志》

红皮柳 *S. sinopurpurea* C. Wang et Ch. Y. Yang 据《宁夏植物志》

胡桃科　Juglandaceae

胡桃属 *Juglans*

胡桃 *J. regia* L. 见于栽培

胡桃楸 *J. mandshurica* Maxim. 见于秋千架海拔 2200 m

桦木科　Betulaceae

桦木属 *Betula*

红桦 *B. albosinensis* Burk. 见于西峡海拔 2040 m

白桦 *B. platyphylla* Suk. 见于秋千架海拔 1740 m

糙皮桦 *B. utilis* D. Don 见于红峡海拔 1740 m

坚桦 *B. chinensis* Maxim. 见于崆峒山海拔 1900 m

鹅耳枥属 *Carpinus*

鹅耳枥 *C. turczaninowii* Hance 见于秋千架海拔 2100 m

小叶鹅耳枥 *C. stipulata* H. J. P. Winkl. 见于崆峒山海拔 1600 m

毛叶千金榆 *C. cordata* var. *mollis* (Rehd.) Cheng ex Chen 见于泾源县

榛属 *Corylus*

榛 *C. heterophylla* Fisch. ex Trautv. 见于蒿店海拔 1850 m

川榛 *C. heterophylla* var. *sutchuenensis* Franch. 见于秋千架海拔 1700 m

毛榛 *C. mandshurica* Maxim. et Rupr. 见于西峡海拔 1900 m

虎榛子属 *Ostryopsis*

虎榛子 *O. davidiana* Decne. 见于秋千架海拔 1700 m

壳斗科　Fagaceae

栎属 *Quercus*

蒙古栎 *Q. mongolica* Fisch. ex Ledeb. 见于西峡海拔 2300 m

榆科　Ulmaceae

朴属 *Celtis*

黑弹树 *C. bungeana* Bl. 见于固原

刺榆属 *Hemiptelea*

刺榆 *H. davidii* (Hance) Planch. 见于栽培

榆属 *Ulmus*

春榆 *U. davidiana* var. *japonica* (Rehd.) Nakai 见于西峡

榆 *U. pumila* L. 见于各地

裂叶榆 *U. laciniata*(Trautv.) Mayr 见于隆德海拔 1950 m

旱榆 *U. glaucescens* Franch. 见于崆峒山

桑科 **Moraceae**

桑属 *Morus*

鸡桑 *M. australis* Poir. 见于崆峒山

大麻科 **Cannabaceae**

大麻属 *Cannabis*

大麻 *C. sativa* L. 见于栽培

葎草属 *Humulus*

华忽布 *H. lupulus* var. *cordifolius* (Miq.) Maxim. 见于蒿店海拔 1900 m

葎草 *H. scandens* (Lour.) Merr. 据《宁夏植物志》

檀香科 **Santalaceae**

百蕊草属 *Thesium*

急折百蕊草 *T. refractum* C. A. Mey. 见于秋千架海拔 1859 m

荨麻科 **Urticaceae**

艾麻属 *Laportea*

艾麻 *L. cuspidata* (Wedd.) Friis 见于秋千架海拔 1700 m

珠芽艾麻 *L. bulbifera* (Sieb. et Zucc.) Wedd. 见于崆峒山

冷水花属 *Pilea*

透茎冷水花 *P. pumila* (L.) A. Gray 见于秋千架海拔 1950 m

荨麻属 *Urtica*

麻叶荨麻 *U. cannabina* L. 见于泾河源海拔 1740 m

宽叶荨麻 *U. laetevirens* Maxim. 见于秋千架 1800 m

墙草属 *Parietaria*

墙草 *P. micrantha* Ledeb. 见于小南川海拔 2100 m

槲寄生科 **Viscaceae**

槲寄生属 *Viscum*

槲寄生 *V. coloratum* (Kom.) Nakai 见于崆峒山海拔 1500 m

桑寄生属 *Loranthus*

北桑寄生 *L. tanakae* Franch. et Savat. 见于崆峒山海拔 1501 m

马兜铃科 **Aristolochiaceae**

细辛属 *Asarum*

单叶细辛 *A. himalaicum* Hook. f. et Thoms. ex Klotzsch. 见于二龙河海拔 2000 m

蓼科 **Polygonaceae**

荞麦属 *Fagopyrum*

荞麦 *F. esculentum* Moench 见于泾源县

苦荞麦 *F. tataricum* (L.) Gaertn. 见于泾源县

蓼属 *Polygonum*

尼泊尔蓼 *P. nepalense* Meisn. 见于西峡海拔 1980 m

萹蓄 *P. aviculare* L. 见于泾源县海拔 1910 m

酸模叶蓼 *P. lapathifolium* L. 见于老龙潭海拔 1730 m

绵毛马蓼 *P. lapathifolium* var. *salicifolium* Sibth. 见于红峡海拔 1740 m

柔毛蓼 *P. sparsipilosum* A. J. Li 见于西峡海拔 2200 m

支柱拳参 *P. suffultum* Maxim. 见于二龙河海拔 2100 m

珠芽蓼 *P. viviparum* L. 见于红峡海拔 2130 m

细叶珠芽蓼 *P. viviparum* var. *tenuifolium* (H. W. Kung) Y. L. Liu 见于西峡海拔 2000 m

拳参 *P. bistorta* L. 见于泾河源海拔 1700 m

西伯利亚神血宁 *P. sibiricum* Laxm. 见于青石嘴海拔 1600 m

圆穗拳参 *P. macrophyllum* D. Don 见于泾源县

红药子属 *Pteroxygonum*

红药子 *P. giraldii* Damm. et Diels

何首乌属 *Fallopia*

蔓首乌 *F. convolvulus* (L.) á. Löve 见于老龙潭海拔 910 m

木藤首乌 *F. aubertii* (L.Henry) Holub 见于崆峒山海拔 1200 m

毛脉蓼 *F. multiflora* var. *ciliinervis* (Nakai) A. J. Li 据《宁夏植物志》

大黄属 *Rheum*

波叶大黄 *R. rhabarbarum* L. 见于老龙潭海拔 1800 m

鸡爪大黄 *R. tanguticum* Maxim. ex Regel 见于西峡海拔 2930 m

六盘山鸡爪大黄 *R. tanguticum* var. *liupanshanense* C. Y. Cheng et Kao 据《宁夏植物志》

掌叶大黄 *R. palmatum* L. 见于栽培

酸模属 *Rumex*

酸模 *R. acetosa* L. 见于老龙潭海拔 1900 m

皱叶酸模 *R. crispus* L. 见于泾源县海拔 1900 m

巴天酸模 *R. patientia* L. 见于泾河源海拔 1900 m

直根酸模 *R. thyrsiflorus* Fingerh. 据《宁夏植物志》

水生酸模 *R. aquaticus* L. 据《宁夏植物志》

藜科 Chenopodiaceae

藜属 *Chenopodium*

藜 *C. album* L. 见于各地海拔 2100 m

杂配藜 *C. hybridum* E. H. L. Krause 见于秋千架海拔 1700 m

灰绿藜 *C. glaucum* L. 据《宁夏植物志》

小藜 *C. ficifolium* Sm. 见于泾源县

东亚市藜 *C. urbicum* subsp. *sinicum* Kung et G. L. Chu 见于王华南海拔 2240 m

刺藜属 *Dysphania*

菊叶香藜 *D. schraderiana* (Roem. et Schult.) Mosyakin et Clemants 见于二龙河海拔 1800 m

刺藜 *D. aristata* (L.) Mosyakin et Clemants 见于崆峒山海拔 1950 m

猪毛菜属 *Salsola*

猪毛菜 *S. collina* Pall. 见于老龙潭海拔 1700 m

菠菜属 *Spinacia*

菠菜 *S. oleracea* L. 见于栽培

轴藜属 *Axyris*

杂配轴藜 *A. hybrida* L. 据《宁夏植物志》

地肤属 *Kochia*

地肤 *K. scoparia* (L.) Schrad. 据《宁夏植物志》

苋科 Amaranthaceae

苋属 *Amaranthus*

反枝苋 *A. retroflexus* L. 见于泾源县

马齿苋科 Portulacaceae

马齿苋属 *Portulaca*

马齿苋 *P. oleracea* L. 据《宁夏植物志》

石竹科 Caryophyllaceae

无心菜属 *Arenaria*

无心菜 *A. serpyllifolia* L. 见于泾源县

种阜草属 *Moehringia*

种阜草 *M. lateriflora* (L.) Fenzl 据《宁夏植物志》

卷耳属 *Cerastium*

簇生泉卷耳 *C. fontanum* subsp. *vulgare* (Hartm.) Greuter et Burdet 见于和尚铺海拔 1900 m

缘毛卷耳 *C. furcatum* Cham. et Schlecht. 见于米缸山海拔 2600 m

卷耳 *C. arvense* subsp. *strictum* Gaudin 见于米缸山海拔 2600 m

石竹属 *Dianthus*

石竹 *D. chinensis* L. 见于秋千架海拔 1900 m

瞿麦 *D. superbus* L. 见于米缸山海拔 2100 m

薄蒴草属 *Lepyrodiclis*

薄蒴草 *L. holosteoides* (C. A. Mey.) Fisch. et Mey. 见于老龙潭海拔 1900 m

孩儿参属 *Pseudostellaria*

孩儿参 *P. heterophylla* (Miq.) Pax 见于西峡海拔 2000 m

蔓孩儿参 *P. davidii* (Franch.) Pax 见于红峡海拔 1740 m

石头花属 *Gypsophila*

头状石头花 *G. capituliflora* Rupr. 见于和尚铺海拔 2100 m

细叶石头花 *G. licentiana* Hand.-Mazz. 见于崆峒山海拔 2000 m

蝇子草属 *Silene*

细蝇子草 *S. gracilicaulis* C. L. Tang 见于和尚铺

狗筋蔓 *S. baccifera* (L.) Roth 见于二龙河海拔 1900 m

须弥蝇子草 *S. himalayensis* (Rohrb.) Majumdar 见于隆德海拔 2600 m

麦瓶草 *S. conoidea* L. 见于老龙潭海拔 1800 m

石缝蝇子草 *S. foliosa* Maxim. 见于和尚铺海拔 2100 m

鹤草 *S. fortunei* Regel 见于蒿店海拔 1850 m

蔓茎蝇子草 *S. repens* Patr. 见于老龙潭海拔 2100 m

石生蝇子草 *S. tatarinowii* Regel 见于泾河源海拔 1900 m

山蚂蚱草 *S. jenisseensis* Willd. 见于六盘山海拔 1900 m

女娄菜 *S. aprica* Turcz. ex Fisch. et Mey. 见

于丰台海拔 2100 m

麦蓝菜属 *Vaccaria*

  麦蓝菜 *V. hispanica* (Mill.) Rauschert 见于红峡海拔 1740 m

繁缕属 *Stellaria*

  翻白繁缕 *S. discolor* Turcz. 见于老龙潭海拔 1900 m

  繁缕 *S. media* (L.) Vill. 见于二龙河海拔 2100 m

  腺毛繁缕 *S. nemorum* L. 见于米缸山海拔 2340 m

  伞花繁缕 *S. umbellata* Turcz. 据《宁夏植物志》

毛茛科 Ranunculaceae

乌头属 *Aconitum*

  伏毛铁棒锤 *A. flavum* Hand.-Mazz. 见于二龙河海拔 2100 m

  西伯利亚乌头 *A. barbatum* var. *hispidum* DC. 见于老龙潭海拔 1900 m

  高乌头 *A. sinomontanum* Nakai 见于西峡海拔 2000 m

  松潘乌头 *A. sungpanense* Hand.-Mazz. 见于蒿店海拔 2050 m

  花葶乌头 *A. scaposum* Franch. 见于二龙河海拔 2280 m

  露蕊乌头 *A. gymnandrum* Maxim. 据《宁夏植物志》

类叶升麻属 *Actaea*

  类叶升麻 *A. asiatica* Hara 见于红峡海拔 2100 m

银莲花属 *Anemone*

  疏齿银莲花 *A. geum* subsp. *ovalifolia* (Brühl) R. P. Chaudhary 见于米缸山海拔 2800 m

  小花草玉梅 *A. rivularis* var. *flore-minore* Maxim. 见于西峡海拔 1800 m

  大火草 *A. tomentosa* (Maxim.) Pei 见于老龙潭海拔 1800 m

  小银莲花 *A. exigua* Maxim. 据《宁夏植物志》

白头翁属 *Pulsatilla*

  白头翁 *P. chinensis* (Bunge) Regel 据《宁夏植物志》

  蒙古白头翁 *P. ambigua* Turcz. ex Pritz. 见于隆德

  细叶白头翁 *P. turczaninovii* Kryl. et Serg. 见于隆德

侧金盏花属 *Adonis*

  蓝侧金盏花 *A. coerulea* Maxim. 见于隆德海拔 2515 m

楼斗菜属 *Aquilegia*

  无距楼斗菜 *A. ecalcarata* Maxim. 见于新民海拔 1850 m

  甘肃楼斗菜 *A. oxysepala* var. *kansuensis* Bruhl 见于老龙潭海拔 2000 m

驴蹄草属 *Caltha*

  驴蹄草 *C. palustris* L. 见于老龙潭海拔 1800 m

升麻属 *Cimicifuga*

  升麻 *C. foetida* L. 见于西峡海拔 1700 m

  单穗升麻 *C. simplex* Wormsk. 见于二龙河海拔 2700 m

铁线莲属 *Clematis*

  粗齿铁线莲 *C. grandidentata* (Rehder et E. H. Wilson) W. T. Wang 见于二台川

  短尾铁线莲 *C. brevicaudata* DC. 见于秋千架海拔 1700 m

  粉绿铁线莲 *C. glauca* Willd. 见于须弥山

  棉团铁线莲 *C. hexapetala* Pall. 见于蒿店海拔 1700 m

  浅裂铁线莲 *C. fruticosa* var. *lobata* Maxim. 见于彭阳

  长瓣铁线莲 *C. macropetala* Ledeb. 见于西峡海拔 2140 m

  绣球藤 *C. montana* Buch.-Ham. ex DC. 见于二龙河海拔 2100 m

  毛果铁线莲 *C. peterae* var. *trichocarpa* W. T. Wang 见于老龙潭海拔 1980 m

  甘青铁线莲 *C. tangutica* (Maxim.) Korsh. 见于蒿店海拔 2180 m

翠雀属 *Delphinium*

  疏花翠雀花 *D. sparsiflorum* Maxim. 见于老龙潭海拔 2280 m

  细须翠雀花 *D. siwanense* Franch. 见于西峡海拔 1850 m

  光果翠雀 *D. grandiflorum* var. *leiocarpum* W. T. Wang 据 *Flora of China*

  翠雀 *D. grandiflorum* L. 见于和尚铺海拔 2100 m

  腺毛翠雀 *D. grandiflorum* var. *gilgianum* (Pilg. ex Gilg) Finet et Gagnep. 见于隆德海拔 2200 m

秦岭翠雀花　*D. giraldii* Diels 据标本资料

碱毛茛属　*Halerpestes*

碱毛茛　*H. sarmentosa* (Adams) Kom. 见于红峡海拔 2100 m

铁筷子属　*Helleborus*

铁筷子　*H. thibetanus* Franch. 见于红峡海拔 2101 m

毛茛属　*Ranunculus*

茴茴蒜　*R. chinensis* Bunge 见于米缸山海拔 1900 m

毛茛　*R. japonicus* Thunb. 见于老龙潭海拔 1950 m

美丽毛茛　*R. pulchellus* C. A. Mey. 见于西峡海拔 2000 m

扬子毛茛　*R. sieboldii* Miq. 见于红峡海拔 2400 m

高原毛茛　*R. tanguticus* (Maxim.) Ovcz. 见于西峡海拔 2000 m

唐松草属　*Thalictrum*

贝加尔唐松草　*T. baicalense* Turcz. 见于红峡海拔 2000 m

丝叶唐松草　*T. foeniculaceum* Bunge 据文献

长喙唐松草　*T. macrorhynchum* Franch. 见于西峡海拔 1900 m

东亚唐松草　*T. minus* var. *hypoleucum* (Sieb. et Zucc.) Miq. 见于老龙潭海拔 1900 m

亚欧唐松草　*T. minus* L. 见于王华南海拔 2220 m

展枝唐松草　*T. squarrosum* Steph. ex Willd. 见于老龙潭海拔 1900 m

瓣蕊唐松草　*T. petaloideum* L. 见于和尚铺海拔 1900 m

短梗箭头唐松草　*T. simplex* var. *brevipes* H. Hara 见于秋千架海拔 1900 m

长柄唐松草　*T. przewalskii* Maxim. 见于西峡海拔 1900 m

唐松草　*T. aquilegiifolium* var. *sibiricum* Regel et Tiling 据《宁夏植物志》

芍药科　Paeoniaceae

芍药属　*Paeonia*

芍药　*P. lactiflora* Pall. 见于老龙潭海拔 2000 m

草芍药　*P. obovata* Maxim. 见于老龙潭海拔 2000 m

拟草芍药　*P. obovata* subsp. *willmottiae* (Stapf) D. Y. Hong et K. Y. Pan 据《宁夏植物志》

川赤芍　*P. anomala* subsp. *veitchii* (Lynch) D. Y. Hong et K. Y. Pan 见于西峡海拔 2100 m

牡丹　*P. suffruticosa* Andr. 见于栽培

星叶草科　Circaeasteraceae

星叶草属　*Circaeaster*

星叶草　*C. agrestis* Maxim. 据《宁夏植物志》

小檗科　Berberidaceae

小檗属　*Berberis*

黄芦木　*B. amurensis* Rupr. 见于大雪山海拔 2200 m

西伯利亚小檗　*B. sibirica* Pall. 据标本

短柄小檗　*B. brachypoda* Maxim. 见于秋千架海拔 1900 m

秦岭小檗　*B. circumserrata* (Schneid.) Schneid. 见于西峡海拔 1800 m

直穗小檗　*B. dasystachya* Maxim. 见于米缸山海拔 2900 m

鲜黄小檗　*B. diaphana* Maxim. 见于东山坡海拔 1700 m

首阳小檗　*B. dielsiana* Fedde 见于秋千架海拔 2300 m

日本小檗　*B. thunbergii* DC. 见于栽培

陕西小檗　*B. shensiana* Ahrendt 据《宁夏植物志》

松潘小檗　*B. dictyoneura* Schneid. 据《宁夏植物志》

甘肃小檗　*B. kansuensis* Schneid. 据《宁夏植物志》

柳叶小檗　*B. salicaria* Fedde 据《宁夏植物志》

红毛七属　*Caulophyllum*

红毛七　*C. robustum* Maxim. 见于红峡海拔 2200 m

山荷叶属　*Diphylleia*

南方山荷叶　*D. sinensis* H. L. Li 见于西峡海拔 2000 m

淫羊藿属　*Epimedium*

淫羊藿　*E. brevicornu* Maxim. 见于西峡海拔 1900 m

桃儿七属　*Sinopodophyllum*

桃儿七　*S. hexandrum* (Royle) T. S. Ying 见于苏台海拔 1900 m

防己科　Menispermaceae

蝙蝠葛属　*Menispermum*

蝙蝠葛 *M. dauricum* DC. 见于秋千架海拔 1700 m

五味子科　Schisandraceae

五味子属 *Schisandra*

五味子 *S. Chinensis* (Turcz.) Baill. 见于二龙河海拔 2000 m

樟科　Lauraceae

木姜子属 *Litsea*

木姜子 *L. pungens* Hemsl. 见于和尚铺海拔 1700 m

罂粟科　Papaveraceae

紫堇属 *Corydalis*

曲花紫堇 *C. curviflora* Maxim. 见于红峡海拔 2100 m

条裂黄堇 *C. linarioides* Maxim. 见于西峡海拔 2100 m

北岭黄堇 *C. fargesii* Franch. 见于隆德

紫苞黄堇 *C. laucheana* Fedde 见于隆德海拔 1600 m

蛇果黄堇 *C. ophiocarpa* Hook. f. et Thoms. 见于二龙河海拔 2100 m

齿瓣延胡索 *C. turtschaninovii* Bess. 见于新民海拔 1800 m

堇叶延胡索 *C. fumariifolia* Maxim. 据《宁夏植物志》

糙果紫堇 *C. trachycarpa* Maxim. 据《宁夏植物志》

灰绿黄堇 *C. adunca* Maxim. 据《宁夏植物志》

黄花地丁 *C. raddeana* Regel 见于小南川海拔 2000 m

泾源紫堇 *C. jingyuanensis* C. Y. Wu et H. Chuang 据 *Flora of China*

角茴香属 *Hypecoum*

角茴香 *H. erectum* L. 见于蒿店海拔 1750 m

细果角茴香 *H. leptocarpum* Hook. f. et Thoms. 见于泾河源海拔 1700 m

罂粟属 *Papaver*

野罂粟 *P. nudicaule* L. 据《宁夏植物志》

光果野罂粟 *P. nudicaule* var. *aquilegioides* Fedde 见于西峡海拔 2101 m

虞美人 *P. rhoeas* L. 见于栽培

绿绒蒿属 *Meconopsis*

五脉绿绒蒿 *M. quintuplinervia* Regel 据《宁

夏植物志》

十字花科　Cruciferae

南芥属 *Arabis*

硬毛南芥 *A. hirsuta* (L.) Scop. 见于老龙潭海拔 1800 m

垂果南芥 *A. pendula* L. 见于西峡海拔 2050 m

亚麻荠属 *Camelina*

小果亚麻荠 *C. microcarpa* Andrz. 见于泾河源海拔 1700 m

播娘蒿属 *Descurainia*

播娘蒿 *D. sophia* (L.) Webb. ex Prantl 见于隆德

芸苔属 *Brassica*

欧洲油菜 *B. napus* L. 见于栽培

甘蓝 *B. oleracea* var. *capitata* L. 见于栽培

白菜 *B. rapa* var. *glabra* Regel 见于栽培

荠属 *Capsella*

荠 *C. bursa-pastoris* (L.) Medic. 见于红峡海拔 1740 m

碎米荠属 *Cardamine*

弹裂碎米荠 *C. impatiens* L. 见于西峡海拔 2000 m

白花碎米荠 *C. leucantha* (Tausch) O. E. Schulz 见于老龙潭海拔 2000 m

唐古特碎米荠 *C. tangutorum* O. E. Schulz 见于大雪山海拔 2100 m

大叶碎米荠 *C. macrophylla* Adams 见于西峡海拔 2250 m

花旗杆属 *Dontostemon*

花旗杆 *D. dentatus* (Bunge) Ledeb. 见于西峡海拔 2520 m

离子芥属 *Chorispora*

离子芥 *C. tenella* (Pall.) DC. 见于二台川

葶苈属 *Draba*

葶苈 *D. nemorosa* L. 见于西峡海拔 1800 m

芝麻菜属 *Eruca*

芝麻菜 *E. vesicaria* (Linnaeus) Cavanilles subsp. *sativa* (Mill.) Thell. 见于二台川海拔 1950 m

糖芥属 *Erysimum*

小花糖芥 *E. cheiranthoides* L. 见于老龙潭海拔 1900 m

独行菜属 *Lepidium*

独行菜 *L. apetalum* Willd. 见于老龙潭海拔

1900 m

宽叶独行菜 *L. latifolium* L. 见于隆德

双果荠属 *Megadenia*

双果荠 *M. pygmaea* Maxim. 见于隆德海拔
2520 m

大蒜芥属 *Sisymbrium*

垂果大蒜芥 *S. heteromallum* C. A. Mey. 见
于隆德

涩芥属 *Malcolmia*

涩芥 *M. africana* (L.) R. Br. 见于秋千架海
拔 1700 m

蔊菜属 *Rorippa*

沼生蔊菜 *R. palustris* (L.) Bess. 见于泾河
源

菥蓂属 *Thlaspi*

菥蓂 *T. arvense* L. 见于新民海拔 1900 m

景天科　Crassulaceae

红景天属 *Rhodiola*

小丛红景天 *R. dumulosa* (Franch.) S. H. Fu
见于米缸山海拔 2900 m

费菜属 *Phedimus*

费菜 *P. aizoon* (L.) 't Hart 见于苏台海拔
1900 m

乳毛费菜 *P. aizoon* var. *scabrus* (Maxim.) H.
Ohba *et al.*据《宁夏植物志》

景天属 *Sedum*

平叶景天 *S. planifolium* K. T. Fu 见于崆
峒山

瓦松属 *Orostachys*

瓦松 *O. fimbriata* (Turcz.) A. Berger 见于秋
千架海拔 1760 m

八宝属 *Hylotelephium*

狭穗八宝 *H. angustum* (Maxim.) H. Ohba 见
于米缸山海拔 2900 m

轮叶八宝 *H. verticillatum* (L.) H. Ohba 见于
秋千架海拔 1760 m

虎耳草科　Saxifragaceae

落新妇属 *Astilbe*

落新妇 *A. chinensis* (Maxim.) Franch. et
Savat. 见于大雪山海拔 2300 m

金腰属 *Chrysosplenium*

柔毛金腰 *C. pilosum* var. *valdepilosum*
Ohwi 见于二龙河海拔 2100 m

中华金腰 *C. sinicum* Maxim. 见于二龙河
海拔 2100 m

秦岭金腰 *C. biondianum* Engl. 据《宁夏植
物志》

绣球属 *Hydrangea*

挂苦绣球 *Hydrangea xanthoneura* Diels 见
于和尚铺海拔 1900 m

东陵绣球 *H. bretschneideri* Dipp. 见于西峡

山梅花属 *Philadelphus*

毛萼山梅花 *P. dasycalyx* (Rehd.) S. Y. Hu 见
于大雪山海拔 2180 m

甘肃山梅花 *P. kansuensis* (Rehd.) S. Y. Hu
见于隆德海拔 2200 m

太平花 *P. pekinensis* Rupr. 见于二龙河海
拔 2200 m

绢毛山梅花 *P. sericanthus* Koehne 据《宁夏
植物志》

溲疏属 *Deutzia*

光萼溲疏 *D. glabrata* Kom. 据《宁夏植物
志》

梅花草属 *Parnassia*

细叉梅花草 *P. oreophila* Hance 见于秋千架
海拔 2100 m

茶藨子属 *Ribes*

长刺茶藨子 *R. alpestre* Wall. ex Decne. 见
于老龙潭海拔 1900 m

大刺茶藨子 *R. alpestre* var. *giganteum* Jancz.
据《宁夏植物志》

糖茶藨子 *R. himalense* Royle ex Decne. 见
于红峡海拔 2500 m

华蔓茶藨子 *R. fasciculatum* var. *chinense*
Maxim. 见于大雪山海拔 2100 m

尖叶茶藨子 *R. maximowiczianum* Kom. 见
于二龙河海拔 2200 m

冰川茶藨子 *R. glaciale* Wall. 见于西峡海
拔 2180 m

宝兴茶藨子 *R. moupinense* Franch. 见于红
峡海拔 1800 m

三裂茶藨子 *R. moupinense* var. *tripartitum*
(Batalin) Jancz.据标本

东北茶藨子 *R. mandshuricum* (Maxim.)
Kom. 见于崆峒山海拔 2100 m

细枝茶藨子 *R. tenue* Jancz. 见于红峡海拔
2100 m

长果茶藨子 *R. stenocarpum* Maxim. 据《宁
夏植物志》

鬼灯檠属 *Rodgersia*

七叶鬼灯檠 *R. aesculifolia* Batalin 见于老龙潭海拔 1800 m

黄水枝属 *Tiarella*

黄水枝 *T. polyphylla* D. Don 见于红峡海拔 2100 m

蔷薇科 Rosaceae

龙芽草属 *Agrimonia*

龙芽草 *A. pilosa* Ledeb. 见于秋千架海拔 1840 m

黄龙尾 *A. pilosa* var. *nepalensis* (D. Don) Nakai 据《宁夏植物志》

假升麻属 *Aruncus*

假升麻 *A. sylvester* Kostel. 见于老龙潭海拔 2140 m

栒子属 *Cotoneaster*

灰栒子 *C. acutifolius* Turcz. 见于苏台海拔 1800 m

密毛灰栒子 *C. acutifolius* var. *villosulus* Rehd. et Wils. 见于西峡海拔 2000 m

散生栒子 *C. divaricatus* Rehd. et Wils. 见于秋千架海拔 1900 m

细枝栒子 *C. tenuipes* Rehd. et Wils. 见于老龙潭海拔 1800 m

水栒子 *C. multiflorus* Bunge 见于蒿店海拔 1850 m

大果水栒子 *C. multiflorus* var. *calocarpus* Rehd. et Wils. 据《宁夏植物志》

毛叶水栒子 *C. submultiflorus* Popov 见于老龙潭海拔 1850 m

西北栒子 *C. zabelii* Schneid. 见于秋千架海拔 1500 m

匍匐栒子 *C. adpressus* Bois 见于和尚铺海拔 2450 m

川康栒子 *C. ambiguus* Rehd. et Wils. 据《宁夏植物志》

麻核栒子 *C. foveolatus* Rehd. et Wils. 据《宁夏植物志》

细弱栒子 *C. gracilis* Rehd. et Wils. 据《宁夏植物志》

棣棠花属 *Kerria*

棣棠花 *K. japonica* (L.) DC. 据《宁夏植物志》

山楂属 *Crataegus*

甘肃山楂 *C. kansuensis* Wils. 见于红峡海拔 1900 m

毛山楂 *C. maximowiczii* Schneid. 见于西峡海拔 1900 m

山楂 *C. pinnatifida* Bunge 据《宁夏植物志》

草莓属 *Fragaria*

东方草莓 *F. orientalis* Lozinsk. 见于西峡海拔 1900 m

路边青属 *Geum*

路边青 *G. aleppicum* Jacq. 见于大雪山海拔 2250 m

柔毛路边青 *G. japonicum* var. *chinense* f. Bolle 见于老龙潭海拔 1850 m

棣棠花属 *Kerria*

棣棠花 *K. japonica* (L.) DC. 见于老龙潭海拔 2000 m

臭樱属 *Maddenia*

臭樱 *M. hypoleuca* Koehne 见于西峡海拔 2100 m

苹果属 *Malus*

山荆子 *M. baccata* (L.) Borkh. 见于秋千架海拔 1700 m

毛山荆子 *M. mandshurica* (Maxim.) Kom. ex Juz. 据《宁夏植物志》

陇东海棠 *M. kansuensis* (Batal.) Schneid. 见于西峡海拔 1700 m

光叶陇东海棠 *M. kansuensis* var. *calva* (Rehder) T. C. Ku et Spongberg 据《宁夏植物志》

花叶海棠 *M. transitoria* (Batal.) Schneid. 据《宁夏植物志》

苹果 *M. pumila* Mill. 见于栽培

绣线梅属 *Neillia*

中华绣线梅 *N. sinensis* Oliv. 见于大雪山海拔 2000 m

毛叶绣线梅 *N. ribesioides* Rehd. 据《宁夏植物志》

委陵菜属 *Potentilla*

蕨麻 *P. anserina* L. 见于红峡海拔 1800 m

二裂委陵菜 *P. bifurca* L. 见于和尚铺海拔 1800 m

长叶二裂委陵菜 *P. bifurca* var. *major* Ledeb. 据《宁夏植物志》

委陵菜 *P. chinensis* Ser. 见于米缸山海拔 2800 m

皱叶委陵菜 *P. ancistrifolia* Bunge 见于王华南

狼牙委陵菜 *P. cryptotaeniae* Maxim. 见于红峡海拔 2040 m

银露梅 *P. glabra* Lodd. 见于老龙潭海拔

1880 m

白毛银露梅 *P. glabra* var. *mandshurica* (Maxim.) Hand.-Mazz. 见于秋千架海拔 1700 m

多茎委陵菜 *P. multicaulis* Bunge 见于蒿店海拔 1740 m

小叶金露梅 *P. parvifolia* Fisch. 见于西峡海拔 1800 m

匍匐委陵菜 *P. reptans* L. 见于二龙河海拔 2200 m

绢毛匍匐委陵菜 *P. reptans* var. *sericophylla* Franch. 见于泾源县

等齿委陵菜 *P. simulatrix* Wolf 见于西峡海拔 2040 m

西山委陵菜 *P. sischanensis* Bunge 见于米缸山海拔 2900 m

朝天委陵菜 *P. supina* L. 见于蒿店海拔 1700 m

菊叶委陵菜 *P. tanacetifolia* Willd. ex Schlecht. 见于和尚铺海拔 2180 m

掌叶多裂委陵菜 *P. multifida* var. *ornithopoda* Wolf 见于和尚铺海拔 2630 m

钉柱委陵菜 *P. saundersiana* Royle 据《宁夏植物志》

华西委陵菜 *P. potaninii* Th. Wolf 据《宁夏植物志》

腺毛委陵菜 *P. longifolia* Willd. ex Schlecht. 据《宁夏植物志》

莓叶委陵菜 *P. fragarioides* L. 据《宁夏植物志》

星毛委陵菜 *P. acaulis* L. 见于隆德海拔 1800 m

山莓草属 *Sibbaldia*

伏毛山莓草 *S. adpressa* Bunge 见于隆德

蛇莓属 *Duchesnea*

蛇莓 *D. indica* (Andr.) Focke 见于丰台海拔 2000 m

杏属 *Armeniaca*

杏 *A. vulgaris* Lam. 见于栽培

山杏 *A. sibirica* (L.) Lam. 据《宁夏植物志》

桃属 *Amygdalus*

山桃 *A. davidiana* (Carrière) de Vos ex Henry 见于老龙潭海拔 1800 m

桃 *A. persica* L. 见于栽培

樱桃属 *Cerasus*

盘腺樱桃 *C. discadenia* (Koehne) C. L. Li et S. Y. Jiang 见于二龙河海拔 2000 m

刺毛樱桃 *C. setulosa* (Batal.) Yü et Li 见于小南川海拔 1800 m

毛樱桃 *C. tomentosa* (Thunb.) Yas. Endo 见于老龙潭海拔 1800 m

微毛樱桃 *C. clarofolia* (Schneid.) Yü et Li 据《宁夏植物志》

毛叶欧李 *C. dictyoneura* (Diels) Yü 据《宁夏植物志》

稠李属 *Padus*

短梗稠李 *P. brachypoda* (Batal.) Schneid. 据《宁夏植物志》

毛叶稠李 *P. avium* var. *pubescens* (Regel et Tiling) T. C. Ku et B. M. Barthol. 见于西峡海拔 1900 m

扁核木属 *Prinsepia*

蕤核 *P. uniflora* Batal. 据《宁夏植物志》

李属 *Prunus*

李 *P. salicina* Lindl. 见于栽培

梨属 *Pyrus*

木梨 *P. xerophila* Yü 见于西峡海拔 1799 m

蔷薇属 *Rosa*

刺蔷薇 *R. acicularis* Lindl. 见于老龙潭海拔 1900 m

山刺玫 *R. davurica* Pall. 见于老龙潭海拔 1800 m

峨眉蔷薇 *R. omeiensis* Rolfe 见于大雪山海拔 2300 m

扁刺峨眉蔷薇 *R. omeiensis* f. *pteracantha* Rehd. et Wils. 见于苏台海拔 2100 m

玫瑰 *R. rugosa* Thunb. 见于栽培

钝叶蔷薇 *R. sertata* Rolfe 见于老龙潭海拔 1760 m

华西蔷薇 *R. moyesii* Hemsl. et Wils. 据《宁夏植物志》

单瓣黄刺玫 *R. xanthina* f. *normalis* Rehd. et Wils. 见于栽培

扁刺蔷薇 *R. sweginzowii* Koehne 见于挂马沟海拔 2030 m

月季花 *R. chinensis* Jacq. 见于栽培

秦岭蔷薇 *R. tsinglingensis* Pax. et Hoffm. 据《宁夏植物志》

刺梗蔷薇 *R. setipoda* Hemsl. et Wils. 据《宁夏植物志》

美蔷薇 *R. bella* Rehd. et Wils. 据《宁夏植物志》

悬钩子属 *Rubus*

秀丽莓 *R. amabilis* Focke 见于大雪山海拔 2000 m

喜阴悬钩子 *R. mesogaeus* Focke 见于老龙潭海拔 1760 m

茅莓 *R. parvifolius* L. 见于秋千架海拔 1760 m

腺花茅莓 *R. parvifolius* var. *adenochlamys* (Focke) Migo 见于和尚铺海拔 1760 m

菰帽悬钩子 *R. pileatus* Focke 见于大雪山海拔 1900 m

针刺悬钩子 *R. pungens* Camb. 见于西峡海拔 1850 m

复盆子 *R. idaeus* L. 据《宁夏植物志》

地榆属 *Sanguisorba*

地榆 *S. officinalis* L. 见于红峡海拔 1730 m

珍珠梅属 *Sorbaria*

华北珍珠梅 *S. kirilowii* (Regel) Maxim. 见于蒿店海拔 1840 m

光叶高丛珍珠梅 *S. arborea* var. *glabrata* Rehd. 据《宁夏植物志》

花楸属 *Sorbus*

北京花楸 *S. discolor* (Maxim.) Maxim. 见于秋千架海拔 1870 m

湖北花楸 *S. hupehensis* Schneid. 见于泾河源海拔 2140 m

陕甘花楸 *S. koehneana* Schneid. 见于大雪山海拔 2900 m

绣线菊属 *Spiraea*

绣球绣线菊 *S. blumei* G. Don 见于西峡海拔 1900 m

小叶绣球绣线菊 *S. blumei* var. *microphylla* Rehd. 据《宁夏植物志》

蒙古绣线菊 *S. mongolica* Maxim. 见于米缸山海拔 2940 m

土庄绣线菊 *S. pubescens* Turcz. 见于老龙潭海拔 1960 m

南川绣线菊 *S. rosthornii* Pritz. 见于老龙潭海拔 2200 m

三裂绣线菊 *S. trilobata* L. 见于小南川海拔 1740 m

长芽绣线菊 *S. longigemmis* Maxim. 据《宁夏植物志》

疏毛绣线菊 *S. hirsuta* (Hemsl.) Schneid. 据《宁夏植物志》

毛花绣线菊 *S. dasyantha* Bunge 据《宁夏植物志》

豆科 Fabaceae

黄芪属 *Astragalus*

斜茎黄芪 *A. adsurgens* Pall. 见于米缸山海拔 2900 m

地八角 *A. bhotanensis* Baker 见于桦树沟海拔 1800 m

金翼黄芪 *A. chrysopterus* Bunge 见于红峡海拔 2110 m

草木樨状黄芪 *A. melilotoides* Pall. 见于蒿店海拔 1740 m

边向花黄芪 *A. moellendorffii* Bunge ex Maxim. 见于米缸山海拔 2900 m

蒙古黄芪 *A. mongholicus* Bunge 见于米缸山海拔 2900 m

多枝黄芪 *A. polycladus* Bur. et Franch. 见于和尚铺海拔 2140 m

黑紫花黄芪 *A. przewalskii* Bunge ex Maxim. 见于米缸山海拔 2940 m

灰叶黄芪 *A. discolor* Bunge 见于西峡海拔 2530 m

单蕊黄芪 *A. monadelphus* Bunge ex Maxim. 据《宁夏植物志》

小果黄芪 *A. zacharensis* Bunge 据《宁夏植物志》

莲山黄芪 *A. leansanicus* Ulbr. 据《宁夏植物志》

膨果豆属 *Phyllolobium*

背扁膨果豆 *P. chinense* Fisch. ex DC. 据《宁夏植物志》

弯齿膨果豆 *P. camptodontum* (Franch.) M. L. Zhang 见于米缸山海拔 2940 m

高山豆属 *Tibetia*

高山豆 *T. himalaica* (Baker) H. B. Cui 见于隆德海拔 2150 m

筑子梢属 *Campylotropis*

杭子梢 *C. macrocarpa* (Bunge) Rehd. 见于秋千架海拔 1740 m

锦鸡儿属 *Caragana*

鬼箭锦鸡儿 *C. jubata* (Pall.) Poir. 见于和尚铺海拔 2620 m

青甘锦鸡儿 *C. tangutica* Maxim. 见于蒿店

海拔 1910 m

鸡眼草属 *Kummerowia*

 长萼鸡眼草 *K. stipulacea* (Maxim.) Makino 据标本

甘草属 *Glycyrrhiza*

 甘草 *G. uralensis* Fisch. ex DC. 据文献资料

米口袋属 *Gueldenstaedtia*

 少花米口袋 *G. verna* (Georgi) Boriss. 见于苏台海拔 2400 m

木蓝属 *Indigofera*

 河北木蓝 *I. bungeana* Walp. 见于红峡海拔 2280 m

 四川木蓝 *I. szechuensis* Craib 见于老龙潭海拔 1860 m

山黧豆属 *Lathyrus*

 大山黧豆 *L. davidii* Hance 见于老龙潭海拔 2000 m

 牧地山黧豆 *L. pratensis* L. 见于老龙潭海拔 1820 m

 山黧豆 *L. quinquenervius* (Miq.) Litv. 见于秋千架海拔 1870 m

胡枝子属 *Lespedeza*

 胡枝子 *L. bicolor* Turcz. 见于蒿店海拔 1900 m

 多花胡枝子 *L. floribunda* Bunge 据《宁夏植物志》

 细梗胡枝子 *L. virgata* (Thunb.) DC. 据《宁夏植物志》

 兴安胡枝子 *L. davurica* (Laxm.) Schindl. 见于秋千架海拔 1940 m

苜蓿属 *Medicago*

 野苜蓿 *M. falcata* L. 见于西峡海拔 2100 m

 天蓝苜蓿 *M. lupulina* L. 见于红峡海拔 1750 m

 紫苜蓿 *M. sativa* L. 见于老龙潭海拔 1800 m

 花苜蓿 *M. ruthenica* (L.) Trautv. 见于西峡海拔 1600 m

草木樨属 *Melilotus*

 草木樨 *M. officinalis* (L.) Lam. 见于老龙潭海拔 1870 m

 白花草木樨 *M. albus* Desr. 见于栽培

驴食草属 *Onobrychis*

 驴食草 *O. viciifolia* Scop. 见于栽培

棘豆属 *Oxytropis*

 地角儿苗 *O. bicolor* Bunge 见于秋千架海拔 2000 m

米口袋状棘豆 *O. gueldenstaedtioides* Ulbr. 见于西峡海拔 2180 m

华西棘豆 *O. giraldii* Ulbr. 见于和尚铺海拔 2300 m

黄毛棘豆 *O. ochrantha* Turcz. 见于老龙潭海拔 1750 m

洮河棘豆 *O. taochensis* Kom. 见于红峡海拔 2040 m

云南棘豆 *O. yunnanensis* Franch. 见于蒿店海拔 1700 m

多叶棘豆 *O. myriophylla* (Pall.) DC. 见于和尚铺海拔 2280 m

兴隆山棘豆 *O. xinglongshanica* C. W. Chang 见于隆德海拔 2160 m

岩黄芪属 *Hedysarum*

 贺兰山岩黄芪 *H. petrovii* Yakovl. 见于和尚铺海拔 2100 m

山竹子属 *Corethrodendron*

 红花山竹子 *C. multijugum* (Maxim.) B. H. Choi & H. Ohashi 见于挂马沟海拔 1500 m

车轴草属 *Trifolium*

 红车轴草 *T. pratense* L. 见于栽培

 白车轴草 *T. repens* L. 见于栽培

豌豆属 *Pisum*

 豌豆 *P. sativum* L. 见于栽培

刺槐属 *Robinia*

 刺槐 *R. pseudoacacia* L. 见于栽培

槐属 *Sophora*

 槐 *S. japonica* L. 见于栽培

 白刺槐 *S. davidii* (Franch.) Skeels 见于蒿店海拔 1750 m

沙冬青属 *Ammopiptanthus*

 沙冬青 *A. mongolicus* (Maxim. ex Kom.) Cheng f. 据《宁夏植物志》

野决明属 *Thermopsis*

 披针叶野决明 *T. lanceolata* R. Br. 见于蒿店海拔 1840 m

野豌豆属 *Vicia*

 山野豌豆 *V. amoena* Fisch. 见于老龙潭海拔 1900 m

 大花野豌豆 *V. bungei* Ohwi 见于老龙潭海拔 1900 m

 广布野豌豆 *V. cracca* Benth. 见于苏台海拔 1700 m

多茎野豌豆 *V. multicaulis* Ledeb. 见于米缸
山海拔 2800 m

野豌豆 *V. sepium* L. 见于二龙河海拔
2510 m

蚕豆 *V. faba* L. 见于栽培

歪头菜 *V. unijuga* A. Braun 见于气象站海拔
1860 m

救荒野豌豆 *V. sativa* Guss. 据《宁夏植物志》

酢浆草科 Oxalidaceae

酢浆草属 *Oxalis*

山酢浆草 *O. griffithii* Edgeworth et Hook. f.
见于红峡海拔 1410 m

蒺藜科 Zygophyllaceae

骆驼蓬属 *Peganum*

多裂骆驼蓬 *P. multisectum* (Maxiam.) Bobr.
据文献

熏倒牛科 Biebersteiniaceae

熏倒牛属 *Biebersteinia*

熏倒牛 *B. heterostemon* Maxim. 见于隆德

亚麻科 Linaceae

亚麻属 *Linum*

宿根亚麻 *L. perenne* L. 见于老龙潭海拔
1880 m

亚麻 *L. usitatissimum* L. 见于栽培

野亚麻 *L. stelleroides* Planch. 据《宁夏植物
志》

牻牛儿苗科 Geraniaceae

牻牛儿苗属 *Erodium*

牻牛儿苗 *E. stephanianum* Willd. 见于泾河
源海拔 1700 m

老鹳草属 *Geranium*

粗根老鹳草 *G. dahuricum* DC. 见于蒿店海
拔 1760 m

毛蕊老鹳草 *G. platyanthum* Duthie 见于米
缸山海拔 2600 m

草地老鹳草 *G. pratense* L. 见于西峡海拔
2140 m

鼠掌老鹳草 *G. sibiricum* L. 见于老龙潭海
拔 1920 m

尼泊尔老鹳草 *G. nepalense* Sweet 见于大雪
山海拔 2570 m

芸香科 Rutaceae

白鲜属 *Dictamnus*

白鲜 *D. dasycarpus* Turcz. 见于西峡海拔
1740 m

四数花属 *Tetradium*

臭檀吴萸 *T. daniellii* (Benn.) Hemsl. 见于
秋千架海拔 1900 m

花椒属 *Zanthoxylum*

花椒 *Z. bungeanum* Maxim. 据《宁夏植物志》

毛叶花椒 *Z. bungeanum* var. *pubescens*
Huang 见于米缸山海拔 2001 m

苦木科 Simaroubaceae

臭椿属 *Ailanthus*

臭椿 *A. altissima* (Mill.) Swingle 见于栽培

远志科 Polygalaceae

远志属 *Polygala*

西伯利亚远志 *P. sibirica* L. 见于老龙潭海
拔 1960 m

远志 *P. tenuifolia* Willd. 见于挂马沟海拔
2030 m

大戟科 Euphorbiaceae

大戟属 *Euphorbia*

乳浆大戟 *E. esula* L. 见于蒿店海拔 1700 m

泽漆 *E. helioscopia* L. 见于秋千架海拔
1900 m

钩腺大戟 *E. sieboldiana* Morr. et Decne. 见
于西峡海拔 2000 m

甘青大戟 *E. micractina* Boiss. 见于米缸山
海拔 2780 m

地锦草 *E. humifusa* Willd. ex Schlecht. 见
于秋千架海拔 1720 m

白饭树属 *Flueggea*

一叶萩 *F. suffruticosa* (Pall.) Baill. 见于崆
峒山海拔 1700 m

地构叶属 *Speranskia*

地构叶 *S. tuberculata* (Bunge) Baill. 据《宁
夏植物志》

苦木科 Simaroubaceae

苦木属 *Picrasma*

苦树 *P. quassioides* (D. Don) Benn. 见于崆
峒山

漆树科 Anacardiaceae

盐麸木属 *Rhus*

盐肤木 *R. chinensis* Mill. 见于秋千架海拔
1750 m

漆树属 *Toxicodendron*

漆树 *T. vernicifluum* (Stokes) F. A. Barkl. 见
于蒿店海拔 1760 m

卫矛科 Celastraceae

南蛇藤属 *Celastrus*

南蛇藤 *C. orbiculatus* Thunb. 见于老龙潭

海拔 1860 m

卫矛属 *Euonymus*

卫矛 *E. alatus* (Thunb.) Siebold 见于米缸山海拔 2600 m

纤齿卫矛 *E. giraldii* Loes. 见于东山坡海拔 1800 m

小卫矛 *E. nanoides* Loes. et Rehd. 见于红峡海拔 2100 m

栓翅卫矛 *E. phellomanus* Loes. 见于老龙潭海拔 1900 m

冷地卫矛 *E. frigidus* Wall. ex Roxb. 见于米缸山海拔 2400 m

石枣子 *E. sanguineus* Loes. 见于蒿店海拔 1800 m

瘤枝卫矛 *E. verrucosus* Scop. 见于红峡海拔 1900 m

矮卫矛 *E. nanus* Bieb. 见于秋千架海拔 1780 m

中亚卫矛 *E. semenovii* Regel et Herd. 见于米缸山海拔 2820 m

疣点卫矛 *E. verrucosoides* Loes. 据《宁夏植物志》

陕西卫矛 *E. schensianus* Maxim. 据《宁夏植物志》

省沽油科 **Staphyleaceae**

省沽油属 *Staphylea*

膀胱果 *S. holocarpa* Hemsl. 见于老龙潭海拔 1800 m

槭树科 **Aceraceae**

枫属 *Acer*

青榨枫 *A. davidii* Franch. 见于秋千架海拔 1800 m

茶条枫 *A. tataricum* subsp. *ginnala* (Maxim.) Wesmael 见于老龙潭海拔 1840 m

五尖枫 *A. maximowiczii* Pax 见于大雪山海拔 2280 m

复叶枫 *A. negundo* L. 见于栽培

元宝枫 *A. truncatum* Bunge 见于秋千架海拔 1740 m

四蕊枫 *A. stachyophyllum* subsp. *betulifolium* (Maxim.) P. C. DeJong 见于西峡海拔 2250 m

深灰枫 *A. caesium* Wall. ex Brandis 见于大雪山海拔 2460 m

陕甘枫 *A. shenkanense* W. P. Fang et Soong 据《宁夏植物志》

长尾枫 *A. caudatum* Wall. 据《宁夏植物志》

无患子科 **Sapindaceae**

文冠果属 *Xanthoceras*

文冠果 *X. sorbifolia* Bunge 见于老龙潭海拔 1890 m

栾树属 *Koelreuteria*

栾树 *K. paniculata* Laxm. 见于崆峒山

清风藤科 **Sabiaceae**

泡花树属 *Meliosma*

泡花树 *M. cuneifolia* Franch. 见于秋千架海拔 2100 m

凤仙花科 **Balsaminaceae**

凤仙花属 *Impatiens*

凤仙花 *I. balsamina* L. 见于栽培

水金凤 *I. noli-tangere* L. 见于老龙潭海拔 1950 m

西固凤仙花 *I. notolopha* Maxim. 见于西峡海拔 1980 m

鼠李科 **Rhamnaceae**

鼠李属 *Rhamnus*

鼠李 *R. davurica* Pall. 见于二龙河海拔 2000 m

黑桦树 *R. maximovicziana* J. Vass. 见于蒿店海拔 1850 m

甘青鼠李 *R. tangutica* J. Vass. 见于东山坡海拔 2300 m

小叶鼠李 *R. parvifolia* Bunge 见于秋千架海拔 1700 m

圆叶鼠李 *R. globosa* Bunge 据《宁夏植物志》

雀梅藤属 *Sageretia*

少脉雀梅藤 *S. paucicostata* Maxim. 见于崆峒山

葡萄科 **Vitaceae**

葡萄属 *Vitis*

桑叶葡萄 *V. heyneana* subsp. *ficifolia* (Bunge) C. L. Li 见于秋千架海拔 1700 m

变叶葡萄 *V. piasezkii* Maxim. 见于秋千架海拔 1900 m

蛇葡萄属 *Ampelopsis*

掌裂蛇葡萄 *A. delavayana* var. *glabra* (Diels et Gilg) C. L. Li 见于崆峒山

椴树科 **Tiliaceae**

椴树属 *Tilia*

华椴 *T. chinensis* Maxim. 见于西峡海拔 2140 m

秃华椴 *T. chinensis* var. *investita* (V. Engl.) Rehd. 据《宁夏植物志》

蒙椴 *T. mongolica* Maxim. 见于蒿店海拔 1750 m

少脉椴 *T. paucicostata* Maxim. 见于秋千架海拔 1840 m

锦葵科 Malvaceae

锦葵属 *Malva*

野葵 *M. verticillata* L.见于老龙潭海拔 2200 m

木槿属 *Hibiscus*

野西瓜苗 *H. trionum* L. 据文献

蜀葵属 *Alcea*

蜀葵 *A. rosea* L. 见栽培

猕猴桃科 Actinidiaceae

猕猴桃属 *Actinidia*

软枣猕猴桃 *A. arguta* (Sieb. et Zucc.) Planch. ex Miq. 见于秋千架海拔 1800 m

四萼猕猴桃 *A. tetramera* Maxim. 见于老龙潭海拔 1940 m

藤山柳属 *Clematoclethra*

猕猴桃藤山柳 *C. scandens* subsp. *actinidioides* (Maxim.) Y. C. Tang et Q. Y. Xiang 见于大雪山海拔 2200 m

藤黄科 Guttiferae

金丝桃属 *Hypericum*

黄海棠 *H. ascyron* L. 见于蒿店海拔 1900 m

突脉金丝桃 *H. przewalskii* Maxim. 见于西峡海拔 1900 m

岐山金丝桃 *H. elatoides* R. Keller 见于挂马沟海拔 2010 m

赶山鞭 *H. attenuatum* Choisy 据《宁夏植物志》

柽柳科 Tamaricaceae

水柏枝属 *Myricaria*

三春水柏枝 *M. paniculata* P. Y. Zhang 见于秋千架海拔 2000 m

柽柳属 *Tamarix*

柽柳 *T. chinensis* Lour 据《宁夏植物志》

堇菜科 Violaceae

堇菜属 *Viola*

鸡腿堇菜 *V. acuminata* Ledeb. 见于和尚铺海拔 2100 m

裂叶堇菜 *V. dissecta* Ledeb. 见于西峡海拔 1900 m

紫花地丁 *V. philippica* Cav. 见于蒿店海拔 1900 m

早开堇菜 *V. prionantha* Bunge 见于各地

奇异堇菜 *V. mirabilis* L. 据《宁夏植物志》

双花堇菜 *V. biflora* L. 据《宁夏植物志》

鳞茎堇菜 *V. bulbosa* Maxim. 据《宁夏植物志》

球果堇菜 *V. collina* Bess. 据《宁夏植物志》

瑞香科 Thymelaeaceae

瑞香属 *Daphne*

黄瑞香 *D. giraldii* Nitsche 见于米缸山海拔 2900 m

唐古特瑞香 *D. tangutica* Maxim. 见于红峡海拔 2000 m

狼毒属 *Stellera*

狼毒 *S. chamaejasme* L. 见于秋千架海拔 2400 m

草瑞香属 *Diarthron*

草瑞香 *D. linifolium* Turcz. 见于崆峒山

荛花属 *Wikstroemia*

鄂北荛花 *W. pampaninii* Rehd. 见于崆峒山海拔 1800 m

杉叶藻科 Hippuridaceae

杉叶藻属 *Hippuris*

杉叶藻 *H. vulgaris* L. 据文献

胡颓子科 Elaeagnaceae

胡颓子属 *Elaeagnus*

牛奶子 *E. umbellata* Thunb. 见于西峡海拔 1750 m

沙棘属 *Hippophae*

沙棘 *H. rhamnoides* L. 见于各林场海拔 1750 m

柳叶菜科 Onagraceae

柳兰属 *Chamerion*

柳兰 *C. angustifolium* (L.) Holub 见于隆德海拔 2000 m

毛脉柳兰 *C. angustifolium* subsp. *circumvagum* (Mosquin) Hoch 据《宁夏植物志》

露珠草属 *Circaea*

高山露珠草 *C. alpina* L. 见于红峡海拔 2040 m

柳叶菜属 *Epilobium*

光滑柳叶菜 *E. amurense* subsp. *cephalostigma* (Hausskn.) C. J. Chen 见于大雪山海拔 2180 m

长籽柳叶菜 *E. pyrricholophum* Franch. et Savat. 见于西峡海拔 2100 m

小花柳叶菜 *E. parviflorum* Schreb. 见于秋千架海拔 1730 m

柳叶菜 *E. hirsutum* L. 据《宁夏植物志》

细籽柳叶菜 *E. minutiflorum* Hausskn. 据《宁夏植物志》

毛脉柳叶菜 *E. amurense* Hausskn. 据《宁夏植物志》

滇藏柳叶菜 *E. wallichianum* Hausskn. 据《宁夏植物志》

月见草属 *Oenothera*

黄花月见草 *O. glazioviana* Mich. 见于栽培

五加科　Araliaceae

楤木属 *Aralia*

黄毛楤木 *A. chinensis* L. 见于西峡海拔 1760 m

五加属 *Eleutherococcus*

短柄五加 *E. brachypus* (Harms) Nakai 见于秋千架海拔 1840 m

红毛五加 *E. giraldii* (Harms) Nakai 见于蒿店海拔 2800 m

毛梗红五加 *E. giraldii* var. *hispidus* (C. Ho) K. L. Zhang 见于西峡海拔 1950 m

狭叶五加 *E. wilsonii* (Harms) Nakai 见于二龙河海拔 2320 m

毛狭叶五加 *E. wilsonii* var. *pilosulus* (Rehder) P. S. Hsu et S. L. Pan 见于西峡海拔 2100 m

藤五加 *E. leucorrhizus* Oliver 见于大雪山海拔 2180 m

蜀五加 *E. leucorrhizus* var. *setchuenensis* (Harms ex Diels) C. B. Shang et J. Y. Huang 据《宁夏植物志》

糙叶藤五加 *E. leucorrhizus* var. *fulvescens* (Harms et Rehder) Nakai 见于老龙潭海拔 2000 m

人参属 *Panax*

羽叶三七 *P. japonicum* var. *bipinnatifidus* (Seem.) C. Y. Wu et K. M. Feng 见于二龙河海拔 2000 m

竹节参 *P. japonicus* (T. Nees) C. A. Mey. 见于二龙河海拔 2060 m

伞形科　Umbelliferae

当归属 *Angelica*

白芷 *A. dahurica* (Fisch. ex Hoffm.) Benth. et Hook. f. ex Franch. et Savat. 见于老龙潭海拔 1900 m

秦岭当归 *A. tsinlingensis* K. T. Fu 见于米缸山海拔 2700 m

防风属 *Saposhnikovia*

防风 *S. divaricata* (Turcz.) Schischk. 据《宁夏植物志》

峨参属 *Anthriscus*

峨参 *A. sylvestris* (L.) Hoffm. 见于王华南海拔 2100 m

柴胡属 *Bupleurum*

北柴胡 *B. chinense* DC. 见于秋千架海拔 1900 m

北京柴胡 *B. chinense* f. *pekinense* (Franch.) Shan et Y. Li 见于老龙潭海拔 1950 m

多伞北柴胡 *B. chinense* f. *chiliosciadium* (Wolff) Shan et Y. Li 据《宁夏植物志》

紫花阔叶柴胡 *B. boissieuanum* H. Wolff 见于秋千架海拔 2300 m

黑柴胡 *B. smithii* Wolff 见于二龙河海拔 2020 m

红柴胡 *B. scorzonerifolium* Willd. 据《宁夏植物志》

葛缕子属 *Carum*

田葛缕子 *C. buriaticum* Turcz. 见于老龙潭海拔 1800 m

葛缕子 *C. carvi* L. 见于东山坡海拔 2250 m

独活属 *Heracleum*

多裂独活 *H. dissectifolium* K. T. Fu 见于东山坡海拔 2250 m

岩风属 *Libanotis*

香芹 *L. seseloides* (Fisch. et Mey. ex Turcz.) Turcz. 见于老龙潭海拔 1900 m

岩风 *L. buchtormensis* (Fisch.) DC. 据《宁夏植物志》

迷果芹属 *Sphallerocarpus*

迷果芹 *S. gracilis* (Bess.) K.-Pol. 据《宁夏植物志》

藁本属 *Ligusticum*

辽藁本 *L. jeholense* (Nakai et Kitagawa) Nakai et Kitagawa 见于西峡海拔 2600 m

岩茴香 *L. tachiroei* (Franch. et Savat.) Hiroe et Constance 据《宁夏植物志》

藁本 *L. sinense* Oliv. 据《宁夏植物志》

羌活属 *Notopterygium*

宽叶羌活 *N. franchetii* H. Boissieu 见于红峡海拔 2600 m

香根芹属 *Osmorhiza*

香根芹 *O. Aristata* (Thunb.) Makino et Yabe 见于小南川海拔 3000 m

前胡属 *Peucedanum*

长前胡 *P. turgeniifolium* Wolff 见于大雪山海拔 2659 m

华北前胡 *P. harry-smithii* Fedde ex Wolff 据《宁夏植物志》

茴芹属 *Pimpinella*

菱形茴芹 *P. rhomboidea* Diels 见于大雪山海拔 2000 m

直立茴芹 *P. smithii* Wolff 见于二龙河海拔 2000 m

棱子芹属 *Pleurospermum*

鸡冠棱子芹 *P. cristatum* de Boiss. 见于秋千架海拔 1800 m

松潘棱子芹 *P. franchetianum* Hemsl. 见于西峡海拔 2160 m

囊瓣芹属 *Pternopetalum*

东亚囊瓣芹 *P. tanakae* (Franch. et Savat.) Hand.-Mazz. 见于红峡海拔 2280 m

矮茎囊瓣芹 *P. longicaule* var. *humile* Shan et Pu 见于小南川海拔 2090 m

变豆菜属 *Sanicula*

首阳变豆菜 *S. giraldii* Wolff 见于老龙潭海拔 1910 m

东俄芹属 *Tongoloa*

城口东俄芹 *T. silaifolia* (de Boiss.) Wolff 见于东山坡海拔 2250 m

窃衣属 *Torilis*

小窃衣 *T. japonica* (Houtt.) DC. 见于泾河源海拔 2180 m

窃衣 *T. scabra* (Thunb.) DC. 据《宁夏植物志》

山茱萸科　Cornaceae

山茱萸属 *Cornus*

毛梾 *C. walteri* Wangerin 见于二龙河海拔 2000 m

沙梾 *C. bretschneideri* L. Henry 见于老龙潭海拔 1980 m

梾木 *C. macrophylla* Wall. 据《宁夏植物志》

杜鹃花科　Ericaceae

鹿蹄草属 *Pyrola*

圆叶鹿蹄草 *P. rotundifolia* L. 见于米缸山海拔 2130 m

报春花科　Primulaceae

点地梅属 *Androsace*

直立点地梅 *A. erecta* Maxim. 见于蒿店海拔 1900 m

西藏点地梅 *A. mariae* Kanitz 见于米缸山海拔 2900 m

报春花属 *Primula*

苞芽粉报春 *P. gemmifera* Batal. 见于西峡海拔 2000 m

胭脂花 *P. maximowiczii* Regel 见于西峡海拔 2140 m

珍珠菜属 *Lysimachia*

狼尾花 *L. barystachys* Bunge 见于秋千架海拔 1840 m

白花丹科　Plumbaginaceae

鸡娃草属 *Plumbagella*

鸡娃草 *P. micrantha* (Ledeb.) Spach 见于老龙潭海拔 2000 m

补血草属 *Limonium*

二色补血草 *L. bicolor* (Bunge) O. Kuntze 据文献

木樨科　Oleaceae

梣属 *Fraxinus*

白蜡树 *F. chinensis* Roxb. 见于秋千架海拔 1740 m

水曲柳 *F. mandshurica* Rupr. 见于秋千架海拔 1900 m

丁香属 *Syringa*

暴马丁香 *S. reticulata* subsp. *amurensis* (Rupr.) P. S. Green et M. C. Chang 见于二龙河海拔 1800 m

北京丁香 *S. reticulata* subsp. *pekinensis* (Rupr.) P. S. Green et M. C. Chang 据《宁夏植物志》

小叶巧玲花 *S. pubescens* subsp. *microphylla* (Diels) M. C. Chang et X. L. Chen 见于老龙潭海拔 1750 m

紫丁香 *S. oblata* Lindl. 见于蒿店海拔 1800 m

醉鱼草科　Buddlejaceae

醉鱼草属 *Buddleja*

互叶醉鱼草 *B. alternifolia* Maxim. 见于秋千架海拔 1750 m

龙胆科 **Gentianaceae**

獐牙菜属 *Swertia*

歧伞獐牙菜 *S. dichotoma* L. 见于西峡海拔 1960 m

红直獐牙菜 *S. erythrosticta* Maxim. 见于西峡海拔 2600 m

龙胆属 *Gentiana*

达乌里秦艽 *G. dahurica* Fisch. 见于蒿店海拔 1790 m

秦艽 *G. macrophylla* Pall. 见于和尚铺海拔 1800 m

假水生龙胆 *G. pseudoaquatica* Kusnez. 见于西峡海拔 2040 m

鳞叶龙胆 *G. squarrosa* Ledeb. 见于西峡海拔 2100 m

条纹龙胆 *G. striata* Maxim. 见于和尚铺海拔 2400 m

扁蕾属 *Gentianopsis*

扁蕾 *G. barbata* (Froel.) Ma 见于米缸山海拔 2620 m

湿生扁蕾 *G. paludosa* (Hook. f.) Ma 据《宁夏植物志》

花锚属 *Halenia*

椭圆叶花锚 *H. elliptica* D. Don 见于和尚铺海拔 1900 m

肋柱花属 *Lomatogonium*

辐状肋柱花 *L. rotatum* (L.) Fr. ex Fernald 见于蒿店海拔 1790 m

翼萼蔓属 *Pterygocalyx*

翼萼蔓 *P. volubilis* Maxim. 据文献

喉毛花属 *Comastoma*

喉毛花 *C. pulmonarium* (Turcz.) Toyokuni 据《宁夏植物志》

萝藦科 **Asclepiadaceae**

鹅绒藤属 *Cynanchum*

竹灵消 *C. inamoenum* (Maxim.) Loes. 见于蒿店海拔 1700 m

朱砂藤 *C. officinale* (Hemsl.) Tsiang et Zhang 见于蒿店海拔 1700 m

鹅绒藤 *C. chinense* R. Br. 见于泾河源海拔 1700 m

旋花科 **Convolvulaceae**

打碗花属 *Calystegia*

打碗花 *C. hederacea* Wall. ex Roxb. 见于老龙潭海拔 1800 m

旋花 *C. sepium* (L.) R. Br. 见于卧羊川海拔 1860 m

欧旋花 *C. sepium* subsp. *spectabilis* Brummitt 据《宁夏植物志》

旋花属 *Convolvulus*

田旋花 *C. arvensis* L. 见于蒿店海拔 1740 m

菟丝子属 *Cuscuta*

欧洲菟丝子 *C. europaea* L. 见于秋千架海拔 1800 m

金灯藤 *C. japonica* Choisy 见于大雪山海拔 2000 m

花荵科 **Polemoniaceae**

花荵属 *Polemonium*

中华花荵 *P. chinense* (Brand) Brand 见于老龙潭海拔 2100 m

紫草科 **Boraginaceae**

斑种草属 *Bothriospermum*

多苞斑种草 *B. secundum* Maxim. 见于老龙潭海拔 1800 m

糙草属 *Asperugo*

糙草 *A. procumbens* L. 见于六盘山海拔 1620 m

琉璃草属 *Cynoglossum*

倒钩琉璃草 *C. wallichii* var. *glochidiatum* (Wall. ex Benth.) Kazmi 见于西峡海拔 1850 m

大果琉璃草 *C. divaricatum* Steph. ex Lehm. 见于和尚铺海拔 2380 m

甘青琉璃草 *C. gansuense* Y. L. Liu 据《宁夏植物志》

鹤虱属 *Lappula*

蓝刺鹤虱 *L. consanguinea* (Fisch. et Mey.) Gurke 见于老龙潭海拔 1800 m

卵果鹤虱 *L. patula* (Lehm.) Aschers. ex Gurke 见于秋千架海拔 1760 m

齿缘草属 *Eritrichium*

少花齿缘草 *E. pauciflorum* (Ledeb.) DC. 据《宁夏植物志》

车前紫草属 *Sinojohnstonia*

短蕊车前紫草 *S. moupinensis* (Franch.) W. T. Wang ex Z. Y. Zhang 据《宁夏植物志》

紫草属 *Lithospermum*

紫草 *L. erythrorhizon* Sieb. et Zucc. 见于蒿店海拔 1700 m

牛舌草属 *Anchusa*

　狼紫草 *A. ovata* Lehm. 见于挂马沟海拔
　1850 m

疗齿草属 *Odontites*

　疗齿草 *O. vulgaris* Moench 见于西峡海拔
　2200 m

微孔草属 *Microula*

　长叶微孔草 *M. trichocarpa* (Maxim.) Johnst.
　见于西峡海拔 2000 m

　微孔草 *M. sikkimensis* (Clarke) Hemsl. 据
　《宁夏植物志》

附地菜属 *Trigonotis*

　钝萼附地菜 *T. peduncularis* var. *amblyosepala*
　(Nakai et Kitag.) W. T. Wang 见于老龙潭
　海拔 1840 m

　附地菜 *T. peduncularis* (Trev.) Benth. ex
　Baker et Moore 据《宁夏植物志》

　大花附地菜 *T. peduncularis* var. *macrantha*
　W. T. Wang 见于气象站

唇形科　Labiatae

筋骨草属 *Ajuga*

　筋骨草 *Ajuga ciliata* Bunge 见于老龙潭海
　拔 1900 m

　紫背金盘 *A. nipponensis* Makino 据《宁夏植
　物志》

水棘针属 *Amethystea*

　水棘针 *A. caerulea* L. 见于老龙潭海拔
　1900 m

风轮菜属 *Clinopodium*

　灯笼草 *C. polycephalum* (Vaniot) C. Y. Wu
　et Hsuan ex Hsu 见于大雪山海拔
　2400 m

　麻叶风轮菜 *C. urticifolium* (Hance) C. Y.
　Wu et Hsuan ex H. W. Li 见于大雪山海
　拔 2310 m

青兰属 *Dracocephalum*

　白花枝子花 *D. heterophyllum* Benth. 见于
　蒿店海拔 2000 m

　岷山毛建草 *D. purdomii* W. W. Smith 见于
　米缸山海拔 2800 m

　毛建草 *D. rupestre* Hance 见于米缸山海拔
　2800 m

　甘青青兰 *D. tanguticum* Maxim. 见于秋千
　架海拔 1900 m

香薷属 *Elsholtzia*

　香薷 *E. ciliata* (Thunb.) Hyland. 见于蒿店

海拔 1850 m

　密花香薷 *E. densa* Benth. 见于老龙潭海拔
　1750 m

鼬瓣花属 *Galeopsis*

　鼬瓣花 *G. bifida* Boenn. 见于二龙河海拔
　2400 m

活血丹属 *Glechoma*

　活血丹 *G. longituba* (Nakai) Kupr. 见于西
　峡海拔 2100 m

夏至草属 *Lagopsis*

　夏至草 *L. supina* (Steph. ex Willd.)
　Ikonn.-Gal. 见于蒿店海拔 1940 m

野芝麻属 *Lamium*

　野芝麻 *L. barbatum* Sieb. et Zucc. 见于西
　峡海拔 2130 m

　短柄野芝麻 *L. album* L. 据《宁夏植物志》

　宝盖草 *L. amplexicaule* L. 见于老龙潭海拔
　1900 m

益母草属 *Leonurus*

　益母草 *L. japonicus* Houtt. 见于蒿店海拔
　1900 m

薄荷属 *Mentha*

　薄荷 *M. canadensis* L. 见于蒿店海拔
　1740 m

荆芥属 *Nepeta*

　大花荆芥 *N. sibirica* L. 见于二龙河海拔
　1850 m

　康藏荆芥 *N. prattii* Lévl. 见于和尚铺海拔
　2300 m

糙苏属 *Phlomis*

　串铃花 *P. mongolica* Turcz. 见于和尚铺海
　拔 2000 m

　糙苏 *Phlomis umbrosa* Turcz. 见于老龙潭
　海拔 1900 m

香茶菜属 *Isodon*

　蓝萼毛叶香茶菜 *I. japonicus* var.
　glaucocalyx (Maxim.) H. W. Li 见于二
　龙河海拔 1900 m

鼠尾草属 *Salvia*

　粘毛鼠尾草 *S. roborowskii* Maxim. 见于隆
　德海拔 1950 m

　荫生鼠尾草 *S. umbratica* Hance 见于大雪
　山海拔 2200 m

黄芩属 *Scutellaria*

　莸状黄芩 *S. caryopteroides* Hand.-Mazz. 见
　于秋千架海拔 1800 m

多毛并头黄芩 *S. scordifolia* var. *villosissima* C. Y. Wu et W. T. Wang 见于秋千架海拔 1800 m

细花黄芩 *S. tenuiflora* C. Y. Wu 据《宁夏植物志》

滇黄芩 *S. amoena* C. H. Wright 见于挂马沟海拔 2130 m

水苏属 *Stachys*

甘露子 *S. sieboldii* Miq. 见于老龙潭海拔 2000 m

百里香属 *Thymus*

百里香 *T. mongolicus* (Ronniger) Ronniger 见于和尚铺海拔 1870 m

亚洲地椒 *T. quinquecostatus* var. *asiaticus* (Kitagawa) C. Y. Wu et Y. C. Huang 据《宁夏植物志》

茄科　Solanaceae

辣椒属 *Capsicum*

辣椒 *C. annuum* L. 见于栽培

天仙子属 *Hyoscyamus*

天仙子 *H. niger* L. 见于泾河源海拔 1800 m

枸杞属 *Lycium*

枸杞 *L. chinense* Mill. 见于蒿店海拔 2100 m

烟草属 *Nicotiana*

黄花烟草 *N. rustica* L. 见于栽培

茄属 *Solanum*

龙葵 *S. nigrum* L. 见于泾源县

青杞 *S. septemlobum* Bunge 见于泾河源海拔 1800 m

马铃薯 *S. tuberosum* L. 见于栽培

玄参科　Scrophulariaceae

小米草属 *Euphrasia*

短腺小米草 *E. regelii* Wettst. 见于西峡海拔 1700 m

小米草 *E. pectinata* Ten. 据《宁夏植物志》

肉果草属 *Lancea*

肉果草 *L. tibetica* Hook. f. et Thoms. 见于米缸山海拔 2100 m

山罗花属 *Melampyrum*

山罗花 *M. roseum* Maxim. 见于老龙潭海拔 1970 m

沟酸浆属 *Mimulus*

四川沟酸浆 *M. szechuanensis* Pai 见于秋千架海拔 1800 m

马先蒿属 *Pedicularis*

阿拉善马先蒿 *P. alaschanica* Maxim. 见于米缸山海拔 2150 m

弯管马先蒿 *P. curvituba* Maxim. 据《宁夏植物志》

中国马先蒿 *P. chinensis* Maxim. 见于隆德海拔 2500 m

美观马先蒿 *P. decora* Franch. 见于二龙河海拔 2170 m

甘肃马先蒿 *P. kansuensis* Maxim. 见于米缸山海拔 2000 m

藓生马先蒿 *P. muscicola* Maxim. 见于大雪山海拔 2070 m

穗花马先蒿 *P. spicata* Pall. 见于大雪山海拔 2400 m

红纹马先蒿 *Veronica biloba* L. 见于和尚铺海拔 2120 m

蛛丝红纹马先蒿 *P. striata* subsp. *arachnoidea* (Franch.) Tsoong 据《宁夏植物志》

轮叶马先蒿 *P. verticillata* L. 见于西峡海拔 2200 m

唐古特轮叶马先蒿 *P. verticillata* subsp. *tangutica* (Bonati) Tsoong 据《宁夏植物志》

粗野马先蒿 *P. rudis* Maxim. 据《宁夏植物志》记载

阴行草属 *Siphonostegia*

阴行草 *S. chinensis* Benth. 据《宁夏植物志》

芯芭属 *Cymbaria*

蒙古芯芭 *C. mongolica* Maxim. 见于青石嘴海拔 1900 m

松蒿属 *Phtheirospermum*

松蒿 *P. japonicum* (Thunb.) Kanitz 见于秋千架海拔 1800 m

婆婆纳属 *Veronica*

北水苦荬 *V. anagallis-aquatica* L. 见于东山坡海拔 2130 m

婆婆纳 *V. polita* Fries 见于泾源县

两裂婆婆纳 *V. biloba* L. 见于红峡海拔 1730 m

光果婆婆纳 *V. rockii* Li 见于和尚铺海拔 2100 m

四川婆婆纳 *V. szechuanica* Batal. 见于红峡海拔 2180 m

唐古拉婆婆纳 *V. vandellioides* Maxim. 见

于红峡海拔 2100 m

长果婆婆纳 *V. ciliata* Fisch. 据《宁夏植物志》

穗花属 *Pseudolysimachion*

细叶穗花 *P. Linariifolium* (Pall. ex Link) Holub 见于卧羊川海拔 1760 m

腹水草属 *Veronicastrum*

草木威灵仙 *V. sibiricum* (L.) Pennell 见于蒿店海拔 1700 m

紫葳科 **Bignoniaceae**

角蒿属 *Incarvillea*

黄花角蒿 *I. sinensis* var. *przewalskii* (Batalin) C. Y. Wu et W. C. Yin 据《宁夏植物志》

列当科 **Orobanchaceae**

列当属 *Orobanche*

列当 *O. coerulescens* Steph. 见于秋千架海拔 1800 m

车前科 **Plantaginaceae**

车前属 *Plantago*

平车前 *P. depressa* Willd. 见于老龙潭海拔 1880 m

大车前 *P. major* L. 见于西峡海拔 2140 m

车前 *P. asiatica* Ledeb. 见于卧羊川海拔 1820 m

茜草科 **Rubiaceae**

拉拉藤属 *Galium*

猪殃殃 *G. spurium* L. 见于红峡海拔 2280 m

四叶葎 *G. bungei* Steud. 见于西峡海拔 2180 m

蓬子菜 *G. verum* L. 见于苏台海拔 1800 m

林猪殃殃 *G. paradoxum* Maxim. 见于二龙河海拔 2140 m

车轴草 *G. odoratum* (L.) Scop. 见于二龙河海拔 2630 m

中亚车轴草 *G. rivale* (Sibth. et Smith) Griseb. 见于西峡海拔 2081 m

北方拉拉藤 *G. boreale* L. 据《宁夏植物志》

麦仁珠 *G. tricornutum* Dandy 据《宁夏植物志》

茜草属 *Rubia*

钟花茜草 *R. argyi* (Lévl. et Vant.) Hara ex L. A. Lauener et D. K. Ferguson 见于苏台海拔 1880 m

茜草 *R. cordifolia* L. 见于老龙潭海拔 1800 m

金剑草 *R. alata* Roxb. 据《宁夏植物志》

金线茜草 *R. membranacea* Diels 据《宁夏植物志》

北极花科 **Linnaeaceae**

六道木属 *Zabelia*

南方六道木 *Z. dielsii* (Graebn.) Makino 见于老龙潭海拔 1740 m

忍冬科 **Caprifoliaceae**

忍冬属 *Lonicera*

金花忍冬 *L. chrysantha* Turcz. 见于西峡海拔 1730 m

金银忍冬 *L. maackii* (Rupr.) Maxim. 据《宁夏植物志》

蓝果忍冬 *L. caerulea* L. 见于西峡海拔 1730 m

葱皮忍冬 *L. ferdinandii* Franch. 见于蒿店海拔 2000 m

刚毛忍冬 *L. hispida* Pall. ex Roem. et Schult. 见于二龙河海拔 2000 m

冠果忍冬 *L. stephanocarpa* Franch. 见于西峡海拔 2000 m

短梗忍冬 *L. graebneri* Rehd. 见于大雪山海拔 2300 m

红脉忍冬 *L. nervosa* Maxim. 见于二龙河海拔 1960 m

北京忍冬 *L. elisae* Franch. 见于秋千架海拔 1730 m

岩生忍冬 *L. rupicola* Hook. f. et Thoms. 见于庙台子海拔 2020 m

红花岩生忍冬 *L. rupicola* var. *syringantha* (Maxim.) Zabel 见于米缸山海拔 2100 m

唐古特忍冬 *L. tangutica* Maxim. 见于红峡海拔 2100 m

毛药忍冬 *L. serreana* Hand.-Mazz. 见于蒿店海拔 2200 m

盘叶忍冬 *L. tragophylla* Hemsl. 见于老龙潭海拔 1800 m

华西忍冬 *L. webbiana* Wall. ex DC. 见于米缸山海拔 2140 m

新疆忍冬 *L. tatarica* L. 见于栽培

莛子藨属 *Triosteum*

莛子藨 *T. pinnatifidum* Maxim. 见于老龙潭海拔 1900 m

五福花科 **Adoxaceae**

接骨木属 *Sambucus*

血满草 *S. adnata* Wall. ex DC. 见于二龙河海拔 1870 m

接骨木 *S. williamsii* Hance 见于秋千架海拔 1700 m

荚蒾属 *Viburnum*

桦叶荚蒾 *V. betulifolium* Batal. 见于大雪山海拔 2100 m

香荚蒾 *V. farreri* W. T. Stearn 见于秋千架海拔 2200 m

聚花荚蒾 *V. glomeratum* Maxim. 见于老龙潭海拔 1800 m

蒙古荚蒾 *V. mongolicum* (Pall.) Rehd. 见于和尚铺海拔 1760 m

鸡树条 *V. opulus* subsp. *calvescen*s (Rehder) Sugim. 见于西峡海拔 1900 m

陕西荚蒾 *V. schensianum* Maxim. 据《宁夏植物志》

湖北荚蒾 *V. hupehense* Rehd. 据《宁夏植物志》

阔叶荚蒾 *V. betulifolium* 据《宁夏植物志》

败酱科　Valerianaceae

败酱属 *Patrinia*

墓回头 *P. heterophylla* Bunge 见于蒿店海拔 1900 m

糙叶败酱 *P. scabra* Bunge 见于隆德海拔 2000 m

岩败酱 *P. rupestris* (Pall.) Juss. 据《宁夏植物志》

缬草属 *Valeriana*

缬草 *V. officinalis* L. 见于老龙潭海拔 1950 m

川续断科　Dipsacaceae

川续断属 *Dipsacus*

日本续断 *D. japonicus* Miq. 见于泾河源海拔 2400 m

蓝盆花属 *Scabiosa*

华北蓝盆花 *S. tschiliensis* Grün. 见于秋千架海拔 1800 m

葫芦科　Cucurbitaceae

黄瓜属 *Cucumis*

黄瓜 *C. sativus* L. 见于栽培

假贝母属 *Bolbostemma*

假贝母 *B. paniculatum* (Maxim.) Franquet 据《宁夏植物志》

南瓜属 *Cucurbita*

南瓜 *C. moschata* Duchesne 见于栽培

西葫芦 *C. pepo* L. 见于栽培

赤瓟属 *Thladiantha*

赤瓟 *T. dubia* Bunge 见于红峡海拔 2100 m

桔梗科　Campanulaceae

沙参属 *Adenophora*

细叶沙参 *A. capillaria* subsp. *paniculata* (Nannf.) D. Y. Hong et S. Ge 见于老龙潭海拔 1900 m

秦岭沙参 *A. petiolata* Pax et K. Hoffm. 见于秋千架海拔 1900 m

泡沙参 *A. potaninii* Korsh. 见于蒿店海拔 1790 m

长柱沙参 *A. stenanthina* (Ledeb.) Kitagawa 见于秋千架海拔 1900 m

风铃草属 *Campanula*

紫斑风铃草 *C. punctata* Lam. 见于老龙潭海拔 1880 m

党参属 *Codonopsis*

党参 *C. pilosula* (Franch.) Nannf. 见于红峡海拔 1900 m

秦岭党参 *C. tsinglingensis* Pax et Hoffm. 见于米缸山海拔 1940 m

菊科　Compositae

蓍属 *Achillea*

齿叶蓍 *A. acuminata* (Ledeb.) Sch. Bip. 见于二龙河海拔 2100 m

高山蓍 *A. alpina* L. 见于东山坡海拔 2020 m

亚菊属 *Ajania*

柳叶亚菊 *A. salicifolia* (Mattf.) Poljak. 见于老龙潭海拔 2200 m

细叶亚菊 *A. tenuifolia* (Jacq.) Tzvel. 见于隆德海拔 2650 m

细裂亚菊 *A. przewalskii* Poljak. 据《宁夏植物志》

香青属 *Anaphalis*

黄腺香青 *A. aureopunctata* Lingelsh. et Borza 见于二龙河海拔 2200 m

红花乳白香青 *A. lactea* Maxim f. *rosea* Ling 见于米缸山海拔 2800 m

黄褐珠光香青 *A. margaritace*a var. *cinnamomea* (DC.) Herd. ex Maxim. 见于和尚铺海拔 2100 m

香青 *A. sinica* Hance 见于秋千架海拔 1790 m

疏生香青 *A. sinica* var. *alata* (Maximowicz)

S. X. Zhu et R. J. Bayer 见于和尚铺海
拔 2200 m

牛蒡属 *Arctium*

牛蒡 *A. lappa* L. 见于西峡海拔 1790 m

山柳菊属 *Hieracium*

山柳菊 *H. umbellatum* L. 据《宁夏植物志》

蒿属 *Artemisia*

黄花蒿 *A. annua* L. 见于蒿店海拔 1740 m

艾 *A. argyi* Lévl. et Van. 见于二龙河海拔
1800 m

牡蒿 *A. japonica* Kitam. 见于西峡海拔
1800 m

野艾蒿 *A. lavandulifolia* DC. 见于二龙河
海拔 1800 m

白莲蒿 *A. sacrorum* Ledeb. ex Hook.f. 见于
和尚铺海拔 2200 m

华北米蒿 *A. giraldii* Pamp. 见于蒿店海拔
1900 m

茵陈蒿 *A. capillaris* Thunb. 见于蒿店海拔
1900 m

密毛白莲蒿 *A. sacrorum* var.
messerschmidtiana (Bess.) Y. R. Ling 见
于秋千架海拔 1700 m

无毛牛尾蒿 *A. dubia* var. *subdigitata* (Mattf.)
Y. R. Ling 见于泾河源海拔 1700 m

沙蒿 *A. desertorum* Sprengel 据《宁夏植
物志》

紫菀属 *Aster*

三脉紫菀 *A. trinervius* subsp. *ageratoides*
(Turcz.) Grierson 见于米缸山海拔
1960 m

缘毛紫菀 *A. souliei* Franch. 见于二龙河海
拔 2100 m

紫菀 *A. tataricus* L. f. 据《宁夏植物志》

圆苞紫菀 *A. maackii* Regel 据《宁夏植
物志》

全叶马兰 *A. pekinensis* (Hance) Kitag. 据
《宁夏植物志》

蒙古马兰 *A. mongolicus* Franch. 据《宁夏植
物志》

阿尔泰狗娃花 *A. altaicus* Willd. 见于蒿店
海拔 1750 m

狗娃花 *A. hispidus* Thunb. 见于秋千架海拔
1700 m

蟹甲草属 *Parasenecio*

山尖子 *P. hastatus* (L.) H. Koyama 据《宁夏
植物志》

无毛山尖子 *P. hastatus* var. *glaber* (Ledeb.)
Y. L. Chen 见于苏台海拔 2121 m

太白山蟹甲草 *P. pilgerianus* (Diels) Y. L.
Chen 见于红峡海拔 2040 m

蛛毛蟹甲草 *P. roborowskii* (Maxim.) Y. L.
Chen 见于西峡海拔 2140 m

华蟹甲属 *Sinacalia*

华蟹甲 *S. tangutica* (Maxim.) B. Nord. 见
于和尚铺海拔 2100 m

金盏花属 *Calendula*

金盏花 *C. officinalis* Hohen. 见于栽培

翠菊属 *Callistephus*

翠菊 *C. Chinensis* (L.) Nees 见于栽培

飞廉属 *Carduus*

丝毛飞廉 *C. crispus* Guiröo ex Nyman 见于
老龙潭海拔 1740 m

天名精属 *Carpesium*

天名精 *C. abrotanoides* L. 见于老龙潭海拔
2180 m

烟管头草 *C. cernuum* L. 见于苏台海拔
2100 m

暗花金挖耳 *C. triste* Maxim. 据《宁夏植
物志》

高原天名精 *C. lipskyi* Winkl. 据《宁夏植
物志》

蓟属 *Cirsium*

烟管蓟 *C. pendulum* Fisch. ex DC. 见于西
峡海拔 2200 m

刺儿菜 *C. arvense* var. *integrifolium* C.
Wimm. et Grabowski 见于泾源县

魁蓟 *C. leo* Nakai et Kitagawa 见于秋千架
海拔 1700 m

秋英属 *Cosmos*

波斯菊 *C. bipinnatus* Cav. 见于栽培

蓝刺头属 *Cosmos*

驴欺口 *C. bipinnatu*s Cav. 见于挂马沟海拔
1850 m

菊属 *Dendranthema*

毛叶甘菊 *D. lavandulifolium* (Fisch. ex
Trautv.) Makino 见于蒿店海拔 1790 m

菊花 *D. morifolium* Ramat. 见于栽培

紫花野菊 *D. zawadskii* Herbich 见于蒿店海
拔 1750 m

小红菊 *D. chanetii* H. Lév. 见于和尚铺海
拔 2180 m

飞蓬属 *Erigeron*

　　长茎飞蓬 *E. acris* subsp. *politus* (Fr.) H. Lindb. 见于大雪山海拔 2000 m

向日葵属 *Helianthus*

　　向日葵 *H. annuus* L. 见于栽培

旋覆花属 *Inula*

　　旋覆花 *I. Japonica* (Miq.) Komarov 见于蒿店海拔 1850 m

苦荬菜属 *Ixeris*

　　中华苦荬菜 *I. chinensis* (Thunb. ex Thunb.) Nakai 见于秋千架海拔 1800 m

　　苦荬菜 *I. polycephala* Cass. ex DC. 据《宁夏植物志》

菊苣属 *Lactuca*

　　乳苣 *L. tatarica* (L.) C. A. Mey. 据标本

还阳参属 *Crepis*

　　北方还阳参 *C. crocea* (Lamarck) Babcock 据文献

假还阳参属 *Crepidiastrum*

　　尖裂假还阳参 *C. sonchifolium* (Bunge) 见于二龙河海拔 1900 m

鬼针草属 *Bidens*

　　小花鬼针草 *B. parviflora* Willd. 据文献

　　狼杷草 *B. tripartita* L. 据文献

和尚菜属 *Adenocaulon*

　　和尚菜 *A. himalaicum* Edgew. 见于崆峒山

苍术属 *Atractylodes*

　　苍术 *A. lancea* (Thunb.) DC. 据文献

大丁草属 *Gerbera*

　　大丁草 *G. Anandria* (L.) Sch.-Bip. 见于红峡海拔 2040 m

火绒草属 *Leontopodium*

　　美头火绒草 *L. calocephalum* (Franch.) P. Beauv. 见于气象站海拔 2180 m

　　薄雪火绒草 *L. japonicum* Miq. 见于老龙潭海拔 1800 m

　　火绒草 *L. leontopodioides* (Willd.) Beauv. 见于西峡海拔 1800 m

　　长叶火绒草 *L. longifolium* Ling 见于气象站海拔 2900 m

　　矮火绒草 *L. nanum* (Hook. f. et Thoms.) Hand.-Mazz. 见于西峡海拔 2300 m

　　绢茸火绒草 *L. smithianum* Hand.-Mazz. 据《宁夏植物志》

橐吾属 *Ligularia*

　　大黄橐吾 *L. duciformis* (C. Winkl.) Hand.-Mazz. 见于西峡海拔 2100 m

　　掌叶橐吾 *L. przewalskii* (Maxim.) Diels 见于秋千架海拔 2200 m

　　箭叶橐吾 *L. sagitta* (Maxim.) Mattf. 见于隆德海拔 2150 m

　　橐吾 *L. sibirica* (L.) Cass. 见于西峡海拔 2260 m

兔儿伞属 *Syneilesis*

　　兔儿伞 *S. aconitifolia* (Bunge) Maxim. 据《宁夏植物志》

猬菊属 *Olgaea*

　　火媒草 *O. leucophylla* (Turcz.) Iljin 见于老龙潭海拔 1850 m

　　刺疙瘩 *O. tangutica* Iljin 见于秋千架海拔 1780 m

帚菊属 *Pertya*

　　两色帚菊 *P. discolor* Rehd. 见于西峡海拔 2000 m

　　华帚菊 *P. sinensis* Oliv. 见于西峡海拔 2100 m

蒲公英属 *Taraxacum*

　　蒲公英 *T. mongolicum* Hand.-Mazz. 见于泾河源海拔 1800 m

　　垂头蒲公英 *T. nutans* Dahlst. 见于米缸山海拔 2700 m

款冬属 *Tussilago*

　　款冬 *T. farfara* L. 见于老龙潭海拔 1800 m

苍耳属 *Xanthium*

　　苍耳 *X. sibiricum* Patrin ex Widder 见于西峡海拔 1760 m

豨莶属 *Sigesbeckia*

　　腺梗豨莶 *S. pubescens* (Makino) Makino 据《宁夏植物志》

毛连菜属 *Picris*

　　日本毛连菜 *P. japonica* Thunb. 见于老龙潭海拔 1900 m

耳菊属 *Nabalus*

　　盘果菊 *N. tatarinowii* (Maxim.) Nakai 见于老龙潭海拔 1950 m

漏芦属 *Stemmacantha*

　　漏芦 *S. uniflora* (L.) Ditrich 见于秋千架海拔 1750 m

风毛菊属 *Saussurea*

　　紫苞雪莲 *S. iodostegia* Hance 见于米缸山海拔 2900 m

　　翼茎风毛菊 *S. alata* DC. 见于老龙潭海拔

1900 m

大耳风毛菊 *S. macrota* Franch. 见于大雪山海拔 2900 m

小花风毛菊 *S. parviflora* (Poir.) DC. 见于米缸山海拔 2710 m

折苞风毛菊 *S. recurvata* (Maxim.) Lipsch. 见于和尚铺海拔 2650 m

禾叶风毛菊 *S. graminea* Dunn 据《宁夏植物志》

蒙古风毛菊 *S. mongolica* (Franch.) Franch. 据《宁夏植物志》

具翅风毛菊 *S. alata* DC. 据《宁夏植物志》

鸦葱属 *Scorzonera*

华北鸦葱 *S. albicaulis* Bunge 见于秋千架海拔 1840 m

千里光属 *Senecio*

额河千里光 *S. argunensis* Turcz. 见于二龙河海拔 1750 m

北千里光 *S. dubitabilis* C. Jeffrey et Y. L. Chen 见于泾河源海拔 1700 m

狗舌草属 *Tephroseris*

红轮狗舌草 *T. flammea* (Turcz. ex DC.) Holub 见于大雪山海拔 2899 m

麻花头属 *Serratula*

缢苞麻花头 *S. strangulata* Iljin 见于老龙潭海拔 1700 m

苦苣菜属 *Sonchus*

苦苣菜 *S. oleraceus* (L.) L. 见于蒿店海拔 1900 m

苣荬菜 *S. arvensis* L. 见于挂马沟海拔 1990 m

水麦冬科 Juncaginaceae

水麦冬属 *Triglochin*

水麦冬 *T. palustre* L. 见于蒿店海拔 1750 m

泽泻科 Alismataceae

泽泻属 *Alisma*

东方泽泻 *A. orientale* (Samuel.) Juz. 据文献

禾本科 Gramineae

箭竹属 *Fargesia*

华西箭竹 *F. nitida* (Mitford) Keng f. ex Yi 见于各林场

剪股颖属 *Agrostis*

巨序剪股颖 *A. gigantea* Roth 见于二龙河海拔 2400 m

看麦娘属 *Alopecurus*

苇状看麦娘 *A. arundinaceus* Poir. 见于隆德海拔 1700 m

冰草属 *Agropyron*

冰草 *A. cristatum* P. Beauv. 见于隆德

野古草属 *Arundinella*

毛秆野古草 *A. hirta* (Thunb.) Tanaka 见于隆德海拔 2100 m

孔颖草属 *Bothriochloa*

白羊草 *B. ischaemum* (L.) Keng 见于隆德

芨芨草属 *Achnatherum*

羽茅 *A. sibiricum* (L.) Keng 见于隆德海拔 2200 m

芨芨草 *A. splendens* (Trin.) Nevski 据文献

醉马草 *A. inebrians* (Hance) Keng 据文献

赖草属 *Leymus*

赖草 *L. secalinus* (Georgi) Tzvel. 见于隆德海拔 1900 m

燕麦属 *Avena*

裸燕麦 *A. nuda* L. 见于栽培

野燕麦 *A. fatua* L. 见于各地农田

菵草属 *Beckmannia*

菵草 *B. syzigachne* (Steud.) Fern. 见于老龙潭海拔 1870 m

白草属 *Pennisetum*

白草 *P. flaccidum* Griseb. 见于隆德海拔 1800 m

雀麦属 *Bromus*

无芒雀麦 *B. inermis* Leyss. 见于隆德海拔 2100 m

雀麦 *B. japonicus* Houtt. 见于米缸山海拔 2900 m

拂子茅属 *Calamagrostis*

拂子茅 *C. epigeios* (L.) Roth 见于米缸山海拔 2180 m

假苇拂子茅 *C. pseudophragmites* (Haller) Koeler 见于泾河源海拔 1700 m

发草属 *Deschampsia*

发草 *D. caespitosa* (L.) Beauv. 见于米缸山海拔 2900 m

野青茅属 *Deyeuxia*

疏穗野青茅 *D. effusiflora* Rendle 见于西峡海拔 1950 m

大叶章 *D. purpurea* (Trin.) Kunth 据《宁夏植物志》

披碱草属 *Elymus*

披碱草 *E. dahuricus* Turcz. 见于蒿店海拔 2100 m

肥披碱草 *E. excelsus* Turcz. 见于老龙潭海拔 1900 m

垂穗披碱草 *E. nutans* Griseb. 见于和尚铺 2100 m

紫芒披碱草 *E. purpuraristatus* C. P. Wang et H. L. Yang 见于苏台海拔 2400 m

老芒麦 *E. sibiricus* L. 见于二龙河海拔 2180 m

麦宾草 *E. tangutorum* (Nevski) Hand.-Mazz. 见于西峡海拔 1870 m

毛披碱草 *E. villifer* C. P. Wang et H. L. Yang 见于老龙潭海拔 2100 m

长芒披碱草 *E. dolichatherus* á. Löve 见于老龙潭海拔 1890 m

紫穗披碱草 *E. purpurascens* (Keng) S. L. Chen 见于和尚铺海拔 2380 m

肃草 *E. strictus* (Keng) S. L. Chen 见于隆德海拔 2200 m

直穗披碱草 *E. gmelinii* (Ledeb.) Tzvelev 见于气象站海拔 2700 m

纤毛披碱草 *E. ciliaris* (Trin. ex Bunge) Tzvelev 据《宁夏植物志》

吉林披碱草 *E. nakaii* (Kitag.) S. L. Chen 据《宁夏植物志》

画眉草属 *Eragrostis*

大画眉草 *E. cilianensis* (All.) Janch. 见于农田

小画眉草 *E. minor* Host 据《宁夏植物志》

羊茅属 *Festuca*

远东羊茅 *F. extremiorientalis* Ohwi 见于二龙河海拔 2280 m

素羊茅 *F. modesta* Steud. 见于二龙河海拔 2200 m

羊茅 *F. ovina* L. 见于红峡海拔 2000 m

矮羊茅 *F. coelestis* (St.-Yves) Krecz. et Bobr. 据《宁夏植物志》

紫羊茅 *F. rubra* L. 见于西峡海拔 2000 m

毛稃羊茅 *F. rubra* subsp. *arctica* (Hackel) Govoruchin 据《宁夏植物志》

碱茅属 *Puccinellia*

微药碱茅 *P. micrandra* (Keng) Keng f. & S. L. Chen 据《宁夏植物志》

异燕麦属 *Helictotrichon*

高异燕麦 *H. altius* (Hitchc.) Ohwi 见于西峡海拔 1950 m

光花异燕麦 *H. leianthum* (Keng) Ohwi 见于和尚铺海拔 2100 m

天山异燕麦 *H. tianschanicum* (Roshev.) Henr. 据《宁夏植物志》

茅香属 *Hierochloe*

毛鞘茅香 *H. odorata* var. *pubescens* Kryl. 见于二龙河海拔 2100 m

大麦属 *Hordeum*

大麦 *H. vulgare* L. 见于栽培

菭草属 *Koeleria*

菭草 *K. macrantha* (Ledeb.) Schult. 见于老龙潭海拔 1900 m

芒菭草 *K. litvinowii* Dom. 见于西峡海拔 1900 m

臭草属 *Melica*

广序臭草 *M. onoei* Franch. et Sav. 见于老龙潭海拔 1900 m

甘肃臭草 *M. przewalskyi* Roshev. 见于和尚铺海拔 2180 m

臭草 *M. scabrosa* Trin. 见于泾河源海拔 1800 m

粟草属 *Milium*

粟草 *M. effusum* L. 见于二龙河海拔 1800 m

鹬草属 *Phalaris*

鹬草 *P. arundinacea* L. 见于和尚铺海拔 2180 m

芦苇属 *Phragmites*

芦苇 *P. australis* (Cav.) Trin. ex Steud. 见于泾河源海拔 1700 m

早熟禾属 *Poa*

细叶早熟禾 *P. angustifolia* L. 见于老龙潭海拔 1900 m

蒙古早熟禾 *P. mongolica* (Rendle) Keng 见于老龙潭海拔 1870 m

贫叶早熟禾 *P. araratica* subsp. *oligophylla* (Keng) Olonova et G. Zhu 见于二龙河海拔 2000 m

密花早熟禾 *P. pachyantha* Keng 见于和尚铺海拔 2100 m

法氏早熟禾 *P. faberi* Rendle 见于和尚铺海拔 2180 m

多叶早熟禾 *P. sphondylodes* var. *erikssonii* Melderis 见于老龙潭海拔 1750 m

草地早熟禾 *P. pratensis* L. 见于二龙河海拔 1950 m

扁杆早熟禾 *P. pratensis* var. *anceps* Gaud. ex Griseb 见于老龙潭海拔 1900 m

渐尖早熟禾 *P. attenuata* Trin. 见于隆德海拔 1900 m

久内早熟禾 *P. hisauchii* Honda 见于小南川海拔 2020 m

硬质早熟禾 *P. sphondylodes* Trin. 见于和尚铺海拔 2150 m

垂枝早熟禾 *P. szechuensis* var. *debilior* (Hitchc.) Soreng et G. Zhu 据《宁夏植物志》

山地早熟禾 *P. versicolor* subsp. *orinosa* (Keng) Olonova et G. Zhu 据《宁夏植物志》

低山早熟禾 *P. versicolor* subsp. *stepposa* (Krylov) Tzvel. 据《宁夏植物志》

林地早熟禾 *P. nemoralis* L. 据《宁夏植物志》

大油芒属 *Spodiopogon*

大油芒 *S. sibiricus* Trin. 见于丰台海拔 2460 m

短柄草属 *Brachypodium*

短柄草 *B. sylvaticum* (Huds.) Beauv. 见于和尚铺海拔 2100 m

黑麦属 *Secale*

黑麦 *S. cereale* L. 见于栽培

狗尾草属 *Setaria*

金色狗尾草 *S. pumila* (Poir.) Roem. & Schult. 见于蒿店海拔 1740 m

狗尾草 *S. viridis* (L.) Beauv. 见于蒿店海拔 1740 m

针茅属 *Stipa*

狼针草 *S. baicalensis* Roshev. 见于蒿店海拔 1740 m

本氏针茅 *S. bungeana* Trin. 见于蒿店海拔 1700 m

西北针茅 *S. sareptana* var. *krylovii* (Roshev.) P. C. Kuo et Y. H. Sun 见于老龙潭海拔 1800 m

戈壁针茅 *S. tianschanica* var. *gobica* (Roshev.) P. C. Kuo et Y. H. Sun 见于青石嘴海拔 1700 m

甘青针茅 *S. przewalskyi* Roshev. 据原考察报告

大针茅 *S. grandis* P. Smirn. 据原考察报告

三毛草属 *Trisetum*

西伯利亚三毛草 *T. sibiricum* Rupr. 见于西峡海拔 2100 m

小麦属 *Triticum*

普通小麦 *T. aestivum* L. 见于栽培

玉蜀黍属 *Zea*

玉米 *Z. mays* L. 见于栽培

稗属 *Echinochloa*

稗 *E. crusgalli* (L.) Beauv. 据《宁夏植物志》

莎草科 Cyperaceae

扁穗草属 *Blysmus*

华扁穗草 *B. sinocompressus* Tang et Wang 见于米缸山海拔 2900 m

水葱属 *Schoenoplectus*

三棱水葱 *S. triqueter* (L.) Palla 见于彭阳

荸荠属 *Eleocharis*

卵穗荸荠 *E. ovata* (Roth) Roem. et Schult. 见于秋千架海拔 1730 m

薹草属 *Carex*

团穗薹草 *C. agglomerata* C. B. Clarke 见于西峡海拔 1900 m

干生薹草 *C. aridula* V. Krecz. 见于和尚铺海拔 2140 m

丝叶薹草 *C. capilliformis* Franch. 见于西峡海拔 2000 m

签草 *C. doniana* Spreng. 见于二龙河海拔 1940 m

箭叶薹草 *C. ensifolia* Turcz. ex Besser 见于东山坡海拔 2100 m

点叶薹草 *C. hancockiana* Maxim. 见于西峡海拔 1940 m

膨囊薹草 *C. lehmanii* Drejer 见于红峡海拔 2280 m

二柱薹草 *C. lithophila* Turcz. 见于西峡海拔 2180 m

云雾薹草 *C. nubigena* D. Don 见于二龙河海拔 2180 m

短芒薹草 *C. breviaristata* K. T. Fu 见于和尚铺海拔 2170 m

白颖薹草 *C. duriuscula* subsp. *rigescens* (Franch.) S. Y. Liang et Y. C. Tang 见于和尚铺海拔 2140 m

书带薹草 *C. rochebruni* Franch. et Savat. 见于老龙潭海拔 2180 m

川滇薹草 *C. schneideri* Nelmes 见于西峡海拔 1900 m

大理薹草 *C. rubro-brunnea* var. *taliensis*

(Franch.) Kükenth. 见于二龙河海拔
2000 m

长芒薹草 *C. gmelinii* Hook. et Arn. 见于二
龙河海拔 2000 m

糙喙薹草 *C. scabrirostris* Kükenth. 见于西
峡海拔 1800 m

异穗薹草 *C. heterostachya* Bunge 见于秋千
架海拔 1780 m

褐穗薹草 *C. brunnescens* (Pers.) Poir. 据
《宁夏植物志》

天南星科　Araceae

天南星属 *Arisaema*

象南星 *A. elephas* Buchet 见于红峡海拔
2100 m

一把伞南星 *A. erubescens* (Wall.) Schott 见
于老龙潭海拔 2000 m

隐序南星 *A. wardii* Marq. et Airy Shaw 见于
西峡海拔 1870 m

半夏属 *Pinellia*

半夏 *P. ternata* (Thunb.) Makino 见于东山
坡海拔 2100 m

灯芯草科　Juncaceae

灯芯草属 *Juncus*

小花灯芯草 *J. articulatus* L. 见于老龙潭海
拔 1930 m

小灯芯草 *J. bufonius* L. 见于秋千架海拔
1900 m

单枝灯芯草 *J. potaninii* Buchen. 见于二龙
河海拔 2170 m

扁茎灯芯草 *J. gracillimus* (Buchenau) V. I.
Krecz. et Gontsch. 见于秋千架海拔
1730 m

葱状灯芯草 *J. allioides* Franch. 据《宁夏植
物志》

百合科　Liliaceae

葱属 *Allium*

天蓝韭 *A. cyaneum* Regel 见于隆德海拔
2650 m

短齿韭 *A. dentigerum* Prokh. 见于蒿店海
拔 1700 m

葱 *A. fistulosum* L. 见于栽培

薤白 *A. macrostemon* Bunge 见于泾河源海
拔 1940 m

雾灵韭 *A. stenodon* Nakai et Kitag. 见于东
山坡海拔 2170 m

青甘韭 *A. przewalskianum* Regel 见于西峡
海拔 2100 m

野韭 *A. ramosum* L. 见于秋千架海拔
1800 m

高山韭 *A. sikkimense* Baker 见于西峡海拔
2140 m

韭 *A. tuberosum* Rottler ex Spreng. 见于
栽培

茖葱 *A. victorialis* L. 见于老龙潭海拔
1900 m

对叶山葱 *A. listera* Stearn 见于老龙潭海拔
1900 m

顶冰花属 *Gagea*

小顶冰花 *G. terraccianoana* Pascher 据《宁
夏植物志》

天门冬属 *Asparagus*

攀援天门冬 *A. brachyphyllus* Turcz. 见于
秋千架海拔 1980 m

羊齿天门冬 *A. filicinus* Ham. ex D. Don 见
于红峡海拔 1980 m

西北天门冬 *A. breslerianus* Schult. F. 见于
挂马沟海拔 2010 m

曲枝天门冬 *A. trichophyllus* Bunge 见于王
华南海拔 2200 m

七筋姑属 *Clintonia*

七筋姑 *C. udensis* Trautv. et Mey. 见于红峡
海拔 2000 m

铃兰属 *Convallaria*

铃兰 *C. majalis* L. 见于老龙潭海拔 1980 m

贝母属 *Fritillaria*

榆中贝母 *F. yuzhongensis* G. D. Yu et Y. S.
Zhou 见于西峡海拔 2600 m

洼瓣花属 *Lloydia*

三花洼瓣花 *L. triflora* (Ledeb.) Baker 见于
二龙河海拔 2200 m

萱草属 *Hemerocallis*

北萱草 *H. esculenta* Koidz. 见于老龙潭海
拔 1800 m

百合属 *Lilium*

山丹 *Lilium pumilum* DC. 见于老龙潭海拔
1870 m

舞鹤草属 *Maianthemum*

舞鹤草 *M. bifolium* (L.) f. W. Schmidt 见于
老龙潭海拔 2000 m

管花鹿药 *M. henryi* (Baker) LaFrankie 见于
老龙潭海拔 2100 m

合瓣鹿药 *M. tubiferum* (Batalin) LaFrankie

见于二龙河海拔 2100 m

扭柄花属 *Streptopus*

扭柄花 *S. obtusatus* Fassett 见于大雪山海拔 2600 m

重楼属 *Paris*

七叶一枝花 *P. polyphylla* Smith 见于二龙河海拔 2280 m

宽叶重楼 *P. polyphylla* var. *latifolia* Wang et Chang 见于秋千架海拔 2301 m

狭叶重楼 *P. polyphylla* var. *stenophylla* Franch. 据《宁夏植物志》

北重楼 *P. verticillata* M. Bieb. 见于老龙潭海拔 2100 m

四叶重楼 *P. quadrifolia* L. 据《宁夏植物志》

黄精属 *Polygonatum*

卷叶黄精 *P. cirrhifolium* (Wall.) Royle 见于东山坡海拔 2250 m

细根茎黄精 *P. gracile* P. Y. Li 见于西峡海拔 2100 m

大苞黄精 *P. megaphyllum* P. Y. Li 见于秋千架海拔 1700 m

玉竹 *P. odoratum* (Mill.) Druce 见于苏台海拔 2000 m

湖北黄精 *P. zanlanscianense* Pamp. 见于卧羊川海拔 1850 m

轮叶黄精 *P. verticillatum* (L.) All. 见于米缸山海拔 2800 m

菝葜属 *Smilax*

防己叶菝葜 *S. menispermoidea* A. DC. 见于红峡海拔 2280 m

鞘柄菝葜 *S. stans* Maxim. 见于西峡海拔 1800 m

藜芦属 *Veratrum*

藜芦 *V. nigrum* L. 见于蒿店海拔 1700 m

薯蓣科 Dioscoreaceae

薯蓣属 *Dioscorea*

穿龙薯蓣 *D. nipponica* Makino 见于老龙潭海拔 1900 m

鸢尾科 Iridaceae

射干属 *Belamcanda*

射干 *B. chinensis* (L.) DC. 见于秋千架海拔 1840 m

鸢尾属 *Iris*

锐果鸢尾 *I. goniocarpa* Baker 见于西峡海拔 2100 m

马蔺 *I. lactea* Pall. 见于老龙潭海拔 2100 m

准噶尔鸢尾 *I. songarica* Schrenk 见于米缸山海拔 2940 m

青海鸢尾 *I. qinghainica* Y. T. Zhao 见于和尚铺海拔 2660 m

兰科 Orchidaceae

掌裂兰属 *Dactylorhiza*

凹舌掌裂兰 *D. viridis* (L.) R. M. Bateman, Pridgeon et M. W. Chase 见于西峡海拔 2100 m

杓兰属 *Cypripedium*

毛杓兰 *C. franchetii* E. H. Wilson 见于红峡海拔 2140 m

紫点杓兰 *C. guttatum* Sw. 据《宁夏植物志》

黄花杓兰 *C. flavum* P. F. Hunt et Summerh. 据《宁夏植物志》

火烧兰属 *Epipactis*

大叶火烧兰 *E. mairei* Schltr. 见于老龙潭海拔 1900 m

火烧兰 *E. helleborine* (L.) Crantz 见于西峡海拔 1840 m

手参属 *Gymnadenia*

手参 *G. conopsea* (L.) R. Br. 据文献

角盘兰属 *Herminium*

角盘兰 *H. monorchis* (L.) R. Br. 见于老龙潭海拔 2000 m

原沼兰属 *Malaxis*

原沼兰 *M. monophyllos* (L.) Sw. 见于西峡海拔 1820 m

鸟巢兰属 *Neottia*

尖唇鸟巢兰 *N. acuminata* Schltr. 见于二龙河海拔 2100 m

对叶兰 *N. ovata* (L.) Bluff et Fingerh. 见于王华南海拔 2300 m

舌唇兰属 *Platanthera*

二叶舌唇兰 *P. chlorantha* Cust. ex Rchb. 见于秋千架海拔 2000 m

绶草属 *Spiranthes*

绶草 *S. sinensis* (Pers.) Ames 见于二龙河海拔 1900 m

小红门兰属 *Ponerorchis*

广布小红门兰 *P. chusua* (D. Don) Soó 据《宁夏植物志》

八、植物资源

经过野外考察、标本采集及查阅大量文献资料，结果表明六盘山自然保护区共有高等植物 1224 种 (包括种下单位，下同)。其中苔藓 43 种，蕨类植物 31 种，种子植物 1149 种。在丰富的植物种类中，大部分植物可以作为重要资源为人类所利用。现将植物资源分为：造林植物、药用植物、油料植物、淀粉植物、纤维植物、主要牧草、观赏植物、食用植物等，而在六盘山自然保护区就有近 350 种植物有其中一种或多种用途 (表 3-16)。

表 3-16　植物资源利用

植物名	学名	科名	用途	产地[*]
问荆	*Equisetum arvense*	木贼科	药用	二龙河西峡
木贼	*Equisetum hyemale*		药用	大雪山
蕨	*Pteridium aquilinum* var. *latiusculum*	蕨科	食用	秋千架
单子麻黄	*Ephedra monosperma*	麻黄科	药用	和尚铺
华北落叶松	*Larix gmelinii* var. *principis-rupprechtii*	松科	建材、造纸、提取单宁、油料	二龙河
青海云杉	*Picea crassifolia*		建材、造纸、提取单宁、油料	和尚铺
华山松	*Pinus armandii*		建材、造纸、提取单宁、油料	西峡二龙河
油松	*Pinus tabuliformis*		建材、造纸、提取单宁、油料、药用	和尚铺
刺柏	*Juniperus formosana*	柏科	建材、观赏	老龙潭
圆柏	*Juniperus chinensis*		建材、观赏	栽培
侧柏	*Platycladus orientalis*		建材、观赏	泾源县
银线草	*Chloranthus japonicus*	金粟兰科	药用	秋千架
银白杨	*Populus alba*	杨柳科	建材	栽培
小青杨	*Populus pseudosimonii*		建材	栽培
乌柳	*Salix cheilophila*		造纸	秋千架
胡桃	*Juglans regia*	胡桃科	食用、油料	栽培
胡桃楸	*Juglans mandshurica*		食用、油料	秋千架
红桦	*Betula albosinensis*	桦木科	建材	西峡
白桦	*Betula platyphylla*		建材	秋千架
糙皮桦	*Betula utilis*		建材	红峡
鹅耳枥	*Carpinus turczaninowii*		建材	秋千架
榛	*Corylus heterophylla*		食用	蒿店
川榛	*Corylus heterophylla* var. *sutchuenensis*		食用	秋千架
毛榛	*Corylus mandshurica*		食用	西峡
虎榛子	*Ostryopisi davidiana*		造纸	秋千架
辽东栎	*Quercus wutaishanica*	壳斗科	建材	西峡
黑弹树	*Celtis bungeana*	榆科	观赏	固原

续表

植物名	学名	科名	用途	产地*
刺榆	*Hemiptelea davidii*		观赏	红峡
春榆	*Ulmus davidiana* var. *japonica*		油料	西峡
榆	*Ulmus pumila*		观赏	各地
大麻	*Cannabis sativa*	大麻科	药用、食用	栽培
啤酒花	*Humulus lupulus* var. *cordifolius*		药用	蒿店二龙河
急折百蕊草	*Thesium refractum*		药用	秋千架
艾麻	*Laportea cuspidata*	荨麻科	药用	秋千架
麻叶荨麻	*Urtica cannabina*		药用	泾河源
宽叶荨麻	*Urtica laetevirens*		药用	秋千架
槲寄生	*Viscum coloratum*	槲寄生科	药用	崆峒
单叶细辛	*Asarum himalaicum*	马兜铃科	药用	二龙河
荞麦	*Fagopyrum esculentum*	蓼科	食用、药用	泾源县
苦荞麦	*Fagopyrum tataricum*		食用、药用	泾源县
萹蓄	*Polygonum aviculare*		药用	泾源县
酸模叶蓼	*Polygonum lapathifolium*		药用	老龙潭
支柱蓼	*Polygonum suffultum*		药用	二龙河
珠芽蓼	*Polygonum viviparum*		药用	红峡
拳参	*Polygonum bistorta*		药用	泾河源
卷茎蓼	*Fallopia convolvulus*		药用	老龙潭
波叶大黄	*Rheum rhabarbarum*		药用	老龙潭
鸡爪大黄	*Rheum tanguticum*		药用	西峡
酸模	*Rumex acetosa*		药用	老龙潭
藜	*Chenopodium album*	藜科	食用	各地
菠菜	*Spinacia oleracea*		食用	栽培
无心菜	*Arenaria serpyllifolia*	石竹科	药用	泾源县
石竹	*Dianthus chinensis*		观赏、药用	秋千架
瞿麦	*Dianthus superbus*		药用	米缸山
太子参	*Pseudostellaria heterophylla*		药用	西峡
蔓孩儿参	*Pseudostellaria davidii*		药用	红峡
头状石头花	*Gypsophila capituliflora*		药用	和尚铺
繁缕	*Stellaria media*		药用	二龙河
伏毛铁棒锤	*Aconitum flavum*	毛茛科	药用	二龙河
西伯利亚乌头	*Aconitum barbatum* var. *hispidum*		药用	老龙潭
高乌头	*Aconitum sinomontanum*		药用	西峡
松潘乌头	*Aconitum sungpanense*		药用	蒿店
花葶乌头	*Aconitum scaposum*		药用	二龙河
类叶升麻	*Actaea asiatica*		药用	红峡
大火草	*Anemone tomentosa*		药用	老龙潭
无距耧斗菜	*Aquilegia ecalcarata*		药用	新民
驴蹄草	*Caltha palustris*		药用	老龙潭

续表

植物名	学名	科名	用途	产地*
升麻	*Cimicifuga foetida*		药用	西峡
单穗升麻	*Cimicifuga simplex*		药用	二龙河
粗齿铁线莲	*Clematis grandidentata*		药用	二台川
短尾铁线莲	*Clematis brevicaudata*		药用	秋千架
绣球藤	*Clematis acteal*		药用	二龙河
翠雀	*Delphinium grandiflorum*		观赏	和尚铺
水葫芦苗	*Halerpestes cymbalaria*		药用	红峡
铁筷子	*Helleborus thibetanus*		药用	红峡
茴茴蒜	*Ranunculus chinensis*		药用	米缸山
毛茛	*Ranunculus japonicus*		药用	老龙潭
扬子毛茛	*Ranunculus sieboldii*		药用	红峡
芍药	*Paeonia lactiflora*	芍药科	药用	老龙潭
草芍药	*Paeonia obovata*		药用	老龙潭
川赤芍	*Paeonia anomala* subsp. *veitchii*		药用	西峡
牡丹	*Paeonia suffruticosa*		药用	栽培
黄芦木	*Thalictrum przewalskii*	小檗科	药用	大雪山
红毛七	*Caulophyllum robustum*		药用	红峡
南方山荷叶	*Diphylleia sinensis*		药用	西峡
淫羊藿	*Epimedium brevicornu*		药用	西峡
桃儿七	*Sinopodophyllum hexandrum*		药用	苏台
蝙蝠葛	*Menispermum dauricum*	防己科	药用	秋千架
五味子	*Schisandra chinensis*	五味子科	药用	二龙河
木姜子	*Litsea pungens*	樟科	建材	和尚铺
角茴香	*Hypecoum erectum*	紫堇科	药用	蒿店
光果野罂粟	*Papaver nudicaule* var. *aquilegioides*	罂粟科	观赏	西峡
虞美人	*Papaver rhoeas*		观赏	栽培
罂粟	*Papaver somniferum*		药用	栽培
欧洲油菜	*Brassica napus*	十字花科	油料	栽培
甘蓝	*Brassica oleracea* var. *capitata*		食用	栽培
白菜	*Brassica rapa* var. *glabra*		食用	栽培
荠	*Capsella bursa-pastoris*		食用	红峡
葶苈	*Draba nemorosa*		药用	西峡
菥蓂	*Thlaspi arvense*		药用	新民
小丛红景天	*Rhodiola dumulosa*	景天科	药用	米缸山
费菜	*Phedimus aizoon*		药用	苏台
瓦松	*Orostachys fimbriata*		药用	秋千架
狭穗八宝	*Hylotelephium angustum*		药用	米缸山
轮叶八宝	*Hylotelephium verticillatum*		药用	秋千架
落新妇	*Astilbe chinensis*	虎耳草科	药用	大雪山
七叶鬼灯檠	*Rodgersia aesculifolia*		药用	老龙潭

续表

植物名	学名	科名	用途	产地*
黄水枝	*Tiarella polyphylla*		药用	红峡
龙牙草	*Agrimonia pilosa*	蔷薇科	药用	秋千架
假升麻	*Aruncus sylvester*		药用	老龙潭
水枸子	*Cotoneaster multiflorus*		观赏	蒿店
甘肃山楂	*Crataegus kansuensis*		食用	红峡
毛山楂	*Crataegus maximowiczii*		食用	西峡
东方草莓	*Fragaria orientalis*		食用	西峡
路边青	*Geum aleppicum*		药用	大雪山
棣棠花	*Kerria japonica*		观赏	老龙潭
山荆子	*Malus baccata*		观赏、食用	秋千架
陇东海棠	*Malus kansuensis*		食用	西峡
苹果	*Malus pumila*		食用	栽培
中华绣线梅	*Neillia sinensis*		观赏	大雪山
蕨麻	*Potentilla anserina*		食用	红峡
杏	*Armeniaca vulgaris*		食用	栽培
山桃	*Amygdalus davidiana*		食用	老龙潭
盘腺樱桃	*Cerasus discadenia*		食用、建材	二龙河
稠李	*Padus avium*		建材	蒿店
桃	*Amygdalus persica*		食用	栽培
李	*Prunus salicina*		食用	栽培
毛樱桃	*Cerasus tomentosa*		食用	老龙潭
白梨	*Pyrus bretschneideri*		食用	栽培
木梨	*Pyrus xerophila*		建材	西峡
峨眉蔷薇	*Rosa omeiensis*		观赏	大雪山
玫瑰	*Rosa rugose*		观赏	栽培
扁刺蔷薇	*Rosa sweginzowii*		观赏	挂马沟
月季花	*Rosa chinensis*		观赏	栽培
秀丽莓	*Rubus amabilis*		食用	大雪山
喜阴悬钩子	*Rubus mesogaeus*		食用、药用	老龙潭
茅莓	*Rubus parvifolius*		食用	秋千架
地榆	*Sanguisorba officinalis*		药用	红峡
华北珍珠梅	*Sorbaria kirilowii*		观赏	蒿店
北京花楸	*Sorbus discolor*		观赏	秋千架
陕甘花楸	*Sorbus koehneana*		观赏	大雪山
绣球绣线菊	*Spiraea blumei*		观赏	西峡
土庄绣线菊	*Spiraea pubescens*		观赏	老龙潭
南川绣线菊	*Spiraea rosthornii*		观赏	老龙潭
斜茎黄芪	*Astragalus adsurgens*	豆科	药用	米缸山
地八角	*Astragalus bhotanensis*		药用	桦树沟
金翼黄芪	*Astragalus chrysopterus*		药用	红峡

续表

植物名	学名	科名	用途	产地*
草木樨状黄芪	*Astragalus melilotoides*		药用	蒿店
黄芪	*Astragalus mongholicus*		药用	米缸山
河北木蓝	*Indigofera bungeana*		观赏	红峡
牧地山黧豆	*Lathyrus pratensis*		牧草	老龙潭
紫苜蓿	*Medicago sativa*		牧草	老龙潭
黄香草木樨	*Melilotus officinalis*		牧草	老龙潭
白花草木樨	*Melilotus albus*		牧草	栽培
驴食草	*Onobrychis viciifolia*		牧草	栽培
红车轴草	*Trifolium pratense*		观赏	栽培
白车轴草	*Trifolium repens*		观赏	栽培
豌豆	*Pisum sativum*		食用	栽培
刺槐	*Robinia pseudoacacia*		观赏、造林	栽培
白刺花	*Sophora davidii*		药用	蒿店
披针叶野决明	*Thermopsis lanceolata*		药用	蒿店
蚕豆	*Vicia faba*		食用	栽培
亚麻	*Linum usitatissimum*	亚麻科	油料	栽培
粗根老鹳草	*Geranium dahuricum*	牻牛儿苗科	药用	蒿店
白鲜	*Dictamnus dasycarpus*	芸香科	药用	西峡
臭檀吴萸	*Tetradium daniellii*		药用	秋千架
毛叶花椒	*Zanthoxylum bungeanum* var. *pubescens*		药用	米缸山
西伯利亚远志	*Polygala sibirica*	远志科	药用	老龙潭
远志	*Polygala tenuifolia*		药用	挂马沟
乳浆大戟	*Euphorbia esula*	大戟科	药用	蒿店
泽漆	*Euphorbia helioscopia*		药用	秋千架
盐肤木	*Rhus chinensis*	漆树科	药用	秋千架
青麸杨	*Rhus potaninii*		药用	秋千架
漆	*Toxicodendron vernicifluum*		药用、油料	蒿店
南蛇藤	*Celastrus orbiculatus*	卫矛科	药用	老龙潭
卫矛	*Euonymus alatus*		药用	米缸山
栓翅卫矛	*Euonymus phellomanus*		药用	老龙潭
膀胱果	*Staphylea holocarpa*	省沽油科	观赏、药用	老龙潭
青榨枫	*Acer davidii*	槭树科	建材	秋千架
茶条枫	*Acer tataricum* subsp. *ginnala*		建材	老龙潭
五尖槭	*Acer maximowiczii*		建材	大雪山
梣叶槭	*Acer negundo*		观赏	栽培
元宝枫	*Acer truncatum*		观赏	秋千架
文冠果	*Xanthoceras sorbifolia*	无患子科	油料、观赏	老龙潭
凤仙花	*Impatiens balsamina*	凤仙花科	观赏	栽培
鼠李	*Rhamnus davurica*	鼠李科	药用	二龙河
华椴	*Tilia chinensis*	椴树科	建材	西峡

植物名	学名	科名	用途	产地*
蒙椴	*Tilia mongolica*		建材	蒿店
少脉椴	*Tilia paucicostata*		建材	秋千架
冬葵	*Malva verticillata* var. *crispa*	锦葵科	药用	老龙潭
软枣猕猴桃	*Actinidia arguta*	猕猴桃科	药用、食用	秋千架
四萼猕猴桃	*Actinidia tetramera*		药用、食用	老龙潭
猕猴桃藤山柳	*Clematoclethra scandens* subsp. *actinidioides*		药用	大雪山
三春水柏枝	*Myricaria paniculata*	柽柳科	观赏	秋千架
鸡腿堇菜	*Viola acuminata*	堇菜科	药用	和尚铺
紫花地丁	*Viola philippica*		药用	蒿店
黄瑞香	*Daphne giraldii*	瑞香科	药用	米缸山
狼毒	*Stellera chamaejasme*		药用	秋千架
牛奶子	*Elaeagnus umbellata*	胡颓子科	食用	西峡
沙棘	*Hippophae rhamnoides*		食用	各林场
黄花月见草	*Oenothera glazioviana*	柳叶菜科	观赏	栽培
黄毛楤木	*Aralia chinensis*	五加科	食用、药用	西峡
短柄五加	*Eleutherococcus brachypus*		药用	秋千架
红毛五加	*Eleutherococcus giraldii*		药用	蒿店
狭叶五加	*Eleutherococcus wilsonii*		药用	二龙河
藤五加	*Eleutherococcus leucorrhizus*		药用	大雪山
羽叶三七	*Panax pseudo-ginseng* var. *bipinnatifidus*		药用	二龙河
竹节参	*Panax japonicus*		药用	二龙河
白芷	*Angelica dahurica*	伞形科	药用	老龙潭
秦岭当归	*Angelica tsinlingensis*		药用	米缸山
北柴胡	*Bupleurum chinense*		药用	秋千架
北京柴胡	*Bupleurum chinense* f. *pekinense*		药用	老龙潭
紫花阔叶柴胡	*Bupleurum boissieuanum*		药用	秋千架
黑柴胡	*Bupleurum smithii*		药用	二龙河
多裂独活	*Heracleum dissectifolium*		药用	东山坡
辽藁本	*Ligusticum jeholense*		药用	西峡
宽叶羌活	*Notopterygium franchetii*		药用	红峡
前胡	*Peucedanum praeruptorum*		药用	秋千架
长前胡	*Peucedanum turgeniifolium*		药用	大雪山
首阳变豆菜	*Sanicula giraldii*		药用	老龙潭
红瑞木	*Cornus alba*	山茱萸科	观赏	二龙河
圆叶鹿蹄草	*Pyrola rotundifolia*	鹿蹄草科	药用	米缸山
胭脂花	*Primula maximowiczii*	报春花科	药用	西峡
狼尾花	*Lysimachia barystachys*		药用	秋千架
白蜡树	*Fraxinus chinensis*	木樨科	药用、建材、观赏	秋千架
水曲柳	*Fraxinus mandshurica*		建材	秋千架

续表

植物名	学名	科名	用途	产地*
暴马丁香	*Syringa reticulata* subsp. *amurensis*		观赏	二龙河
巧玲花	*Syringa pubescens*		观赏	老龙潭
丁香	*Syringa oblata*		观赏	蒿店
互叶醉鱼草	*Buddleja alternifolia*	醉鱼草科	观赏	秋千架
达乌里秦艽	*Gentiana dahurica*	龙胆科	药用	蒿店
秦艽	*Gentiana macrophylla*		药用	和尚铺
竹灵消	*Cynanchum inamoenum*	萝藦科	药用	蒿店
朱砂藤	*Cynanchum officinale*		药用	蒿店
鹅绒藤	*Cynanchum chinense*		药用	泾河源
欧洲菟丝子	*Cuscuta europaea*	菟丝子科	药用	秋千架
金灯藤	*Cuscuta japonica*		药用	大雪山
草紫	*Lithospermum erythrorhizon*		药用	蒿店
筋骨草	*Ajuga ciliata*	唇形科	药用	老龙潭
香薷	*Elsholtzia ciliata*		药用	蒿店
活血丹	*Glechoma longituba*		药用	西峡
野芝麻	*Lamium barbatum*		药用	西峡
益母草	*Leonurus japonicus*		药用	蒿店
薄荷	*Mentha canadensis*		药用	蒿店
糙苏	*Phlomis umbrosa*		药用	老龙潭
多毛并头黄芩	*Scutellaria scordifolia* var. *villosissima*		药用	秋千架
滇黄芩	*Scutellaria amoena*		药用	挂马沟
甘露子	*Stachys sieboldii*		药用、食用	老龙潭
百里香	*Thymus mongolicus*		药用	和尚铺
辣椒	*Capsicum annuum*	茄科	食用	栽培
天仙子	*Hyoscyamus niger*		药用	泾河源
枸杞	*Lycium chinense*		药用、食用	蒿店
龙葵	*Solanum nigrum*		药用	泾源县
马铃薯	*Solanum tuberosum*		食用	栽培
细叶穗花	*Pseudolysimachion linariifolium*	玄参科	观赏	卧羊川
列当	*Orobanche coerulescens*	列当科	药用	秋千架
平车前	*Plantago depressa*	车前科	药用	老龙潭
大车前	*Plantago major*		药用	西峡
车前	*Plantago asiatica*		药用	卧羊川
茜草	*Rubia cordifolia*	茜草科	药用	老龙潭
金花忍冬	*Lonicera chrysantha*	忍冬科	药用	西峡
盘叶忍冬	*Lonicera tragophylla*		观赏	老龙潭
血满草	*Sambucus adnata*		药用	二龙河
接骨木	*Sambucus williamsii*		药用	秋千架
莲子藨	*Triosteum pinnatifidum*		药用	老龙潭

续表

植物名	学名	科名	用途	产地*
香荚蒾	*Viburnum farreri*		观赏	秋千架
鸡树条	*Viburnum opulus* subsp. *calvescens*		观赏	西峡
糙叶败酱	*Patrinia scabra*	败酱科	药用	隆德
日本续断	*Dipsacus japonicus*	川续断科	药用	泾河源
黄瓜	*Cucumis sativus*	葫芦科	食用	栽培
南瓜	*Cucurbita moschata*		食用	栽培
西葫芦	*Cucurbita pepo*		食用	栽培
赤瓟	*Thladiantha dubia*		药用	红峡
细叶沙参	*Adenophora capillaria* subsp. *paniculata*	桔梗科	药用	老龙潭
秦岭沙参	*Adenophora petiolata*		药用	秋千架
泡沙参	*Adenophora potaninii*		药用	蒿店
长柱沙参	*Adenophora stenanthina*		药用	秋千架
紫斑风铃草	*Campanula punctata*		药用	老龙潭
党参	*Codonopsis pilosula*		药用	红峡
秦岭党参	*Codonopsis tsinglingensis*		药用	米缸山
香青	*Anaphalis sinica*	菊科	药用	秋千架
牛蒡	*Arctium lappa*		药用	西峡
黄花蒿	*Artemisia annua*		药用	蒿店
艾	*Artemisia argyi*		药用	二龙河
金盏花	*Calendula officinalis*		观赏	栽培
翠菊	*Callistephus chinensis*		观赏	栽培
天名精	*Carpesium abrotanoides*		药用	老龙潭
刺儿菜	*Cirsium arvense* var. *integrifolium*		药用	泾源县
波斯菊	*Cosmos bipinnatus*		观赏	栽培
甘菊	*Chrysanthemum lavandulifolium*		药用	蒿店
菊花	*Chrysanthemum morifolium*		药用、观赏	栽培
小红菊	*Chrysanthemum chanetii*		药用	和尚铺
向日葵	*Helianthus annuus*		食用、油料	栽培
旋覆花	*Inula japonica*		药用	蒿店
中华苦荬菜	*Ixeris chinensis*		药用、食用	秋千架
大丁草	*Gerbera anandria*		药用	红峡
火绒草	*Leontopodium leontopodioides*		药用	西峡
大黄橐吾	*Ligularia duciformis*		药用	西峡
蒲公英	*Taraxacum mongolicum*		药用	泾河源
款冬	*Tussilago farfara*		药用	老龙潭
苍耳	*Xanthium sibiricum*		药用	西峡
漏芦	*Stemmacantha uniflora*		药用	秋千架
紫苞雪莲	*Saussurea iodostegia*		药用	米缸山
水麦冬	*Triglochin palustre*	水麦冬科	药用	蒿店

续表

植物名	学名	科名	用途	产地*
赖草	*Leymus secalinus*	禾本科	牧草	隆德
白草	*Pennisetum flaccidum*		牧草	隆德
雀麦	*Bromus japonicus*		牧草	米缸山
日本羊茅	*Festuca japonica*		牧草	二龙河
大麦	*Hordeum vulgare*		食用	栽培
芦苇	*Phragmites australis*		造纸	泾河源
黑麦	*Secale cereale*		牧草	栽培
狗尾草	*Setaria viridis*		牧草	蒿店
本氏针茅	*Stipa bungeana*		牧草	蒿店
西北针茅	*Stipa sareptana* var. *krylovii*		牧草	老龙潭
普通小麦	*Triticum aestivum*		食用	栽培
玉米	*Zea mays*		食用	栽培
象南星	*Arisaema elephas*	天南星科	药用	红峡
一把伞南星	*Arisaema erubescens*		药用	老龙潭
半夏	*Pinellia ternata*		药用	东山坡
小灯芯草	*Juncus bufonius*	灯芯草科	药用	秋千架
葱	*Allium fistulosum*	百合科	食用	栽培
薤白	*Allium macrostemon*		食用	泾河源
野韭	*Allium ramosum*		食用	秋千架
韭	*Allium tuberosum*		食用	栽培
茖葱	*Allium victorialis*		食用	老龙潭
对叶山葱	*Allium listera*		食用	老龙潭
羊齿天门冬	*Asparagus filicinus*		药用	红峡
七筋姑	*Clintonia udensis*		药用	红峡
铃兰	*Convallaria majalis*		药用	老龙潭
榆中贝母	*Fritillaria yuzhongensis*		药用	西峡
北萱草	*Hemerocallis esculenta*		药用	老龙潭
黄花菜	*Hemerocallis citrina*		食用	栽培
山丹	*Lilium pumilum*		药用	老龙潭
宽叶重楼	*Paris polyphylla* f. *latifolia*		药用	秋千架
北重楼	*Paris verticillata*		药用	老龙潭
七叶一枝花	*Paris polyphylla*		药用	二龙河
卷叶黄精	*Polygonatum cirrhifolium*		药用	东山坡
细根茎黄精	*Polygonatum gracile*		药用	西峡
大苞黄精	*Polygonatum megaphyllum*		药用	秋千架
玉竹	*Polygonatum odoratum*		药用	苏台
湖北黄精	*Polygonatum zanlanscianense*		药用	卧羊川
轮叶黄精	*Polygonatum verticillatum*		药用	米缸山
管花鹿药	*Maianthemum henryi*		药用	老龙潭

植物名	学名	科名	用途	产地*
合瓣鹿药	*Maianthemum tubiferum*		药用	二龙河
鞘柄菝葜	*Smilax stans*		药用	西峡
藜芦	*Veratrum nigrum*		药用	蒿店
穿龙薯蓣	*Dioscorea nipponica*	薯蓣科	药用	老龙潭
射干	*Belamcanda chinensis*	鸢尾科	药用	秋千架
马蔺	*Iris lacteal*		观赏	老龙潭
绶草	*Spiranthes sinensis*	兰科	药用	二龙河

*不止分布于一个地方。

第三节 珍稀濒危植物及特有种

保护区有国家级重点保护野生植物 5 种，分别是桃儿七、黄芪、水曲柳、胡桃楸和胡桃，重点保护野生植物 20 种，分别是南方山荷叶、五味子、远志、羌活、宽叶羌活、防风、秦艽、穿龙薯蓣、紫草、黄芩、中国沙棘、凹舌兰、毛杓兰、火烧兰、角盘兰、沼兰、尖唇鸟巢兰、对叶兰、二叶舌唇兰和绶草。

六盘山分布的国家珍稀濒危植物共有 19 科 30 属 36 种，分别为：软枣猕猴桃、四萼猕猴桃、水曲柳、桃儿七、南方山荷叶、五味子、黄花杓兰、毛杓兰、紫点杓兰、角盘兰、沼兰、尖唇鸟巢兰、绶草二叶舌唇兰、火烧兰、凹舌兰、广布红门兰、穿龙薯蓣、青甘锦鸡儿、东北茶藨子、七叶一枝花、四叶重楼、北重楼、毛披碱草、紫芒披碱草、草麻黄、黄芪、边向花黄芪、花楷槭、掌叶铁线蕨、大果水榆子、疏花翠雀花、鸡爪大黄、秦岭党参、杜松、羽叶三七、廷胡索。草本植物 27 种，木本植物 10 种，其中乔木 3 种，灌木 4 种，层间植物 (木质藤本) 3 种。12 种为我国特有种，分别是四萼猕猴桃、桃儿七、南方山荷叶、黄花杓兰、毛杓兰、青甘锦鸡儿、东北茶藨子、毛披碱草、紫芒披碱草、草麻黄、大果水榆子、疏花翠雀花。

参 考 文 献

戴君虎, 白洁, 邵力阳, 等. 2007. 六盘山植物区系基本特征的初步分析. 地理研究, (1): 91-100, 214.
段文标, 王晶, 李岩. 2008. 红松阔叶混交林不同大小林隙小气候特征. 应用生态学报, 19(12): 2561-2566.
袁彩霞, 余杨春, 田瑛. 2016. 六盘山国家自然保护区珍稀濒危植物及其分布特点调查. 农业科学研究, 37(3): 32-35, 50.
中国植被编辑委员会. 1980. 中国植被. 北京: 科学出版社.
朱仁斌, 程积民. 2011. 宁夏 4 种新记录植物. 西北植物学报, 31(11): 2338-2340.

第四章　主要森林类型细根生物量

森林作为陆地上最大的生态系统,发挥着重要的固碳作用,其能有效地缓和全球气候变暖的趋势。森林生态系统的碳库由植被碳库和土壤碳库两部分组成,土壤碳库是森林生态系统碳库的重要组成部分,其中细根 (直径≤2 mm) 作为植物与土壤直接接触的器官,因具有较短的寿命和较高的周转率 (张小全等,2000),已成为土壤有机碳的主要来源,在土壤碳循环中具有重要作用。虽然其生物量仅占根系总生物量的 3%~30%,但生长量却可占到森林初级生产力的 75% (Finér et al.,2011)。同时细根作为根系最活跃的组成部分,是植物吸收水分和养分的主要器官,因此植物细根的生长状况直接影响森林固碳功能的发挥。近年来,国外很多学者详细研究了细根的分解、寿命和周转,对森林生态系统中碳和养分的生态循环有了较为深入的认识;国内学者主要研究了不同植被类型或植被不同演替阶段细根生物量的时空分布,而且有关研究多数局限于某一地区的单一植被,未同时对该地区其他植被进行研究,得到的结果不免具有片面性,有必要展开针对同一地区不同类型植被细根的研究 (苏纪帅等,2013;罗达等,2019;吴敏等,2019)。

通过研究宁夏六盘山地区 7 种主要森林类型 (华山松天然次生林、华北落叶松人工林、油松人工林、青海云杉人工林、白桦天然次生林、辽东栎天然次生林和小叶杨人工林) 的细根生物量,探索该区不同森林类型的固碳现状,同时通过分析其细根生物量的组成和垂直分布特征,可进一步推测其固碳潜力,为后续研究提供理论依据。

第一节　细根调查方法

截至目前,细根生物量的测定方法主要有收获法、土钻法、生长袋法和微根管法。其中土钻法因操作简便,且测定结果较为准确,被广泛应用在实际研究中。2011 年 7 月下旬和 2019 年 9 月,选取具有典型代表性的华山松天然次生林、华北落叶松人工林、油松人工林、青海云杉人工林、白桦天然次生林、辽东栎天然次生林和小叶杨人工林 7 种主要森林类型作为调查研究对象。在每种森林类型下,随机设置 3 个样地,样地面积设为 20 m×50 m,样地至少间隔 30 m,在每个样地内随机均衡取 9 钻,采样深度为 40 cm,分为 0~20 cm 和 20~40 cm 取样,然后分层收集装袋,带回实验室。

在实验室内用缓和流水漂洗土样,并用直径 0.4 mm 的网筛过筛,得到各层的根系样品。将洗净的根系编号,挑出直径<2 mm 的细根,并根据细根的表皮颜色、弹性、弯折角度和表皮与中柱分离程度的难易,区分活细根和死细根。细根阴干,称量记为鲜重,之后 65℃烘干至恒重,称量记为干重。

细根生物量计算公式如下:

$$细根生物量 \ (t/hm^2) = 平均每根土芯细根重 \times 100 / \left[\pi (D/2)^2 \right]$$

式中，D 为直径。

利用 Excel 2003 对数据进行初步处理，并进行相关图表的制作。采用单因素方差分析，在 SPSS 18.0 软件中比较分析不同森林类型细根生物量之间的差异，并用 Duncan 新复极差法进行多重比较，显著性水平设为 $P=0.05$。

第二节　细根垂直分布

一、森林类型细根生物量

由表 4-1 可知，不同森林类型在 0～20 cm 和 0～40 cm 土层的细根生物量大小关系具有相同的变化规律，表现为：青海云杉人工林＞华山松天然次生林＞小叶杨人工林＞油松人工林＞白桦天然次生林＞华北落叶松人工林＞辽东栎天然次生林；在 20～40 cm 土层中，青海云杉人工林的细根总生物量显著高于其余 6 种森林类型，且 6 种森林类型之间无显著性差异。活细根具有较高的生理活性和代谢速率，是植物体吸收养分和水分的主要器官。活细根生物量与细根总生物量的比值，即活细根比例，可反映细根的生长状况，其数值越高，表明生长状况越好。从表 4-1 看出，在 0～20 cm、20～40 cm 和 0～40 cm 土层中，小叶杨人工林、白桦天然次生林和辽东栎天然次生林的活细根比例要高于其余 4 种森林类型，且每种森林类型下 0～20cm 土层的活细根比例高于 20～40cm 土层，这与表层土壤中较高的水肥耦合性、微生物活性等密不可分，由此可知该区阔叶林细根生长状况比针叶林要好，推测其具有很大的固碳潜力。

表 4-1　不同森林类型下各土层细根生物量的比较

森林类型	0～40 cm 土层			0～20 cm 土层			20～40 cm 土层		
	细根总生物量 /(t/hm²)	活细根生物量 /(t/hm²)	活细根比例/%	细根总生物量 /(t/hm²)	活细根生物量 /(t/hm²)	活细根比例/%	细根总生物量 /(t/hm²)	活细根生物量 /(t/hm²)	活细根比例/%
青海云杉人工林	27.14 a (2.32)	20.66 a (1.94)	76.1 cd (8.5)	18.60 a (1.77)	14.41 a (1.57)	72.3 b (3.5)	8.53 a (0.88)	6.25 a (0.68)	72.4 bc (8.2)
华山松天然次生林	22.19 ab (1.86)	17.04 ab (1.61)	76.8 bcd (2.4)	17.64 a (1.7)	13.77 a (1.49)	75.1 ab (2.3)	4.55 b (0.4)	3.27 b (0.28)	71.8 c (3)
小叶杨人工林	18.20 bc (1.78)	15.54 abc (1.62)	85.3 a (3.2)	13.97 ab (1.59)	12.08 ab (1.45)	83.1 a (2.5)	4.24 b (0.37)	3.46 b (0.3)	81.7 a (2.8)
油松人工林	17.33 bc (1.01)	11.67 bcd (1.01)	67.3 e (8.2)	13.42 ab (0.78)	9.61 abc (0.57)	71.6 b (1.6)	3.91 b (0.24)	2.05 b (0.5)	52.4 e (10.6)
白桦天然次生林	13.46 cd (1.17)	10.67 cd (0.94)	79.2 abc (9.8)	9.18 bc (1.07)	7.41 bc (0.87)	79.9 ab (1.5)	4.28 b (0.57)	3.26 b (0.43)	76.3 b (3.1)
华北落叶松人工林	11.83 cd (1.41)	8.36 d (1.08)	70.7 de (9.1)	8.27 bc (1.1)	6.02 c (0.88)	70.7 b (2.7)	3.56 b (0.6)	2.34 b (0.42)	65.2 d (3.5)
辽东栎天然次生林	8.53 d (0.72)	6.90 d (0.59)	80.9 ab (5.8)	5.32 c (0.52)	4.51 c (0.44)	84.8 a (1.5)	3.20 b (0.3)	2.39 b (0.22)	74.5 bc (3.23)

注：同列标有不同字母的数值表示存在显著性差异（$P<0.05$），括号内数值为标准差，下同。

二、森林类型细根生物量垂直分布

森林细根生物量受树种、林分立地条件等多种外界因素影响，从而在细根生物量组成和垂直分布特征方面表现出差异。由表 4-2 可知，7 种森林类型细根总生物量、活细根生物量在 0～20 cm 土层分配比例的大小关系为油松人工林>华山松天然次生林>小叶杨人工林>华北落叶松人工林>白桦天然次生林>青海云杉人工林>辽东栎天然次生林；死细根生物量在 0～20 cm 土层分配比例的大小关系则表现为华山松天然次生林>小叶杨人工林>油松人工林>华北落叶松人工林>青海云杉人工林>白桦天然次生林>辽东栎天然次生林。其中油松人工林、华山松天然次生林细根生物量 (总生物量、活细根生物量和死细根生物量) 在 0～20 cm 土层的分配比例显著高于辽东栎天然次生林；相比之下，辽东栎天然次生林、白桦天然次生林和青海云杉人工林细根生物量在 20～40 cm 土层的分配比例高于其他 4 种森林类型，由此可推测该区这 3 种森林植被根系发达，深层土壤的根系仍保持很好的生长状况。

表 4-2　不同森林类型下细根生物量的垂直分配特征

森林类型	细根总生物量		活细根生物量		死细根生物量	
	0～20 cm/%	20～40 cm/%	0～20 cm/%	20～40 cm/%	0～20 cm/%	20～40 cm/%
青海云杉人工林	67.1 ab	32.9 ab	65.9 b	34.1 a	65.3 a	34.7 b
	(2.7)	(2.7)	(3.8)	(3.8)	(2.4)	(2.4)
华山松天然次生林	77.3 a	22.7 b	77.3 ab	22.7 ab	73.4 a	26.6 b
	(2.2)	(2.2)	(2.6)	(2.6)	(2.7)	(2.7)
小叶杨人工林	73.8 ab	26.2 ab	73.6 ab	26.4 ab	69.0 a	31.0 b
	(2.4)	(2.4)	(2.8)	(2.8)	(2.7)	(2.7)
油松人工林	77.4 a	22.6 b	82.7 a	17.3 b	68.2 a	31.9 b
	(2.3)	(2.3)	(3.6)	(3.6)	(4.2)	(4.2)
白桦天然次生林	66.2 ab	33.8 ab	67.0 b	33.0 a	62.3 a	37.7 b
	(3.1)	(3.1)	(3.3)	(3.3)	(3.1)	(3.1)
华北落叶松人工林	70.1 ab	29.9 ab	70.5 ab	29.5 ab	65.4 a	34.6 b
	(2.5)	(2.5)	(3.1)	(3.1)	(2.5)	(2.5)
辽东栎天然次生林	62.7 b	37.3 a	65.6 b	34.4 a	51.0 b	49.0 a
	(2.0)	(2.0)	(1.9)	(1.9)	(2.2)	(2.2)

第三节　森林细根生物量特征

通过对六盘山不同森林类型细根生物量的大小、组成和垂直分布特征的研究，结果表明该区 7 种主要森林类型的细根总生物量大小关系表现为：青海云杉人工林>华山松天然次生林>小叶杨人工林>油松人工林>白桦天然次生林>华北落叶松人工林>辽东栎天然次生林。可以看出，该区针叶林细根生物量高于阔叶林，人工林高于天然次生林。从细根角度推测，该区针叶人工林的固碳能力最高。结合细根生物量的组成和垂直分布特征，可知青海云杉人工林根系生长状况良好，且其拥有最高的细根生物量，对该区森林植被的固碳功能贡献最大。虽然白桦和辽东栎天然次生林细根生物量不大，但其在20～40 cm土层的细根生长状况明显优于其他几种类型，故有很大的固碳潜力。因为混交林林分的细根生物量和养分现存量均高于单一纯林 (张云鹏和崔建国，2007)，故可考虑向该区阔叶林内引入针叶林类树种如油松，以增加其固碳功能，使该区森林植被发挥最大的固碳潜力。同时因人工林灾害性病虫害发生频度高，林分地力严重衰退，故建议该区在以后的人工林管理过程中，不能盲目地以经济效益为目标，应因地制宜地把树种单一的同龄纯林改造为接近自然状态的异龄混交森林，朝"近自然林"方向发展，实现生态和经济的共同发展。

参 考 文 献

罗达, 史彦江, 宋锋惠, 等. 2019. 平欧杂种榛细根空间分布特征. 林业科学研究, 32(1): 81-89.

苏纪帅, 程积民, 高阳, 等. 2013. 宁夏大罗山 4 种主要植被类型的细根生物量. 应用生态学报, (3): 23-29.

吴敏, 邓平, 赵英, 等. 2019. 不同林龄红锥人工林细根垂直分布和衰老生理特征. 生态学杂志, 38(9): 2622-2629.

张小全, 吴可红, Murach D. 2000. 树木细根生产与周转研究方法评述. 生态学报, 20(5): 875-883.

张云鹏, 崔建国. 2007. 油松蒙古栎混交林细根生物量及养分现存量研究. 浙江林业科技, 27(5): 16-20.

Finér L, Ohashi M, Noguchi K. 2011. Factors causing variation in fine root biomass in forest ecosystems. Forest Ecology and Management, 261(2): 265-277.

第五章　动物多样性特征

六盘山国家级自然保护区动物资源比较丰富，1876 年，Strauch 就对宁夏的两栖爬行动物做过研究，1961 年刘承钊等在《中国无尾两栖类》专著中描述了产于宁夏的两种两栖类动物，1974 年、1976 年王香婷也对宁夏两栖爬行动物进行了研究并在 1988 年出版的她所主编的《六盘山国家级自然保护区科学考察》中列出并较详细地介绍了保护区的两栖爬行动物，1977 年四川省生物研究所出版的《中国两栖动物系统检索》与《中国爬行动物系统检索》中分别列出了宁夏的两栖动物 (2 种) 及爬行动物 (10 种) 名录，1982~1988 年于有志等也对宁夏的两栖爬行动物进行了调查，共获得两栖、爬行动物标本 1400 余号、1900 余号；鸟类方面，1982 年李德浩对宁夏六盘山地区的鸟类及其区系特征进行了研究，王香婷主编的《六盘山国家级自然保护区科学考察》也做了较详细的介绍，1994 年固原市林业局对宁夏鸟类资源进行了区域调查，1996~2000 年又就六盘山国家级自然保护区鸟类资源做了专项系统调查；哺乳类方面，1964 年，任武等曾对宁夏固原山区的农业害鼠做过初步调查，1976 年、1978 年谷守勤等也对该区啮齿类动物的种类及分布做过调查，2009 年宫占威等发表了《宁夏啮齿动物种类与地理分布》及胡德夫等于 2007 年发表了《宁夏六盘山国家级自然保护区金钱豹资源初步调查》；昆虫方面，1993 年王希蒙等主编的《宁夏昆虫名录》中列出了六盘山国家级自然保护区的昆虫，2009 年六盘山林业局对六盘山不全变态昆虫区系做了研究报告，2010 年六盘山林业局又对六盘山全变态昆虫的区系组成与多样性做了研究报道等。

调查采用样带法与远红外相机监测于 2012 年 10 月、2013 年 1 月、2017 年 3 月和 2019 年 5 月对六盘山国家级自然保护区内的野生动物进行了实地调查。根据野生动物生境类型划分标准和监测对象的不同，结合宁夏六盘山国家级自然保护区的具体情况，选择保护区内的 7 条典型线路作为本次调查的样带。这 7 条样带：①泾河源镇-六盘山生态博物馆-凉殿峡；②泾河源镇-二道沟；③二龙河-鬼门关；④泾河源镇-五锅梁-苏台林场；⑤苏台林场-马尾巴沟；⑥苏台林场-花草沟；⑦泾河源镇-小南川。这些样带的调查基本上能够反映出宁夏六盘山国家级自然保护区不同海拔、不同景观、不同坡向、不同植被类型的野生动物分布情况。调查组对路线上的动物实体、足迹、粪便、活动痕迹及其生境状况进行了定点记录 (GPS) 和拍照，同时还采集了大量兽类粪便带回实验室进行鉴定。另外，通过访问当地居民和护林人员对野生动物见闻以及查看保护区的标本来尽可能地获得保护区野生动物资源的真实情况。为了得到六盘山国家级自然保护区野生动物活动的真实情况以及活动时间，调查组又分别在二龙河的小南川沟、凉殿峡、二龙河的鬼门关、苏台林场的柿利沟、苏台林场的花草沟、苏台林场的盘头沟以及苏台林场保护站附近林区等地布设了 268 台全自动远红外相机进行 24 h 监测。

经过调查，六盘山地区共有陆栖脊椎动物 220 种，隶属于 24 目、59 科，水生脊椎动物 6 种，隶属于 1 目、2 科 (王香婷，1988)。六盘山地区的脊椎动物大多分布在泾源县境内，在隆德县境内也有少量分布。六盘山保护区动物中居留种类 116 种，占陆栖脊椎动物总数的 52.73%；夏候鸟 71 种，占陆栖脊椎动物总数的 32.27%；冬候鸟 6 种，占陆栖脊椎动物总数的 2.73%；旅鸟 27 种，占陆栖脊椎动物总数的 12.27%。在这一地区繁殖的陆栖脊椎动物种类共计 187 种，占陆栖脊椎动物总数的 85.00%。

第一节 哺 乳 类

哺乳类动物是自然生态系统的重要组成部分，在全球生物多样性组成与生物功能方面扮演着重要角色。哺乳类物种保护是生物多样性保护的关键和脆弱环节，在自然保护中一直受到人们关注。我国自然景观复杂，是生物多样性特别丰富的国家之一，已知哺乳类物种数为 499 种，约占世界哺乳类物种总数的 11.9%，其中特有种 73 种 (王双贵和韩彩萍，2009；李继光，2002)。六盘山国家级自然保护区内有哺乳类动物 47 种。

一、哺乳类动物区系分布

(一) 哺乳类动物物种多样性

六盘山国家级自然保护区哺乳类动物物种丰富，调查和查阅资料得出六盘山国家级自然保护区共有哺乳类 6 目、16 科、33 属、47 种，其中食虫目 3 科、4 属、4 种，占哺乳类总种数的 8.51%；翼手目 1 科、1 属、1 种，占哺乳类总种数的 2.13%，为食虫动物；兔形目 2 科、2 属、2 种，占哺乳类总种数的 4.26%，为食草动物，主要分布在泾源、隆德，固原分布较少；啮齿目 4 科、17 属、27 种，占哺乳类总种数的 57.45%，皆为食草动物，隆德分布极广，泾源也有分布，固原偶尔会见到；食肉目 4 科、8 属、10 种，占哺乳类总种数的 21.28%，主要分布于泾源、隆德境内林区，其中金钱豹为国家Ⅰ级重点保护野生动物，豺为国家Ⅱ级保护动物；偶蹄目 2 科、3 属、3 种，占哺乳类总数的 6.38%，都为食草动物，大多分布在泾源、隆德，固原也少有分布，其中林麝为国家Ⅰ级重点保护野生动物。哺乳类分类见表 5-1。

表 5-1 六盘山自然保护区主要哺乳类动物分布

序号	目、科、种	拉丁学名	生境类型	分布海拔/m	地理分布	备注(来源)
一	食虫目	INSECTIVORA				
(一)	猬科	BRINACEIDAE				
1	大耳猬	*Himiechimus auritus*	3，4，5	1720～2200	A	实体
(二)	鼹科	TALPIDAE				
2	麝鼹	*Scaptochirus moschatus*	2，3，4	1860～2700	A	文献
(三)	鼩鼱科	SORICIDAE				
3	纹背鼩鼱	*Sorex cylindricauda*	3，4，5	1700～2200	B	文献
4	水鼩鼱	*Neomys fodiens*	3，4，5	1700～2200	A	文献
二	翼手目	CHIROPTERA				
(一)	蝙蝠科	VESPERTILIONIDAE				
5	东亚蝙蝠	*Vespertilio superans*	5	1700～1800	C	实体

续表

序号	目、科、种	拉丁学名	生境类型	分布海拔/m	地理分布	备注(来源)
三	兔形目	LAGOMORPHA				
(一)	鼠兔科	OCHOTONIDAE				
6	达乌尔鼠兔	*Ochotona dauurica*	1	2 700～2800	A	文献
(二)	兔科	LEPORIDAE				
7	草兔	*Lepus capensis*	2，4	1900～2600	A	访问
四	啮齿目	RODINTIA				
(一)	松鼠科	SCIURIDAE				
8	岩松鼠	*Sciurotamias davidianus*	1，2，3，4，5	1700～2800	C	实体
9	隐纹松鼠	*Tamiops swinhoei*	3，4	1800～2450	B	访问
10	花鼠	*Tamias sibiricus*	1，3，5	2000～2800	A	访问
11	达乌尔黄鼠	*Spermophilus dauricus*	1，2	2500～2850	A	文献
(二)	仓鼠科	CRICETINAE				
12	灰仓鼠	*Cricetulus migratorius*	4，5	1700～2000	A	实体
13	大仓鼠	*Tscheskia triton*	1	2700～2850	A	文献
14	长尾仓鼠	*Cricetulus longicaudatus*	4，5	1700～2200	C	实体
15	黑线仓鼠	*Cricetulus barabensis*	2，3	2400～2700	A	文献
16	小毛足鼠	*Phodopus riborovskii*	2，3	2300～2700	A	洞穴
17	子午沙鼠	*Meriones meridianus*	2，3	2500～2700	A	洞穴
18	长爪沙鼠	*Meriones unguiculataus*	2，3	2500～2700	A	洞穴
19	中华鼢鼠	*Myospalaxs fontanieri*	3，4，5	1700～2200	A	实体
20	甘肃鼢鼠	*Myospalaxs cansus*	1，2，3	2350～2750	A	文献
21	斯氏鼢鼠	*Myospalax smithi*	3，4，5	1700～2100	B	文献
22	洮洲绒䶎	*Caryomys eva*	1，2，3	2400～2850	B	文献
23	东方田鼠	*Microtus fortis*	3，4，5	1720～2000	C	实体
24	根田鼠	*Alexandromys oeconomus*	3，4	1800～2200	A	洞穴
(三)	鼠科	MURINAE				
25	小家鼠甘肃亚种	*Mus musulus gansuensis*	4，5	1700～1850	C	实体
26	褐家鼠	*Rattus norvegicus*	4，5	1700～1900	C	实体
27	大林姬鼠	*Apodemus peninsulae*	1，2，3，4，5	1700～2850	C	洞穴
28	小林姬鼠	*Apodemus sylvaticus*	2，3	2400～2650	A	文献
29	黑线姬鼠	*Apodemus agrarius*	1，2，3，4	1900～2800	C	实体
30	中华姬鼠	*Apodemus draco*	3，4	1820～1980	B	文献
31	社鼠	*Niviventes confucianuo*	1，2，3，4	1900～2750	C	访问
(四)	跳鼠科	DIPODIDAE				
32	三趾心颅跳鼠	*Salpingotus kozlovi*	2，3	2400～2650	A	访问
33	五趾心颅跳鼠	*Cardiocranius paradoxus*	2，3	2400～2650	A	访问
34	林跳鼠	*Eozapus setchuanus*	1，2	2600～2850	B	文献
五	食肉目	CARNIVORA				
(一)	犬科	CANIDAE				
35	狼	*Canis lupus*	1，2，3，4	1800～2850	C	粪迹

续表

序号	目、科、种	拉丁学名	生境类型	分布海拔/m	地理分布	备注(来源)
36	豺	*Cuon alpinus*	1，2，3，4	1800～2750	C	文献
37	赤狐	*Vulpes vulpes*	1，2，3，4，5	1700～2850	C	粪迹
(二)	鼬科	MUSTELIDAE				
38	香鼬	*Mustela altaica*	1，2，3，4	1800～2850	C	访问
39	艾鼬	*Mustela eversmanni*	1，2，3，4，5	1750～2850	C	访问
40	黄鼬	*Mustela sibirica*	1，2，3，4，5	1750～2850	C	访问
41	猪獾	*Arctonyx collaris*	3，4，5	1700～2250	C	实体
(三)	灵猫科	VIVERRIDAE				
42	花面狸	*Paguma larvata*	3，4	1950～2400	C	访问
(四)	猫科	FELIDAE				
43	金钱豹	*Panthera pardus*	1，2，3	2100～2800	C	粪迹、足迹
44	豹猫	*Prionailurus bengalensis*	2，3，4	1850～2650	C	粪迹
六	偶蹄目	ARTIODACTYLA				
(一)	猪科	SUIDAE				
45	野猪	*Sus scrofa*	1，2，3，4，5	1700～2850	C	实体、拱痕
(二)	鹿科	CERVIDAE				
46	狍	*Capreolus capreolus*	1，2，3	2200～2750	A	访问
47	林麝	*Moschus berezovskii*	1，2，3	2200～2850	A	访问

注：生境类型和海拔是实时记录结果，生境类型分类：1为高山草甸灌丛，2为高山针阔叶混交林，3为落叶阔叶林，4为溪流河谷灌丛，5为农田与村庄；地理分布分类：A为古北界，B为东洋界，C为广布种。地理分布以张荣祖的动物地理区划为主 (张荣祖，2011)。

1) 根据目的分类

六盘山国家级自然保护区内共有哺乳类6目，其各目包含的科、属、种数如表5-2所示。从表5-2中可以看出啮齿目的科数、属数、种数分别占哺乳类总科数、总属数、总种数的25%、51.35%、57.45%；其他5种非啮齿目哺乳类的科数、属数、种数占总科数、总属数、总种数的75%、48.65%、42.55%。可以看出啮齿目在六盘山保护区哺乳类中占主体地位，在各目中啮齿目所含科数最多，所含属数几乎为保护区总属数的半数，所含种数更是超过了保护区哺乳类总种数的50%。这些数字说明六盘山保护区哺乳类组成中以啮齿目为主。

表5-2 六盘山自然保护区哺乳类动物各类群组成

目	科	属	种
食虫目 Insectivora	3	4	4
翼手目 Chiroptera	1	1	1
兔形目 Lagomorpha	2	2	2
啮齿目 Rodentia	4	19	27
食肉目 Carnivora	4	8	10
偶蹄目 Artiodactyla	2	3	3
合计	16	37	47

2) 科内属分类

从表 5-1 中可以看出，六盘山保护区哺乳类动物中含属最多的是仓鼠科，含 8 属，其余各科都不超过 4 属；松鼠科、鼠科各包含 4 属；跳鼠科、犬科包含 3 属；鼬科、猫科、鹿科、鼩鼱科包含 2 属；其余 7 科每科只包含 1 种。六盘山保护区内哺乳类动物科与属的比例情况见表 5-3。

表 5-3　六盘山自然保护区哺乳类动物科内属分类

种内含属数	科数	占总科数/%	属数	占总属数/%
含 8 属	1	6.25	8	21.62
含 4 属	2	12.50	8	21.62
含 3 属	2	12.50	6	16.21
含 2 属	4	25	8	21.62
含 1 属	7	43.75	7	18.93
合计	16	100	37	100

3) 科内种的分布

六盘山保护区哺乳类动物各科之间的种数差距比较大，其中包括种数最多的是仓鼠科，有 13 种；另外鼠科包含 7 种；至于其余各科包含的种类都在 5 科以下。科与种的比例情况见表 5-4。

表 5-4　六盘山自然保护区哺乳类动物科内种分类

科内含种数	科数	占总科数/%	种数	占总种数/%
含 13 种	1	6.25	13	27.66
含 4~7 种	3	18.75	15	31.91
含 2~3 种	5	31.25	12	25.53
含 1 种	7	43.75	7	14.89
合计	16	100	47	100

4) 属内种的分类

从表 5-1 中可以看出，六盘山保护区内哺乳类属内包含种数最多的是姬鼠属，包括 4 个种类；其次是仓鼠属、䶄鼠属与鼬属，各包含 3 个种类；而沙鼠属 1 个属只包含 2 个种类；只包括 1 个种类的属数最多，达到 32 属，远超过了保护区哺乳类总属数的一半。属与种的比例情况见表 5-5。

表 5-5　宁夏六盘山国家级自然保护区哺乳类属内种的分类

属内含种数	属数	占总属数/%	种数	占总种数/%
含 4 种	1	2.70	4	8.51
含 3 种	3	8.10	9	19.15
含 2 种	1	2.70	2	4.26
含 1 种	32	86.50	32	68.08
合计	37	100	47	100

(二) 生境与群落结构

宁夏六盘山国家级自然保护区海拔差距较大,海拔为 1700～2850 m,植被类型多样。根据这些自然环境特点,野生动物的生境可以分为 5 种类型:①高山针叶林、草甸、灌丛;②高山针阔叶混交林;③落叶阔叶林和灌丛;④河谷疏林灌丛;⑤农田。由于海拔、植被特点、地形及人类活动等因素,加之哺乳类的生境偏好,在不同的生境中哺乳类组成有一定的差距 (表 5-1)。

(1) 高山针叶林、草甸、灌丛。海拔 2700～2850 m 的山地,代表植被类型为华山松、华北落叶松、云杉等耐寒针叶林及林下灌丛,在一些区域分布着成片的草甸,形成相对比较严酷的生境类型。这里分布的哺乳类主要有兔形目鼠兔科的达乌尔鼠兔 (Ochotona dauurica),啮齿目的岩松鼠 (Sciurotamias davidianus)、花鼠 (Tamiops sibiricus)、达乌尔黄鼠 (Spermophilus dauricus)、大仓鼠 (Tscherskia triton)、洮洲绒鼠 (Caryomys eva)、大林姬鼠 (Apodemus peninsulae)、黑线姬鼠 (Apodemus agrarius)、社鼠 (Niviventer confucianus)、林跳鼠 (Eozapus setchuanus),还有食肉目的狼 (Canis lupus)、豺 (Cuon alpinus)、赤狐 (Vulpes vulpes) 以及鼬科的一些种类,金钱豹 (Panthera pardus) 也在此地活动。另外,偶蹄目的野猪 (Sus scrofa)、狍 (Capreolus capreolus)、林麝 (Moschus berezovskii) 也在这一带走动。这里我们要解释的是,这些物种分布范围比较广,并非固定栖息在这一生境下。

(2) 高山针阔叶混交林。海拔在 2500～2700 m 的山地,代表植被类型为华山松、华北落叶松、云杉、油松和白桦、红桦等组成的落叶阔叶树种的混交林。在这里经历了较长的植被恢复期,因此植被盖度较高,这为一些适宜此类型生境的哺乳类在此栖息提供了可靠的环境。这里主要分布的哺乳类有食虫目的麝鼹 (Scaptochirus moschatus),兔形目的草兔 (Lepus capensis),啮齿目的岩松鼠 (Sciurotamias davidianus)、达乌尔黄鼠 (Spermophilus dauricus) 及仓鼠科 (Cricetinae sp.)、鼠科 (Murinae sp.)、跳鼠科 (Dipodidae sp.) 的一些种类。另外食肉目和偶蹄目的大多数种类也在这一生境下活动,也是国家 I 级重点保护野生动物金钱豹 (Panthera pardus) 和林麝 (Moschus berezovskii) 经常出没的生境。

(3) 落叶阔叶林和灌丛。这一生境类型海拔在 2000～2500 m,经过长时间的恢复之后,该种类型的生境中有发育较好的次生落叶阔叶林。这一地带沟谷遍布,是诸多溪流的上游地带,有发育相当好的植被垂直带。这给许多野生动物提供了安全的繁殖栖息场所和觅食条件。除了翼手目一些种类和那些只分布在高海拔地区的啮齿类,如达乌尔黄鼠 (Spermophilus dauricus) 和达乌尔鼠兔 (Ochotona dauurica) 之外,其他多数类群的哺乳类物种在这里都有分布 (表 5-1)。由于这里植被类型适宜,人为干扰不大,金钱豹 (Panthera pardus)、林麝 (Moschus berezovskii) 等也在这类生境里活动频繁。

(4) 河谷疏林灌丛。这一生境类型海拔跨度较大,海拔为 1700～2600 m。该生境类型代表了不同海拔上的湿地,包括保护区内溪流沟谷的中下游。由于溪流两岸湿地面积较大,有些地段水流较缓形成宽阔的河床,使森林植被和灌草丛共同发育,形成错综复杂的立体生境。该生境内哺乳类多样性比较高,包括那些中低海拔分布的物种 (5-1)。那些高海拔地区分布的种类在冬季或水源不足的情况下,经常移动到这一生境类型中。

(5) 农田。六盘山国家级自然保护区建立之后，有些农户迁出保护区，有些依然定居在保护区内，形成了耕地与弃耕地并存的局面，大部分农户和林业局成员还在一些地况的耕地上种上了树苗，这就构成了低海拔地区 (海拔 1700~2100 m) 一种特有的生境类型。由于人类生产活动的影响，森林已不复存在，弃耕地形成了恢复中的自然生境类型，植被主要组成包括稀疏灌丛、灌草丛和草丛，为偏好这种生境的哺乳类物种提供了适宜的栖息地。而在居民区和正在耕种的周边农田活动着伴人物种。这类生境分布的哺乳类主要有偏好农田生境的食虫目的一些种类，如大耳猬 (*Himiechimus auritus*)、鼩鼱科的所有种类以及偏好人类居舍的翼手目所有种类和啮齿目的一些家鼠等。另外，由于农田中鼠类众多，使得鼬科的黄鼬 (*Mustela sibirica*) 和艾鼬 (*Mustela eversmanni*) 也在这一生境出现，但艾鼬和黄鼬不同，它多在农田中活动，捕食鼠类，很少进入村庄，而黄鼬冬季常进出村庄农舍，甚至在农舍中繁殖。值得注意的是，随着野猪种群密度的增加，在冬季它们经常会移动到该生境，甚至影响村民的安全与生产。

(三) 哺乳类动物区系分析

宁夏六盘山国家级自然保护区的 47 种哺乳类动物中，古北界的种类 21 种，占哺乳类物种总数的 44.7%，东洋界种类 6 种，占哺乳类物种总数的 12.8%，广布种有 20 种，占哺乳类物种总数的 42.5%。这一结果表明宁夏六盘山国家级自然保护区分布的哺乳类以古北界物种和广布种为主。这与六盘山南北走向的地理位置息息相关。在六盘山，东来的海洋气流沿秦岭西进，在北部受六盘山阻挡，西来的干旱气流也受到六盘山的阻挡，造成了古北界成分由渊源不同的欧洲西伯利亚型、中国东北型、中亚型和青藏高原型 4 种类型组成。六盘山地区第三纪晚期与秦岭地区同为三趾马动物群，动物群系上曾有过相同的历史渊源，因此具东洋界亲属关系的种类可与秦岭地区共有。六盘山哺乳动物化石最早发现于渐新世时期的六盘山北端的渐新区，从上新世出现三趾马动物群，因气候和生态环境的变化，自更新世区系组成以后逐渐演变成现代区系。

二、濒危物种与特有种

(一) 濒危物种

1. 金钱豹 (*Panthera pardus*)

金钱豹又称豹、银豹子、豹子、文豹，属哺乳纲、食肉目、猫科、豹亚科、豹属动物，是国家Ⅰ级重点保护野生动物。

外形特征：金钱豹体态似虎，但只有虎的三分之一大，体长 1.5~2.2 m，尾长一般超过体长之半。雄性体重可达 90 kg，雌性体重 70 kg。头圆、耳短、四肢强健有力，爪锐利，伸缩性强。豹全身颜色鲜亮，毛色棕黄，遍布黑色斑点和环纹，形成古钱状斑纹，故称之为"金钱豹"。背部颜色较深，腹部为乳白色。还有一种黑化型个体，通体暗黑褐色，细观仍见圆形斑，常被称为"墨豹"。

栖息环境：豹栖息环境多种多样，从低山、丘陵至高山森林、灌丛均有分布，具有隐蔽性强的固定巢穴。

生活习性：金钱豹的体能极强，视觉和嗅觉灵敏异常，性情机警，既会游泳，又善于爬树，成为食性广泛、胆大凶猛的食肉类。善于跳跃和攀爬，一般单独居住，夜间或凌晨、傍晚出没。常在林中往返游荡，生性凶猛，但一般不伤人。豹的猎物主要有青羊(斑羚)、马鹿、猕猴及野猪，但亦会捕猎灵猫、雀鸟、啮齿动物等，甚至腐肉，视猎物产地而定。豹也有捕食黑猩猩的记录。在猎物缺乏时，它也会捕猎家畜，因而发生人豹之间的冲突。和一般猫科动物一样，豹会在密林的掩护下，潜近猎物，并来一个突袭，攻击猎物的颈部或口鼻部，令其窒息。豹通常把猎物拖上树慢慢吃，以防豺或狼、老虎等食肉动物前来抢夺。在食物链上，豹处于次等捕猎者的位置，这意味着豹同时是老虎及狮子的猎物。

分布范围：金钱豹分布地区广泛。在六盘山国家级自然保护区主要分布在二龙河、东山坡、秋千架、王化南林场、西峡等地，目前六盘山保护区有金钱豹 20~30 只 (宫占威等，2009)。

致危因素：长期的过度猎捕是主要原因；栖息地的破坏是金钱豹数量剧减的另一个重要原因；种群过小且相互隔离，导致种群退化，也是致危原因之一。

2. 林麝 (*Moschus berezovskii*)

林麝别名香獐、林獐、麝鹿、麝、獐子、黑獐子，属哺乳纲、偶蹄目、鹿科、麝属动物，是国家 I 级重点保护野生动物，现已濒临灭绝。

外形特征：林麝是麝属中体型最小的一种，体长 70 cm 左右，肩高 47 cm，体重 7 kg 左右。雌雄均无角；耳长直立，端部稍圆。雄麝上犬齿发达，向后下方弯曲，伸出唇外；腹部生殖器前有麝香囊，尾粗短，尾脂腺发达。四肢细长，后肢长于前肢。体毛粗硬色深，呈橄榄褐色，并染以橘红色。下颌、喉部、颈下以至前胸间为界限分明的白色或橘黄色区。臀部毛色近黑色，成体不具斑点。麝还有一个特征是尾短，雄麝幼小时的尾正常，成体时却变成"秃尾"，裸露无毛。这是因为麝尾富有腺体，能分泌乳白色液体，麝将分泌物擦于树干、树桩等处 (常被猎人称为"油桩")，以作领域标识。

栖息环境：主要栖于针阔混交林，也适于在针叶林和郁闭度较差的阔叶林生境生活。栖息高度可达海拔 2000~3800 m，但低海拔环境也能生存。

生活习性：性情胆怯，过独居生活；嗅觉灵敏，行动轻快敏捷。随气候和食物的变化垂直迁移。食物多以灌木嫩枝叶为主。在发情争偶季节，雄麝间争偶决斗，以獠牙撕裂对手的皮肉，但无法对付食肉兽，甚至对于小型食肉动物来袭，也难以抵御。麝的后肢长度远超前肢，站立时后高前低。后腿发达，蹄尖坚实，能于山崖峭壁之间蹦跳自如，碰上食肉兽追捕，可逃之夭夭。夜行性，多在黄昏和夜间活动觅食。它还喜凉爽，怕暴晒，避暑热；行动敏捷，善爬悬岩陡壁；喜食苔藓、薹草、竹叶、蕨草及芳香性树叶嫩枝。

分布范围：国外分布于越南、缅甸、印度、尼泊尔。国内分布北抵宁夏六盘山、陕西秦岭；东至安徽大别山 (安徽的称为"安徽麝")、湖南西部；西至四川、西藏波密、察隅 (此处之麝为"黑麝")、云南北部；南至贵州、广东及广西北部山区。六盘山主要分布在泾源县和隆德县林区。

3. 豺 (*Cuon alpinus*)

豺别名豺狗、红狼，属于哺乳纲、食肉目、犬科、豺属动物，是国家Ⅱ级重点保护野生动物。

外形特征：体型比狼小而大于赤狐，下颌每侧具 2 个臼齿，体长 95～105 cm，尾长 45～50 cm；尾毛长而密，呈棕黑色，类似狐尾。肩高 52～56 cm，体重 20 kg 左右。头宽，额扁平而低，吻部较短，耳短而圆，额骨的中部隆起，所以从侧面看上去整个面部显得鼓起来，不像其他犬类那样较为平直或凹陷。四肢也较短，尾较粗，毛蓬松而下垂。体毛厚密而粗糙，体色因季节和产地的不同而异，一般头部、颈部、肩部、背部，以及四肢外侧等处的毛色为棕褐色，腹部及四肢内侧为淡白色、黄色或浅棕色，尾巴为灰褐色，尾端为黑色。

栖息环境：豺栖息的环境也十分复杂，无论是热带森林、丛林、丘陵、山地，还是海拔 2500～3500 m 的亚高山林地、高山草甸、高山裸岩等地带，都能发现它的踪迹。它居住在岩石缝隙、天然洞穴，或隐匿在灌木丛之中，但不会自己挖掘洞穴。

生活习性：豺性喜群居，多由较为强壮而狡猾的"头领"带领一个或几个家族临时聚集而成，少则 2～3 只，多时达 10～30 只，但也能见到单独活动的个体。当群体成员之间发生矛盾的时候，也会互相撕咬，常常咬得鲜血淋漓，有时甚至连耳朵也被咬掉。听觉和嗅觉极发达，行动快速而诡秘。稍有异常情况立即逃避。豺以群体围捕的方式猎食，食物主要是鹿、麂、麝、山羊等偶蹄目动物，有时亦袭击水牛。

分布范围：豺的分布范围极广。在六盘山国家级自然保护区内也居无定所，到处游荡。

致危因素：各地自然环境均受到不同程度的破坏，失去了栖息和隐蔽条件；各类被捕食的野生动物数量日渐减少，捕食困难，迫使它们的活动范围向村落扩展，盗食家畜，人们常以害兽加以捕杀，致使各地种群都处于濒危状况。

(二) 特有种

六盘山国家级自然保护区内的 47 种哺乳类动物中，我国特有种有林跳鼠、中华鼢鼠、社鼠、岩松鼠、甘肃鼢鼠 (蒋志刚等，1997)、洮州绒䶄、斯氏鼢鼠 7 种。其中中华鼢鼠自始新世出现后，迅速发展，成为新生代中晚期最重要的化石。此外，岩松鼠已被列入国家林业局 2000 年 8 月 1 日发布的《国家保护的有益的或者有重要经济、科学研究价值的陆生野生动物名录》。

第二节　鸟　类

一、鸟类

六盘山主脉南段森林植被分布较为集中，鸟类的分布情况与森林植被的丰富程度及人为侵扰因素等密切相关，以二龙河、龙潭、泾河源、雪山等林区组成的核心区气候四季分明，雨量充沛，孕育了丰富的野生鸟类资源。为了有效地保护和利用六盘山鸟类资源，1988 年六盘山综合考察时，对鸟类资源进行了一定的调查研究 (王香婷，1988)；1994 年又对鸟类进行了区域调查；1996～2000 年就保护区里的鸟类资源进行了专项系统调查，基本掌握了保护区内野生鸟类的种类、居留类型及分布状况，为维护六盘山生态平衡、保护鸟类物种多样性、合理持久利用鸟类资源提供了科学依据。

2012 年 10 月、2013 年 1 月、2013 年 3 月和 2019 年 5 月采用样线调查的方法，通过设置不同的样线 (每条样线长 2～5 km)，用肉眼或高倍望远镜实地观测林区内出现的鸟类实体、鸟巢、鸟粪等，在条件允许的情况下进行现场采集，同时进行 GPS 定位与记录。并结合寻访当地村民，获得鸟类标本、实体及有关目击材料，依据其生物学特性加以鉴定。我们共选了 6 条样线，分别为凉殿峡、二道沟、二龙河、鬼门关、柿利沟、小南川。

二、鸟类区系分析

(一) 鸟类物种组成

结合六盘山林业局早期调查报告 (王香婷，1988) 和获得标本得出，六盘山自然保护区共有鸟类 15 目、36 科、160 种。属国家 I 级重点保护野生鸟类的有金雕，属国家 II 级重点保护野生鸟类的有鸢、大鵟、兀鹫、红隼等 15 种，国家重点保护野生鸟类约占保护区内鸟类总数的 9.4%，省级重点保护野生鸟类有豆雁、大石鸡、金腰燕等约 30 种，占保护区内鸟类总数的 18.8%，中国与日本共同保护的候鸟有草鹭、大杜鹃、黑枕黄鹂等 33 种，占总种数的 20.6%，中国与澳大利亚共同保护的候鸟有白腰草燕、白鹡鸰等 6 种，占总种数的 3.8% (表 5-6)。

表 5-6　宁夏六盘山国家级自然保护区鸟类

序号	目、科、种	拉丁学名	分布型	季节型	遇见地
一	䴙䴘目	PODICIPEDIFORMES			
(一)	䴙䴘科	PODICIPEDIDAE			
1	小䴙䴘	*Podiceps ruficollis poggei*	A	T	新民
二	鹳形目	CICONIIFORMES			
(一)	鹭科	ARDEIDAE			
2	草鹭	*Ardea purpurea*	A	S	龙潭
三	雁形目	ANSERIFORMES			
(一)	鸭科	ANATIDAE			
3	豆雁	*Anser fabalis*	A	T	新民
4	绿翅鸭	*Anas crecca*	A	T	新民
5	青头潜鸭	*Aythya baeri*	A	T	新民
四	隼形目	FALCONIFORMES			
(一)	鹰科	ACCIPITRDAE			
6	鸢	*Milvus migrans*	C	R	新民
7	大鵟	*Buteo hemilasius*	A	R	雪山
8	金雕	*Aquila chrysaetos*	A	R	雪山
9	白背兀鹫	*Gyps bengalensis*	A	R	雪山
10	雀鹰	*Accipiter nisus*	A	W	二龙河

序号	目、科、种	拉丁学名	分布型	季节型	遇见地
11	白尾鹞	*Circus cyaneus*	A	T	什字路
(二)	隼科	FALCONIDAE			
12	燕隼	*Falco subbuteo*	A	S	苏台
13	红隼	*Falco tinnunculus*	C	R	二龙河
14	红脚隼普通亚种	*Falco vespertinus amurensis*	A	S	二龙河
五	鸡形目	GALLIFORMES			
(一)	雉科	PHASIANIDAE			
15	山石鸡华北亚种	*Alectoris chukar pubescens*	A	R	二龙河
16	大石鸡	*Alectoris magna*	A	R	东山坡
17	斑翅山鹑	*Perdix dauuricae*	A	R	二龙河
18	鹌鹑	*Coturnix coturnix*	A	T	二龙河
19	勺鸡	*Pucrasia macroloapha*	A	R	二龙河
20	雉鸡甘肃亚种	*Phasianus colchicus strauchi*	C	R	东山坡
21	红腹锦鸡	*Chyrysolophus pictus*	B	R	雪山
六	鹤形目	GRUIFORMES			
(一)	秧鸡科	RALLIDAE			
22	白胸苦恶鸟普通亚种	*Amaurornis phoenicurus chinensis*	A	S	雪山
七	鸻形目	CHARADRIIFORMES			
(一)	鸻科	CHARADRIIDAE			
23	剑鸻	*Charadrius hiaticula*	A	T	二龙河
24	金眶鸻	*Charadrius dubius*	A	S	雪山
25	环颈鸻	*Charadrius alexandrinus*	A	T	龙潭
26	蒙古沙鸻	*Charadrius mongolus*	A	T	龙潭
(二)	鹬科	SCOLOPACIDAE			
27	林鹬	*Tringa glareola*	A	S	二龙河
28	白腰草鹬	*Tringa ochropus*	A	S	二龙河
29	矶鹬	*Tringa hypoleucos*	A	S	龙潭
30	丘鹬	*Scolopax rusticola*	A	T	二龙河
31	长趾滨鹬	*Calidris subminuta*	A	T	二龙河
32	青脚滨鹬	*Calidris temminckii*	A	T	二龙河
33	针尾沙锥	*Capella stenura*	A	T	苏台
(三)	反嘴鹬科	RECURVIDAE			
34	鹮嘴鹬	*Ibidorhyncha struthersii*	A	S	二龙河
八	鸽形目	COLUMBIFORMES			
(一)	鸠鸽科	COLUMBIDAE			
35	岩鸽	*Columba rupestris*	A	R	苏台
36	原鸽	*Columba livia*	A	R	苏台
37	珠颈斑鸠	*Streptopelia chinensis*	B	S	苏台
38	山斑鸠	*Streptopelia orientalis*	A	S	二龙河
39	火斑鸠	*Oenopelia tranquebarica*	A	S	二龙河
九	鹃形目	CUCULIFORMES			

序号	目、科、种	拉丁学名	分布型	季节型	遇见地
(一)	杜鹃科	CUCULIDAE			
40	大杜鹃	*Cuculus canorus*	C	S	和尚铺
十	鸮形目	STRIGIFORMES			
(一)	鸱鸮科	STRIGIDAE			
41	雕鸮	*Bubo bubo*	A	R	二龙河
42	纵纹腹小鸮	*Athene noctua*	A	R	二龙河
十一	夜鹰目	CAPRIMULGIFORMES			
(一)	夜鹰科	CAPRIMULGIDAE			
43	普通夜鹰	*Caprimulgus indicus*	A	S	二龙河
十二	雨燕目	APODIFORMES			
(一)	雨燕科	APODIDAE			
44	楼燕	*Apusapua Common*	A	S	和尚铺
45	白腰雨燕	*Apus pacificus*	A	S	和尚铺
十三	佛法僧目	CORACIIFORMES			
(一)	翠鸟科	ALCEDINIDAE			
46	蓝翡翠	*Halcyon pileata*	B	S	二龙河
47	普通翠鸟	*Alcedo atthis*	C	S	二龙河
48	冠鱼狗	*Ceryle lugubris*	B	S	泾河源
(二)	戴胜科	UPUPIDAE			
49	戴胜普通亚种	*Upupa epops saturate*	A	S	泾河源
十四	䴕形目	PICIFORMES			
(一)	啄木鸟科	PICIDAE			
50	蚁䴕	*Jynx torquilla*	A	S	龙潭
51	灰头啄木鸟河北亚种	*Picus canus zimmermanni*	A	R	丰台
52	灰头啄木鸟华东亚种	*Picus canus guerini*	A	R	苏台
53	大斑啄木鸟	*Picoides major*	A	R	泾河源
54	星头啄木鸟	*Picoides canicapillus*	A	R	和尚铺
十五	雀形目	PASSERIFORMES			
(一)	八色鸫科	PITTIDAE			
55	绿胸八色鸫	*Pitta sordida*	A	R	二龙河
(二)	百灵科	ALAUDIDAE			
56	短趾沙百灵	*Calandrella cinerea*	A	R	二龙河
57	细嘴沙百灵	*Calandrella acutirostris*	A	R	二龙河
58	小沙百灵	*Calandrella rufescens*	A	R	什字路
59	凤头百灵	*Galerida cristata*	A	R	东山坡
60	云雀	*Alauda arvensis*	A	S	东山坡
61	角百灵	*Eremophila alpestris*	A	R	丰台
(三)	燕科	HIRUNDINIDAE			
62	家燕	*Hirundo rustica*	C	S	泾河源
63	毛脚燕	*Delichon urbica*	C	S	泾河源
64	金腰燕	*Hirundo daurica*	C	S	丰台

续表

序号	目、科、种	拉丁学名	分布型	季节型	遇见地
(四)	鹡鸰科	MOTACILLIDAE			
65	山鹡鸰	*Dendronanthus indicus*	A	S	新民
66	黄鹡鸰	*Motacilla flava*	A	S	雪山
67	灰鹡鸰	*Motacilla cinerea*	A	S	西峡
68	白鹡鸰东北亚种	*Motacilla alba baicalensis*	A	S	泾河源
69	白鹡鸰普通亚种	*Motacilla alba leucopsi*	A	S	新民
70	田鹨	*Authus novaeseelandiae*	A	T	泾河源
71	平原鹨	*Anthus campestris*	A	T	雪山
72	树鹨	*Anthus hodgsoni*	A	S	雪山
73	草地鹨	*Anthus pratensis*	A	S	二龙河
74	粉红胸鹨	*Anthus roseatus*	A	T	二龙河
75	水鹨	*Authus spinoletta*	A	W	二龙河
(五)	山椒鸟科	CAMPEPHAGIDAE			
76	长尾山椒鸟	*Pericrocotus ethologus*	B	S	二龙河
(六)	伯劳科	LANIIDAE			
77	红尾伯劳	*Lanius cristatus speculigerus*	A	S	二龙河
78	牛头伯劳	*Lanius bucephalus*	A	S	龙潭
79	灰背伯劳	*Lanius tephronotus*	A	S	二龙河
80	楔尾伯劳	*Lanius sphenocercus*	A	S	和尚铺
(七)	黄鹂科	ORIOLAE			
81	黑枕黄鹂	*Oriolus chinensis*	B	S	新民
(八)	卷尾科	DICRURIDAE			
82	黑卷尾	*Dicrurus macrocercus*	B	S	二龙河
(九)	椋鸟科	STURNIDAE			
83	紫翅椋鸟	*Sturnus vulgaris*	A	T	雪山
84	灰椋鸟	*Sturnus cineraceus*	A	S	二龙河
85	北椋鸟	*Sturnus sturninus*	A	S	二龙河
(十)	*鸦科	CORYIDAE			
86	松鸦北京亚种	*Garrulus glandarius pekingensis*	A	R	秋千架
87	松鸦普通亚种	*Garrulus glandarius sinensis*	A	R	龙潭
88	星鸦	*Nucifraga caryocatactes*	A	R	二龙河
89	红嘴山鸦	*Pyrrhocorax pyrrhocorax*	B	R	二龙河
90	灰喜鹊	*Cyanopica cyana*	A	R	龙潭
91	喜鹊	*Pica pica*	C	R	西峡
92	褐背拟地鸦	*Pseudopodoces humilis*	A	R	泾河源
93	红嘴山鸦	*Pyrrhocorax pyrrhocorax*	A	R	泾河源
94	寒鸦	*Corvus monedula*	A	R	泾河源
95	小嘴乌鸦	*Corvus corone*	A	R	东山坡
(十一)	岩鹨科	PRUNELLIDAE			
96	棕眉山岩鹨	*Prunella montanella*	A	W	丰台
(十二)	河乌科	CINCLIDAE			

序号	目、科、种	拉丁学名	分布型	季节型	遇见地
97	褐河乌	*Cinclus pallasii*	A	S	西峡
(十三)	鹪鹩科	TROGLODYTIDAE			
98	鹪鹩	*Troglodytes troglodytes*	A	T	二龙河
(十四)	鹟科	MUSCICAPIDAE			
	鸫亚科	TURDINAE			
99	蓝歌鸲	*Luscinia cyane*	A	T	二龙河
100	赭红尾鸲	*Phoenicurus ochruros*	A	S	秋千架
101	黑喉红尾鸲	*Phoenicurus hodgsoni*	A	R	西峡
102	白喉红尾鸲	*Phoenicurus schisticeps*	A	R	二龙河
103	北红尾鸲	*Phoenicurus auroreus*	A	S	二龙河
104	红尾水鸲	*Rhyacornis fuliginosus*	A	R	西峡
105	短翅鸲	*Hodgsonius phoenicuroides*	B	S	二龙河
106	白额燕尾	*Enicurus leschenaulti*	B	S	二龙河
107	黑喉石䳭	*Saxicola torquata*	A	S	二龙河
108	白顶䳭普通亚种	*Oenanthe hispanica pleschanka*	A	S	二龙河
109	沙䳭	*Oenanthe isabelline*	A	S	二龙河
110	漠䳭蒙新亚种	*Oenanthe deserti atrogularis*	A	S	二龙河
111	白顶溪鸲	*Chaimarrornis leucocephalus*	A	S	二龙河
112	白背矶鸫	*Monticola saxatilis*	A	S	丰台
113	蓝矶鸫	*Monticola solitarius*	A	S	清凉
114	紫啸鸫	*Myophonus caeruleus*	B	S	二龙河
115	虎斑地鸫	*Zoothera dauma*	A	T	二龙河
116	灰头鸫	*Turdus rubrocanus*	A	S	二龙河
117	赤颈鸫	*Turdus ruficollis*	A	W	二龙河
118	斑鸫	*Turdus naumanni*	A	T	和尚铺
	画眉亚科	TIMALIINAE			
119	山噪鹛	*Garrulax davidi*	A	R	秋千架
120	橙翅噪鹛	*Garrulax elliotii*	A	R	西峡
121	褐头雀鹛	*Alcippe cinereiceps fessa*	B	R	二龙河
122	山鹛	*Rhopophilus pekinensis*	A	W	二龙河
123	白眶鸦雀	*Paradoxornis conspicillatus*	A	S	二龙河
	莺亚科	SYLVIINAE			
124	黄腹树莺	*Cettia robustipes*	B	S	二龙河
125	金眶鹟莺华南亚种	*Seicercus burkii valentine*	B	S	二龙河
126	棕腹柳莺	*Phylloscopus subaffinis*	A	S	二龙河
127	褐柳莺	*Phylloscopus fuscatus*	A	T	秋千架
128	棕眉柳莺	*Phylloscopus armandii*	A	S	二龙河
129	黄眉柳莺	*Phylloscopus inornatus*	A	S	二龙河
130	黄腰柳莺	*Phylloscopus proregulus*	A	T	秋千架
131	乌嘴柳莺	*Phylloscopus magnirostris*	A	S	二龙河
132	暗绿柳莺	*Phylloscopus trochiloides*	A	S	秋千架

续表

序号	目、科、种	拉丁学名	分布型	季节型	遇见地
133	冠纹柳莺	*Phylloscopus reguloides*	B	S	二龙河
	鹟亚科	MUSCICAPINAE			
134	红喉姬鹟	*Ficedula parva*	A	T	清凉
135	灰蓝姬鹟	*Ficedula leucomelanura*	B	S	二龙河
136	寿带	*Terpsiphone atrocaudate*	B	S	苏台
(十五)	山雀科	PARIDAE			
137	大山雀	*Parus major*	C	R	二龙河
138	绿背山雀	*Parus monticolus*	B	R	二龙河
139	黄腹山雀	*Parus venustulus*	B	R	龙潭
140	褐头山雀	*Parus montanus*	A	R	二龙河
141	银喉长尾山雀	*Aegithalos caudatus*	A	R	二龙河
142	银脸长尾山雀	*Aegithalos fuliginosus*	A	R	二龙河
(十六)	攀雀科	REMIZIDAE			
143	攀雀	*Remiz pendulinus*	A	T	二龙河
(十七)	文鸟科	PLOCEIDAE			
144	石雀北方亚种	*Petroma petronia brevirostris*	A	R	二龙河
145	树麻雀	*Passer montanus*	C	R	二龙河
146	山麻雀	*Passer rutilans*	A	R	龙潭
(十八)	雀科	FRINGILLIDAE			
147	金翅雀	*Carduelis sinica*	A	S	东山坡
148	黄嘴朱顶雀	*Carduelis flavirostris*	A	W	清凉
149	酒红朱雀	*Carpodacus vinaceus*	B	R	二龙河
150	红眉朱雀华北亚种	*Carpodacus pulcherrimus davidianus*	A	R	雪山
151	白眉朱雀	*Carpodacus thura*	A	R	雪山
152	普通朱雀	*Carpodacus erythrinus*	A	R	雪山
153	灰头灰雀	*Pyrrhula erythaca*	A	R	二龙河
154	锡嘴雀	*Coccothraustes coccothraustes*	A	T	泾河源
155	黄喉鹀	*Emberiza elegans*	A	S	二龙河
156	灰头鹀	*Emberiza spodocephala*	A	S	二龙河
157	赤胸鹀	*Emberiza fucata*	A	S	二龙河
158	灰眉岩鹀	*Emberiza cia*	A	R	雪山
159	小鹀	*Emberiza pusilla*	A	T	二龙河
160	三道眉草鹀	*Emberiza cioides*	A	S	二龙河

注：分布型分类：A 为古北界，B 为东洋界，C 为广布种；季节型分类：R 为居留种，S 为夏候鸟，W 为冬候鸟，T 为旅鸟。分布型以张荣祖发表的动物地理区划为主 (张荣祖，2011)。遇见地是我们调查组根据实地调查，询问当地护林工人、林业局及保护站工作人员或居民，查阅文献、标本所得。

1) 根据目的分类

六盘山自然保护区的鸟类共有 15 目，各目包括的科、种数统计结果见表 5-7。从表 5-7 中可以看出，非雀形目鸟类共有 18 科、41 属、54 种，分别占保护区鸟类总科数、总属数、总种数的 50%、41.84%、33.75%；雀形目鸟类为 18 科、57 属、106 种，分别占保护区鸟类总科数、总属数、总种数的50%、58.16%、66.25%，可以明显地看出雀形目鸟类构成了保护区鸟类的主体。从目内科的组成情况来看，雀形目包括的科数最多，与其他14个目的科数加起来一样多，并且其余14目的科数均在4科以下。从目内属的组成情况来看，雀形目包含的属数最多，已经超过了全部鸟类属数的半数，其余各目包括的属数均在8属以下。从各目内种的组成情况来看，雀形目包含的种数更多，已远远超过了保护区鸟类总种数的一半，其他各目包含的种数则在12种及12种以下。这些数字充分说明六盘山国家级自然保护区的鸟类组成以小型雀形目鸟类为主。

表5-7　六盘山自然保护区鸟类各类群的组成

目	科	属	种
鸊鷉目 Podicipediformes	1	1	1
鹳形目 Ciconiiformes	1	1	1
雁形目 Anseriformes	1	3	3
隼形目 Falconiformes	2	7	9
鸡形目 Galliformes	1	6	7
鹤形目 Gruiformes	1	1	1
鸻形目 Charadriiformes	3	6	12
鸽形目 Columbiformes	1	3	5
鹃形目 Cuculiformes	1	1	1
鸮形目 Strigiformes	1	2	2
夜鹰目 Caprimulgiformes	1	1	1
雨燕目 Apodiformes	1	2	2
佛法僧目 Coraciiformes	2	4	4
䴕形目 Piciformes	1	3	5
雀形目 Passeriformes	18	57	106
合计	36	98	160

2) 科内属的分类

由表5-6可以看到，保护区各科含属最多的是鹟科，含21属，其余各科所含属均不多于8属。鸦科8属，雉科、鹰科6属，雀科5属，鹬科、百灵科4属，鸭科、鸠鸽科、翠鸟科、啄木鸟科、鹡鸰科3属，鸥鹬科、雨燕科、燕科、山雀科、文鸟科2属。其余19科各1属。科和属的比例情况见表5-8。

表5-8　六盘山自然保护区鸟类科内属的分类

种内含属数	科数	占总科数/%	属数	占总属数/%
含21属	1	2.78	21	21.43
含5~8属	4	11.11	25	25.51
含3~4属	7	19.44	23	23.47
含2属	5	13.89	10	10.20
含1属	19	52.78	19	19.39
合计	36	100	98	100

3) 科内种的分类

六盘山国家级自然保护区内鸟类各科之间的种数差距较大，包括种数最多的是鹟科，达 38 种，鹟科的鸫亚科和莺亚科分别为 20 种和 10 种；另外，雀科包括 14 种，鹟鸰科包括 11 种，鸦科包括 10 种，其余各科包括种数均在 10 种以下。科与种的关系如表 5-9 所示。

表 5-9　六盘山自然保护区鸟类科内种的分类

科内含种数	科数	占总科数/%	种数	占总种数/%
含 10 种以上	3	8.33	63	39.38
含 7~10 种	3	8.33	24	15
含 5~6 种	5	13.89	28	17.5
含 2~4 种	10	27.78	30	18.75
含 1 种	15	41.67	15	9.37
合计	36	100	160	100

4) 属内种的分类

从表 5-6 中可以看出，六盘山保护区鸟类属内包括种数最多的是柳莺属，包含 8 种，其次是鹟属、鹛属以及鸦属，均包括 6 种；接着是鸽属、啄木鸟属、鹟鸰属、伯劳属、红尾鸲属、鸫属、山雀属及朱雀属，均含 4 种；其余各属所包括的种数均在 3 种或者 3 种以下，其中包含 3 种的属有隼属、斑鸠属等 5 个；只含一个种类的属最多，达到 61 个，占保护区鸟类总属数的比例远超过了半数，见表 5-10。

表 5-10　六盘山自然保护区鸟类属内种的分类

属内含种数	属数	占总属数/%	种数	占总种数/%
含 8 种	1	1.1	8	5
含 6 种	3	3.3	18	11.25
含 4 种	8	8.79	32	20
含 3 种	5	5.49	15	9.38
含 2 种	13	14.29	26	16.25
含 1 种	61	67.03	61	38.12
合计	91	100	160	100

(二) 鸟类区系分析

1. 鸟类区系成分

从表 5-6 可以看到，六盘山自然保护区的 160 种鸟类按照其自然地理分布情况可以分为 3 种类型：第一种是广布种，就是繁殖的范围跨越古北界和东洋界两界，更有甚者超出这两界的范畴，或者目前知道的分布范围很少，极难从分布范围分析得出区系从属关系的鸟类；第二种是东洋界，就是全部分布或主要分布在东洋界的鸟类；第三种是古北界，就是全部分布或主要分布在古北界的鸟类。

六盘山国家级自然保护区地理位置在暖温带的半湿润区的偏南部，所以其鸟类区系的分布处在世界动物区系的古北界和东洋界之间的过渡地带。统计得出，六盘山保护区古北种、东洋种和广布种的种数分别为 129 种、20 种和 11 种，分别占保护区鸟类总种数的 80.63%、12.50%、6.87%。古北界占的比例最大，远超保护区鸟类总种数的一半。

2. 鸟类地理成分

六盘山自然保护区鸟类中东洋界种类的分布有三个特征：一是几乎全部的种类都分布在六盘山南部的林区范围内，鸟类中只有绿背山雀沿着六盘山向北方向分布于银川平原；二是保护区鸟类中的一部分种类，如寿带、紫啸鸫、红嘴蓝鹊、黑枕黄鹂、星头啄木鸟、白胸苦恶鸟、长尾山椒鸟、冠鱼狗、蓝翡翠、珠颈斑鸠、黑卷尾等，它们在国内的分布范围沿着季风区向北分布至河北或东北的东南部；三是保护区鸟类中的有些种类，如星头啄木鸟、黄腹树莺、白胸苦恶鸟、短翅鸲、黑卷尾及冠鱼狗等的种群数量非常少，是六盘山保护区的稀有鸟类。

保护区的古北界种类分为四个类型，即中国东北型、中亚型、青藏高原型和欧洲西伯利亚型。中亚型和青藏高原型尤其值得注意，有助于对六盘山地区动物区系演变的认识。

保护区内的角百灵、大石鸡、褐背拟地鸦、兀鹫、黑喉石䳭、红嘴山鸦、普通朱雀、红眉朱雀、白眉朱雀、黑喉红尾鸲、白喉红尾鸲、灰背伯劳 12 种是有青藏高原亲缘关系的种类，占保护区古北界鸟类种数的 9.30%。李德浩 (1982) 第一次报道在六盘山有褐背拟地鸦的分布。根据 1980 年的调查，此种地鸦分布于六盘山北部西吉和海原，并且数量庞大，仍然保留有其在高原上的习性与鼠类同居。白喉红尾鸲、黑喉红尾鸲在六盘山地区也是第一次发现，并且是六盘山地区的留鸟，数量也很多。其他种类如红嘴山鸦是一种分布极广的鸟类。据我们所知，到目前为止大石鸡、褐背拟地鸦、白眉朱雀、红眉朱雀、白喉红尾鸲、黑喉红尾鸲、灰背伯劳分布范围的最东界只限于六盘山保护区。

中亚型以及与蒙古区有亲缘关系的保护区鸟类有长尾伯劳、山石鸡、斑翅山鹑、凤头百灵、细嘴沙百灵、短趾沙百灵、小沙百灵、岩鸽、山噪鹛、白背矶鸫、白顶䳭、沙䳭、漠䳭13 种，占保护区古北界鸟类总数的 10.08%。在这些鸟类中，只有沙䳭、漠䳭分布于山的北部，其他种类的分布是沿着山地两侧干旱的丘陵地带一直到山的顶端，有的种类深入山的腹地或农田。以上这些鸟类多是六盘山的常见种或者优势种，并且它们分布在不同的海拔区，可知它们在这一地区非常适应。而这些鸟类中只有山石鸡、凤头百灵的分布区翻过了秦岭，白顶䳭虽然也出现于秦岭，但是并不在秦岭繁殖。

六盘山自然保护区繁殖的鸟类中，我国特有种有山噪鹛、银脸长尾山雀、白眶鸦雀、大石鸡、黄腹山雀 5 种，占保护区 127 种繁殖鸟类的 3.94%。银脸长尾山雀以前只发现于秦岭以南狭窄的山区，在秦岭以北是第一次发现。白眶鸦雀与银脸长尾山雀相似。这些稀有鸟类的发现，对于进一步对这些鸟类进行研究有重要的生物学意义。

3. 居留型

在六盘山保护区已知的 160 种鸟类中，有留鸟 56 种，夏候鸟 71 种，冬候鸟 6 种，旅鸟 27 种，分别占保护区鸟类总种数的 35.00%、44.38%、3.75%、16.87%。保护区所有鸟类中在当地繁殖的有 127 种 (除去旅鸟和冬候鸟)，占保护区鸟类总种数的 79.38%；

非繁殖鸟类 33 种，仅占保护区鸟类总种数的 20.62%（表 5-11）。在繁殖鸟类中，留鸟占 44.09%，夏候鸟占 55.91%，这一组数据说明在繁殖鸟中占主体成分的是夏候鸟。在繁殖鸟类中，东洋型种类 20 种，古北型种类 96 种，广布种 11 种，分别占保护区繁殖鸟类总种数的 15.75%、75.59%、8.66%。六盘山保护区有远超过 50% 的古北界繁殖鸟，仅有 15.75% 的东洋界繁殖鸟，就决定了它特殊的区系特征，显然不同于秦岭地区。

表 5-11　六盘山自然保护区鸟类的区系及居留型构成

区系成分	繁殖鸟				非繁殖鸟	
	种数/种	比例/%	留鸟/种	夏候鸟/种	冬候鸟/种	旅鸟/种
东洋型	20	15.75	6	14	0	0
古北型	96	75.59	44	52	6	27
广布型	11	8.66	6	5	0	0
合计	127	100	56	71	6	27

4. 鸟类区划分布特点

在六盘山自然保护区，鸟类的分布情况与森林植被的丰富程度以及人为干扰因素等密切相关。经调查和查阅有关文献，得到了鸟类在保护区分布地的主要范围（表 5-12）。二龙河、泾河源、雪山、龙潭等林区组成的核心区内，森林茂盛，植被保存良好，人类活动较少，分布有 111 种鸟类，占保护区鸟类总数的 69.38%。其中，二龙河林区观测到的鸟类就达到了 76 种，龙潭、雪山、泾河源的鸟类也达到或超过了 10 种，就是苏台林区也观察到了 7 种。然而在缓冲区和实验区观测到的鸟类就比核心区少多了，甚至没有一个地方的种类超过 8 种。从观察到的数据来看，保护区内繁殖的鸟类占大多数，为 127 种，占保护区鸟类总数的 79.38%，远超过了半数。而在保护区内繁殖的鸟类中居留种有 56 种，夏候鸟有 71 种，分别占保护区繁殖鸟类的 44.1%、55.9%。

表 5-12　六盘山自然保护区鸟类的区划分布

遇见地	留鸟种数	夏候鸟种数	冬候鸟种数	旅鸟种数	遇见地种数	遇见地种数占总中枢/%
新民	1	3	0	4	8	5.00
龙潭	4	4	0	2	10	6.25
雪山	8	4	0	2	14	8.75
二龙河	22	39	4	11	76	47.5
苏台	3	3	0	1	7	4.38
什字路	1	0	0	1	2	1.25
东山坡	4	2	0	0	6	3.75
和尚铺	1	4	0	1	6	3.75
泾河源	4	5	0	2	11	6.87
丰台	2	2	1	0	5	3.13
西峡	4	2	0	0	6	3.75
秋千架	2	2	0	2	6	3.75
清凉	0	1	1	1	3	1.87
合计	56	71	6	27	160	100

三、珍稀濒危及特有鸟类

(一) 珍稀濒危保护鸟类

经调查,六盘山国家级自然保护区内国家 I 级重点保护野生鸟类有 1 种,即金雕 (王香婷,1988,1990),占保护区鸟类总种数的 0.63%;国家 II 级重点保护野生鸟类有鸢、兀鹫、大鵟、雀鹰、白尾鹞、燕隼、红隼、红脚隼、勺鸡、雉鸡 (华东亚科)、雉鸡 (甘肃亚科)、红腹锦鸡、雕鸮、纵纹腹小鸮、绿胸八色鸫 15 种,占保护区鸟类总种数的 9.38%;省级重点保护鸟类有豆雁、大石鸡、金腰燕等 30 种,占保护区鸟类总种数的 18.75%;中国与日本共同保护的候鸟有草鹭、大杜鹃、黑枕黄鹂等 33 种,占保护区鸟类总种数的 20.63%;中国与澳大利亚共同保护的候鸟有白腰雨燕、白鹡鸰等 6 种,占保护区鸟类总种数的 3.75%。

1. 金雕 (*Aquila chrysaetos*)

金雕属鸟纲、隼形目、鹰科、真雕属大型猛禽,是国家 I 级重点保护野生鸟类。

外形特征:全长 76～102 cm,翼展达 2.3 m,体重 2～6.5 kg。头顶黑褐色,后头至后颈羽毛尖长,呈柳叶状,羽基暗赤褐色,羽端金黄色。上体暗褐色,肩部较淡,背肩部微缀紫色光泽;尾上覆羽淡褐色,尖端近黑褐色,尾羽灰褐色,具不规则的暗灰褐色横斑或斑纹;翅上覆羽暗赤褐色,羽端较淡,为淡赤褐色,初级飞羽黑褐色,幼鸟和成鸟大致相似,但体色更暗,虹膜栗褐色,嘴端部黑色,基部蓝褐色或蓝灰色,蜡膜和趾黄色,爪黑色。

栖息环境:金雕生活在草原、荒漠、河谷,特别是高山针叶林中,冬季亦常在山地丘陵和山脚平原地带活动,最高达到海拔 4000 m 以上。白天常见在高山岩石峭壁之巅,以及空旷地区的高大树上歇息,或在荒山坡、墓地、灌丛等处捕食。

生活习性:通常单独或成对活动,冬天有时会结成较小的群体,但偶尔也能见到 20 只左右的大群聚集一起捕捉较大的猎物。它善于翱翔和滑翔,常在高空中一边呈直线或圆圈状盘旋,一边俯视地面寻找猎物。它捕食的猎物有数十种之多,如雁鸭类、雉鸡类、松鼠、狍子、鹿、山羊、狐狸、旱獭、野兔等,有时也吃鼠类等小型兽类。

繁殖与分布方式:金雕的繁殖较早,筑巢于针叶林、针阔混交林或疏林内高大的红松、落叶松、杨树及柞树等乔木之上,距地面高度为 10～20 m。繁殖期 3～5 月。每窝产卵 2 枚,偶尔有少至 1 枚和多至 3 枚的。金雕分布地区极为广泛。在六盘山国家级自然保护区主要分布在雪山等地。

2. 雀鹰 (*Accipiter nisus*)

雀鹰属鸟纲、隼形目、鹰科、鹰属小型猛禽,是国家 II 级重点保护野生鸟类。

外形特征:雄鸟上体鼠灰色或暗灰色,头顶、枕和后颈较暗,前额微缀棕色,后颈羽基白色,常显露于外,其余上体自背至尾上覆羽暗灰色,下体白色。尾下覆羽亦为白色,常缀不甚明显的淡灰褐色斑纹,翅下覆羽和腋羽白色或乳白色,具暗褐色或棕褐色细横斑。雌鸟体型较雄鸟为大。上体灰褐色,前额乳白色或缀有淡棕黄色,头顶至后颈灰褐色或鼠灰色，具有较多羽基显露出来的白斑，上体自背至尾上覆羽灰褐色或褐色，尾上覆羽通常具白色羽尖，头侧和脸乳白色。下体乳白色，颏和喉部具较宽的暗褐色纵纹，胸、腹和两胁以及覆腿羽均具暗褐色横斑，其余似雄鸟。

栖息环境：雀鹰栖息于针叶林、混交林、阔叶林等山地森林和林缘地带，冬季主要栖息于低山丘陵、山脚平原、农田地边以及村庄附近，尤其喜欢在林缘、河谷、采伐迹地的次生林和农田附近的小块丛林地带活动。喜在高山幼树上筑巢。

生活习性：日出性。常单独生活。或飞翔于空中，或栖于树上和电柱上。飞翔时先两翅快速鼓动飞翔一阵后，接着滑翔，两者交互进行。飞行有力而灵巧，能巧妙地在树丛间穿行飞翔，它的飞行能力很强，速度极快，每小时可达数百千米。雀鹰主要以鸟、昆虫和鼠类等为食，也捕食鸠鸽类和鹑鸡类等体型稍大的鸟类和野兔、蛇等。

繁殖与分布方式：雀鹰在中国有一部分是留鸟，一部分迁徙，春季于 4～5 月迁到繁殖地，秋季于 10～11 月离开繁殖地。每窝产卵通常 3～4 枚，偶尔有多至 5 枚和 6 枚甚至 7 枚和少至 2 枚的，通常间隔 1 天产 1 枚卵。雀鹰的分布广泛，数量较多。在六盘山保护区主要分布在二龙河等地。

3. 大鵟 (*Buteo hemilasius*)

大鵟又称为花豹，属鸟纲、隼形目、鹰科、鵟属大型猛禽，是国家 II 级重点保护野生鸟类。

外形特征：体长 57～71 cm，体重 1320～2100 g。它的体色变化较大，有淡色型、暗色型和中间型等类型，其中以淡色型较为常见。通常头顶至后颈为白色，微沾棕色并具褐色纵纹。虹膜黄褐色或黄色，嘴为黑褐色，蜡膜黄绿色，脚和趾黄色或暗黄色，爪黑色。上体主要为暗褐色，下体为白色至棕黄色，并具有暗色的斑纹，或者全身的羽色皆为暗褐色或黑褐色。

栖息环境：大鵟栖息于山地、山脚平原和草原等地区，也出现在高山林缘和开阔的山地草原与荒漠地带，垂直分布高度可以达到海拔 4000 m 以上的高原和山区。冬季也常出现在低山丘陵和山脚平原地带的农田、芦苇沼泽、村庄，甚至城市附近。通常营巢于悬崖峭壁上或树上，巢的附近大多有小的灌木掩护。巢呈盘状，可以多年利用，但每年都要对巢材进行补充，因此有的使用年限较为长久的巢，直径可达 1 m 以上。

生活习性：平时常单独或成小群活动。飞翔时两翼鼓动较慢，常在中午天暖和的时候在空中作圆圈状的翱翔。此外还有上飞、下飞、斜垂飞、直线飞、低飞而转斜垂上树飞、树间飞、短距离跳跃飞、长距离滑翔飞、空中驱赶飞、追逐嬉戏、飞获得猎物飞，以及各种打斗时的飞行等方式，堪称花样繁多。休息时多栖于地上、山顶、树梢或其他突出物体上。主要以啮齿动物，蛙、蜥蜴、野兔、蛇、黄鼠、鼠兔、旱獭、雉鸡、石鸡、昆虫等动物性食物为食。

繁殖与分布方式：繁殖期为 5～7 月。每窝产卵通常 2～4 枚，偶尔也有多至 5 枚的，卵的颜色为淡赭黄色，被有红褐色和鼠灰色的斑点，以钝端较多。孵化期大约为 30 d。雏鸟属于晚成性，孵出后由亲鸟共同抚育大约 45 d，然后离巢飞翔，进行独自觅食的生活。分布于欧亚大陆及非洲北部，包括整个欧洲、北回归线以北的非洲地区、阿拉伯半岛以及喜马拉雅山-横断山脉-岷山-秦岭-淮河以北的亚洲地区。在六盘山保护区主要分布于雪山等地。

4. 白尾鹞 (*Circus cyaneus*)

白尾鹞又称为灰鹰、白抓、扑地鹞、灰泽鹞和灰鹞等,属鸟纲、隼形目、鹰科、鹞属中型猛禽,是国家Ⅱ级重点保护野生鸟类。

外形特征:灰色或褐色,具有显眼的白色腰部及黑色翼尖。前额为污灰白色,头顶灰褐色,而且具暗色的羽干纹,后头为暗褐色,具棕黄色的羽缘,翅膀的尖端为黑色。尾上覆羽为纯白色,中央尾羽为银灰色,下体的颏部、喉部和上胸部均为蓝灰色,其余部分为纯白色。虹膜为黄色,嘴黑色,基部蓝灰色,蜡膜黄绿色,脚和趾黄色,爪黑色。体型比乌灰鹞大,比草原鹞也大且色彩较深。

栖息环境:白尾鹞栖息于平原和低山丘陵地带,尤其是平原上的湖泊、沼泽、河谷、草原、荒野以及低山、林间沼泽和草地、农田、沿海沼泽和芦苇塘等开阔地区。冬季有时也到村屯附近的水田、草坡和疏林地带活动。

生活习性:主要以小型鸟类、鼠类、蛙、蜥蜴和大型昆虫等动物性食物为食。主要在白天活动和觅食,尤以早晨和黄昏最为活跃。捕食主要在地上。常沿地面低空飞行搜寻猎物,发现后急速降到地面捕食。叫声洪亮。

繁殖与分布方式:繁殖期为4~7月,开始时常见雄鸟和雌鸟在空中作求偶飞行,彼此相互追逐。每窝产卵4~5枚,偶尔少至3枚和多至6枚。第一枚卵产出后即开始孵卵,由雌鸟承担,孵卵期为29~31 d。分布于非洲、古北界、印度、中国北部及小巽他群岛。在六盘山保护区主要分布于什字路等地。

5. 燕隼 (*Falco subbuteo*)

燕隼俗称为青条子、蚂蚱鹰、青尖等,属于鸟纲、隼形目、隼科、隼属猛禽,是国家Ⅱ级重点保护野生鸟类。

外形特征:体长28~35 cm,体重为120~294 g。头顶、头侧、后颈和髭纹均灰黑色;额基、眼先的前部及后颈上一道半隐不显的领斑均乳白色;上体为暗蓝灰色,有一个细细的白色眉纹,颊部有一个垂直向下的黑色髭纹,颈部的侧面、喉部、胸部和腹部均为白色,胸部和腹还有黑色的纵纹,下腹部至尾下覆羽和覆腿羽为棕栗色。尾羽为灰色或石板褐色。翼下为白色,密布黑褐色的横斑。翅膀折合时,翅尖几乎到达尾羽的端部,看上去很像燕子,因而得名。虹膜黑褐色,眼周和蜡膜黄色,蜡膜和脸皮暗绿黄色,嘴蓝灰色,尖端黑色,脚、趾黄色,爪黑色。

栖息环境:栖息于有稀疏树木生长的开阔平原、旷野、耕地、海岸、疏林和林缘地带,高可至海拔2000 m。飞行迅速,而不似红隼常停翔于空中。有时也到村庄附近,但却很少在浓密的森林和没有树木的裸露荒原。

生活习性:常单独或成对活动。停息时大多在高大的树上或电线杆的顶上。叫声尖锐。主要以麻雀、山雀等雀形目小鸟为食,偶尔捕捉蝙蝠,大量地捕食蜻蜓、蟋蟀、蝗虫、天牛、金龟子等昆虫,其中大多为害虫。主要在空中捕食,甚至能捕捉飞行速度极快的家燕和雨燕等。虽然它也同其他隼类一样在白天活动,但却是在黄昏时捕食活动最为频繁。常在田边、林缘和沼泽地上空飞翔捕食,有时也到地上捕食。

繁殖与分布方式：繁殖期为 5～7 月。配对以后，雄鸟常常嘴里衔着食物，以一种踩高跷的姿态走近雌鸟，一边不断地点头，一边将两腿分开，露出内侧的羽毛，然后将食物交给雌鸟，完成它们之间的鞠躬仪式。巢于疏林或林缘和田间的高大乔木上，通常自己很少营巢，而是侵占乌鸦和喜鹊的巢。每窝产卵 2～4 枚，多数为 3 枚，卵的颜色为白色，密布红褐色的斑点。孵卵由亲鸟轮流进行，但以雌鸟为主。孵化期为 28 d。雏鸟为晚成性，由亲鸟共同抚养 28～32 d 后才能离巢。分布于非洲、古北界、喜马拉雅山脉、中国及缅甸；南迁越冬。指名亚种繁殖于中国北方及西藏，越冬于西藏南部；为繁殖鸟或夏候鸟，分布于中国北纬 32° 以南；有时在广东及台湾越冬。除海南岛外，几为全国各地留鸟。在六盘山保护区主要分布于苏台等林区。

6. 红隼 (*Falco tinnunculus*)

红隼属鸟纲、隼形目、隼科、隼属小型猛禽，国家 II 级重点保护野生鸟类。

外形特征：小型猛禽。体长 314～360 mm。雄鸟头顶、后颈、颈侧蓝灰色，具黑褐色羽干纹，额基、眼先和眉纹棕白色，耳羽灰色，髭纹灰黑色，背、肩及上覆羽砖红色，各羽具三角形黑褐色横纹，腰和尾上覆羽蓝灰色，尾羽蓝灰色，具黑褐色横斑及宽阔的黑褐色次端斑，下体棕白色，颏近白色，上胸和两胁具褐色三角形斑纹及纵纹，下腹黑褐色纵纹逐渐减少，覆腿羽和尾下覆羽黄白色，尾下面银灰色。雌鸟上体深棕色，头顶具黑褐色纵纹，上体其余部分具黑褐色横纹，其他部分与雄鸟同。虹膜暗褐色，嘴蓝灰色，先端黑色，嘴和蜡膜为黄色，附跖和趾深黄色，爪黑色。

栖息环境：栖息在山区植物稀疏的混合林、开垦耕地及旷野灌丛草地，主要以昆虫、两栖类、小型爬行类、小型鸟类和小型哺乳类为食。

生活习性：平常喜欢单独活动，尤以傍晚时最为活跃。飞翔力强，喜逆风飞翔，可快速振翅停于空中。视力敏捷、取食迅速，见地面有食物时便迅速俯冲捕捉，也可在空中捕取小型鸟类和蜻蜓等。

繁殖与分布方式：在乔木或岩壁洞中筑巢，常喜抢占乌鸦、喜鹊巢，或利用它们及鹰的旧巢。每窝产卵 4～6 枚，白色，具赤褐色粗斑或细点，孵卵期 28 d，幼雏留巢约 30 d。分布于非洲、古北界、印度及中国；越冬于菲律宾及东南亚。常见留鸟及季候鸟，指名亚种繁殖于中国东北及西北；为留鸟，除干旱沙漠外遍及各地。在六盘山保护区主要分布于二龙河等林区。

7. 勺鸡 (*Pucrasia macroloapha*)

勺鸡属于鸟纲、鸡形目、雉科、勺鸡属，是国家 II 级重点保护野生鸟类。

外形特征：体型适中，头部完全被羽，无裸出部，并具有枕冠。第 1 枚初级飞羽较第 2 枚短，第 2 枚与第 6 枚等长；第 4 枚稍较第 3 枚为长，同时也是最长的。尾羽 16 枚，呈楔尾状；中央尾羽较外侧的约长一倍。跗跖较中趾连爪稍长，雄性具有一长度适中的钝形距。雌雄异色，雄鸟头部呈金属暗绿色，并具棕褐色和黑色的长冠羽；颈部两侧各有一白色斑；体羽呈现灰色和黑色纵纹；下体中央至下腹深栗色。雌鸟体羽以棕褐色为主；头不呈暗绿色，下体也无栗色。

栖息环境：栖息于针阔混交林、密生灌丛的多岩坡地、山脚灌丛、开阔的多岩林地、松林及杜鹃林。生活于海拔 1500～4000 m 的高山之间。栖息高度随季节变化而上下迁移。喜欢在低洼的山坡和山脚的沟缘灌木丛中活动。分布区域内，西部及北部的个体于海拔 1200～4600 m 做季节性迁移，但在东部只见于海拔 600～1500 m 处。

生活习性：勺鸡雄鸟和雌鸟单独或成对活动，性情机警，很少结群，夜晚成对在树枝上过夜。雄鸟在清晨和傍晚时喜欢鸣叫，沙哑的嗓音就像公鸭一样，故在中国四川产地称它为"山鸭子"。秋冬季则结成家族小群。遇警情时深伏不动，不易被赶。枪响或倒树的突发声会使数只雄鸟大叫。雄鸟炫耀时耳羽束竖起。常在地面以树叶、杂草筑巢。以植物根、果实及种子为主食。主要是云杉、桦树、薹草、鳞毛蕨等木本、草本和蕨类植物的嫩芽、嫩叶、花以及果实和种子等，已经记录到的种类多达 43 种。此外也吃少量昆虫、蜗牛等动物性食物。

繁殖与分布方式：4 月底至 7 月初繁殖，在地面以树叶、杂草筑巢，巢置于灌丛间的地面上，呈碗状。每窝产卵 5～7 枚，卵白色或乳黄色，带不规则浅红或茶褐色的粗斑点。孵卵以雌鸟为主，孵化期 26～27 d，雏鸟出壳后能独立活动。勺鸡的分布分东西两段，西段包括阿富汗、巴基斯坦、克什米尔、印度北部和尼泊尔；东段在中国境内，两段之间不连续，而且在各段中也呈现不连续分布。分布于华北以南的广大地区、喜马拉雅山脉至中国中部及东部。在六盘山保护区主要分布于二龙河、龙潭等林区。

8. 雉鸡 (*Phasianus colchicus*)

雉鸡又名环颈雉、野鸡，属于鸟纲、鸡形目、雉科、雉属，是国家Ⅱ级重点保护野生鸟类。

外形特征：雄鸟前额和上嘴基部黑色，富有蓝绿色光泽。头顶棕褐色，眉纹白色，眼先和眼周裸出皮肤绯红色。耳羽丛亦为蓝黑色。颈部有一黑色横带，一直延伸到颈侧与喉部的黑色相连，且具绿色金属光泽。上背羽毛基部紫褐色，具白色羽干纹，端部羽干纹黑色，两侧为金黄色。背和肩栗红色。下背和腰两侧蓝灰色，中部灰绿色。尾羽黄灰色，除最外侧两对外，均具一系列交错排列的黑色横斑。颏、喉黑色，具蓝绿色金属光泽。胸部呈带紫的铜红色，亦具金属光泽。腹黑色。尾下棕栗色。雌鸟较雄鸟为小，羽色亦不如雄鸟艳丽，头顶和后颈棕白色，具黑色横斑。肩和背栗色，杂有粗的黑纹和宽的淡红白色羽缘；下背、腰和尾上覆羽羽色逐渐变淡，呈棕红色和淡棕色，且具黑色中央纹和窄的灰白色羽缘，尾亦较雄鸟为短，呈灰棕褐色。颏、喉棕白色，下体余部沙黄色，胸和两胁具黑色沾棕的斑纹。

栖息环境：栖息于低山丘陵、农田、地边、沼泽草地，以及林缘灌丛和公路两边的灌丛与草地中，分布高度多在海拔 1200 m 以下，但在秦岭和中国四川，有时亦见上到海拔 2000～3000 m 的高度。

生活习性：雉鸡脚强健，善于奔跑，特别是在灌丛中奔走极快，也善于藏匿。见人后一般在地上疾速奔跑，很快进入附近丛林或灌丛。飞行速度较快，也很有力，但一般飞行不持久，飞行距离不大，常呈抛物线式的飞行，落地前滑翔。落地后又急速在灌丛和草丛中奔跑窜行和藏匿，轻易不再起飞。秋季常集成几只至 10 多只的小群进到农田、林缘和村庄附近活动和觅食。杂食性。所吃食物因地区和季节而不同：秋季主要以各种植物的果实、种子、植物叶、芽、草籽和部分昆虫为食，冬季主要以各种植物的嫩芽、嫩枝、草茎、果实、种子和谷物为食，夏季主要以各种昆虫和其他小型无脊椎动物以及部分植物的嫩芽、浆果和草籽为食，春季则啄食刚发芽的嫩草茎和草叶，也常到耕地扒食种下的谷籽与禾苗。

繁殖与分布方式：繁殖期 3～7 月，中国南方较北方早些。繁殖期间雄鸟常发出"咯-咯咯咯"的鸣叫，特别是清晨最为频繁。叫声清脆响亮，500 m 外能听见。每次鸣叫后，多要扇动几下翅膀。发情期间雄鸟各占据一定领域，并不时在自己领域内鸣叫。1 年繁殖 1 窝，南方可到 2 窝。每窝产卵 6～22 枚，南方窝卵数较少，多为 4～8 枚。在六盘山保护区的二龙河、龙潭、雪山、泾河源等林区灌丛中多有分布。

9. 雕鸮 (*Bubo bubo*)

雕鸮又名大猫头鹰、老兔，属于鸟纲、鸮形目、鸱鸮科、雕鸮属，是国家 II 级重点保护野生鸟类。

外形特征：头部有显著的面盘，为淡棕黄色。眼的上方有黑斑，颈部有黑褐色的皱领。体羽主要为黄褐色，有黑色斑点和纵纹。体长 56～89 cm，体重 1400～3950 g。眼先密被白色的刚毛状羽，各羽均具黑色端斑。眼的上方有一个大型黑斑。皱领为黑褐色。头顶为黑褐色，羽缘为棕白色，并杂以黑色波状细斑。耳羽特别发达，显著突出于头顶两侧，外侧呈黑色，内侧为棕色。通体的羽毛大都为黄褐色，而具有黑色的斑点和纵纹。喉部为白色，胸部和两胁具有浅黑色的纵纹，腹部具有细小的黑色横斑。虹膜金黄色或橙色。脚和趾均密被羽，为铅灰黑色。

栖息环境：雕鸮栖息于山地森林、平原、荒野、林缘灌丛、疏林，以及裸露的高山和峭壁等各类环境中。在新疆和西藏地区，栖息地的海拔可达 3000～4500 m。

生活习性：通常活动在人迹罕到的偏僻之地，除繁殖期外常单独活动。白天多躲藏在密林中栖息，常缩颈闭目栖于树上，一动不动，但它的听觉甚为敏锐，稍有声响，立即伸颈睁眼，转动身体，观察四周动静，如有危险就立即飞走。飞行时缓慢而无声，通常贴着地面飞行。雕鸮主要以各种鼠类为食，但食性很广，几乎包括所有能够捕到的动物，包括狐狸、豪猪、野猫类等难以对付的兽类和苍鹰、鸮、游隼等猛禽。

繁殖与分布方式：繁殖期因地区而不同，在东北地区为 4～7 月，而西南地区则从 12 月开始。此时雄鸟和雌鸟栖息在一起，在拂晓或黄昏时相互追逐嬉戏，并不时地发出相互召唤的鸣叫声。交尾之前先互相用嘴整理羽毛，并作亲吻状。交尾后一周左右，雌鸟就开始筑巢。每窝产卵 2～5 枚，以 3 枚较为常见。孵卵由雌鸟承担。孵化期为 35 d。雕鸮有 7 个亚种分布于中国。天山亚种分布于内蒙古西部、西藏西部、甘肃、青海、宁夏和新疆西部。在六盘山保护区主要分布于二龙河等林区。

10. 绿胸八色鸫 (*Pitta sordida*)

绿胸八色鸫属于鸟纲、雀形目、八色鸫科、八色鸫属，是国家 II 级重点保护野生鸟类。

外形特征：体长为 16～18 cm，体重 50～59 g。虹膜茶褐色；嘴黑色或黑褐色；脚褐灰色。它的前额至后枕部亮栗褐色，额部稍缀黑色；眼先及细狭的眉纹、眼圈、颊、耳羽、颏、喉和颈项均为黑色，后颈部尤为黑亮。背部及肩羽、飞羽的表面为亮油绿色。胸部、腹部和两胁淡草绿色，渲染蓝色，与蓝翅八色鸫和马来八色鸫有明显的不同。腹部中央至尾下覆羽猩红色，上腹部中央羽毛有黑色块斑。雌鸟羽色与雄鸟相似。

栖息环境：主要栖息在海拔 700～1300 m 的热带雨林或季雨林中，多见在林下阴湿处和水边活动觅食，尤其是疏林、灌丛、次生林和小树丛中，有时也出现于村边树林和灌丛中。

生活习性，多单独活动，有时亦见 2～3 只一起。常在潮湿的地面扒开落叶，频频用脚翻转地上的枯枝落叶，寻找食物。以鞘翅目锹甲科及象甲科昆虫、鳞翅目幼虫、膜翅目蚂蚁、蚯蚓、白蚁，以及种子和果实等为食。

繁殖与分布方式：繁殖在海拔 1500 m 下的热带雨林中，繁殖期 5～7 月，通常营巢于地上或树枝堆中，巢口多开在近地端处，一般多有落叶或其他碎片等隐蔽物将巢掩埋。在以竹子为主的地区，建巢的主要构材中竹叶就占了很大比例。每窝产卵 3～6 枚。雌雄共同建巢、孵化和喂雏。孵化持续约 17 d。分布于印度次大陆及中国的西南地区。在六盘山保护区主要分布于二龙河等林区。

(二) 鸟类特有种类

六盘山自然保护区内的 127 种繁殖的鸟类中，我国的特有种有大石鸡、山噪鹛、橙翅噪鹛、黄腹山雀、银脸长尾山雀以及白眶鸦雀 6 种。银脸长尾山雀和白眶鸦雀以前只发现于秦岭以南狭窄的山区，在秦岭以北还是首次发现。

1. 银脸长尾山雀 (*Aegithalos fuliginosus*)

银脸长尾山雀属于鸟纲、雀形目、山雀科、长尾山雀属，是我国特有鸟类。

外形特征：银脸长尾山雀同其他山雀家族的成员有明显区别，银脸长尾山雀体型都很娇小，腹部没有黑色的纵带，有一根长长的尾巴，虽然没有冠羽，但头顶的羽毛丰满，发达，看起来就像是戴着一顶帽子。顶冠两侧及脸银灰色，颈背皮黄褐色，头顶及上体褐色；尾褐色而侧缘白色，具灰褐色领环，两胁棕色；下体余部白色。幼鸟色浅，额及顶冠纹白色。虹膜黄色；嘴黑色；脚偏粉色至近黑色。

栖息环境：多生活于海拔 1000 m 以上的高山森林间，常见于海拔 1400～3200 m 的开阔林、松林及阔叶林。

生活习性：常筑巢于树枝间，也多在背风处筑巢。巢材为苔藓、地衣、树皮及羽毛等，有时甚至用鳞翅目昆虫的茧丝胶固其巢。营巢于柳树、松树、茶树或竹林间，食物中 90%～95%是半翅目、鞘翅目、鳞翅目及其他昆虫，如危害森林的落叶松鞘蛾、天蛾、尺蠖等都是它的主要食物。

繁殖与分布方式：繁殖开始于 3～5 月，每窝产 6～8 枚卵，卵粉红色或白色，具红褐色斑点，平均大小为 15 mm×12 mm。银脸长尾山雀是中国中西部特有种，仅分布在我国中部的狭小地区：甘肃南部 (白水江)，陕西南部 (秦岭)，湖北的兴山和西南部 (神农架)，南至四川岷山的宝兴、万源、茂汶、平武、雅砻江中游及马边 (县) 巴东大风顶一带海拔 1000～2600 m 的落叶阔叶林及多荆棘的栎树林里。在六盘山保护区主要分布于二龙河等林区。

2. 白眶鸦雀 (*Paradoxornis conspicillatus*)

白眶鸦雀属于鸟纲、雀形目、鸦雀科、鸦雀属，是我国特有鸟类。

外形特征：体小 (14 cm) 的鸦雀。顶冠及颈背栗褐色，白色眼圈明显。上体橄榄褐色，下体粉褐色，喉具模糊的纵纹。湖北的亚种色较淡而嘴大。虹膜褐色，嘴黄色，脚近黄色。

栖息环境：主要生活于较高的山地竹林及灌丛中。

生活习性：活泼，结小群隐藏于山区森林的竹林层。

分布范围：是中国的特有物种。分布于青海、甘肃、陕西、四川等地。在六盘山保护区主要分布于二龙河、龙潭、泾河源、雪山等绝大部分的林区。

第三节 爬 行 类

一、物种多样性

六盘山是泾河、葫芦河、清水河以及祖历河的发源地，地貌类型以山地及周围的丘陵为主，再加上林区茂盛，因此有一些爬行动物存在。

经调查，六盘山自然保护区共有爬行类动物 2 目、4 科、4 属、8 种，占宁夏回族自治区爬行动物总种数 19 种 (赵尔宓，1998) 的 42%。其中蜥蜴目有 2 科、3 种，有鳞目有 2 科、5 种，其中北方型种类有秦岭滑蜥、白条锦蛇、中介蝮及蝮蛇 4 种。广布种只有双斑锦蛇 1 种，且数量不多。高地型也只有高原蝮 1 种，仅分布在该地区。中亚型则有丽斑麻蜥和密点麻蜥 2 种，数量不多。白条锦蛇和中介蝮是优势类群。六盘山保护区爬行类动物主要分布在泾源县境内，隆德县也偶有分布 (表 5-13)。

表 5-13 六盘山自然保护区爬行动物名录及分布

序号	目、科、种	垂直分布/m	生境分布	区系分布
一	蜥蜴目 LACERTIFORMES			
(一)	石龙子科 SCINCIDAE			
1	秦岭滑蜥 *Scincella tsinlingensis*	1750～2100	山区路边杂草丛、荒坡草皮下、乱石堆	华北、华中、青藏
(二)	蜥蜴科 LACERTIDAE			
2	丽斑麻蜥 *Eremias argus*	2300～2800	草丛、林地、乱石堆	华北、东北、蒙新
3	密点麻蜥 *Eremias multiocellata*	2200～2800	草丛、林地、乱石堆	东北、华北、蒙新、青藏
二	有鳞目 SQUAMATA			
(一)	游蛇科 COLUBRIDAE			
4	白条锦蛇 *Elaphe dione*	2100～2800	河边、农田、乱石堆	东北、华北、蒙新、青藏、西南
5	双斑锦蛇 *Elaphe bimaculata*	1750～1900	田野、山边、林下、河岸	华中
(二)	蝰科 VIPERIDAE			
6	中介蝮 *Agkistrodon intermedius*	2400～2800	灌丛、林区、草地、乱石堆	东北、华北、蒙新
7	蝮蛇 *Agkistrodon halys*	1750～2000	农田、溪流边、路旁、乱石堆	华中、华南、西南
8	高原蝮 *Agkistrodon strauchii*	1750～2800	灌丛、林区、草丛、石头下	青藏、西南

二、区系特征

六盘山自然保护区内的 8 种爬行动物中有 3 种分布于古北界，占 37.5%；仅分布于东洋界的有 2 种，占 25%；在古北界和东洋界都有分布的有 3 种，占 37.5%。从表 5-13 中可以看出，六盘山保护区内的爬行动物仅分布在古北界或者东洋界的种数差距不大，明显不同于两栖类动物，这与爬行动物的扩散能力和适应环境的能力明显强于两栖类动物的特性相一致。由于六盘山地理隔离的作用，使得山的东西两侧气候差异很大，但是根据保护区爬行动物在两个界存在的比例来看，该区域还是能够满足爬行类动物生存的。

三、分布特征

在六盘山保护区常见的爬行动物有蜥蜴目的秦岭滑蜥、高原蝮、双斑锦蛇及蝮蛇 4 种。这 4 种爬行动物主要分布在保护区海拔低于 2200 m 的地方，常出现在建筑物缝隙、岩缝、石块下、杂草灌丛、林区边缘、林中空地、路边、农田、荒坡草皮下、乱石堆、山区草丛、石缝、石堆等生境中（表 5-13）。白条锦蛇的分布范围广泛，几乎分布于保护区的任何海拔之下，是该保护区的优势物种。其他 4 种爬行类动物的遇见概率明显小于以上 4 种，尽管它们在很多生境中也出现。

在垂直分布上，六盘山保护区的爬行动物分布于海拔 2100 m 以上区域的种类达到了半数，其中高原蝮蛇分布区域最为宽泛，从保护区海拔 1750 m 到最高海拔区 2800 m 均有分布。

第四节　两　栖　类

一、物种多样性

两栖类动物是最原始的陆生脊椎动物，既有适应陆地生活的新的性状，又有从鱼类祖先继承下来的适应水生生活的性状。地球上现存的两栖动物物种较少。

根据实地调查结果以及已经发表的有关文献资料，六盘山国家级自然保护区内仅有两栖类动物 5 种，隶属于 1 目、3 科、3 属（表 5-14），分别占宁夏全省 1 目、3 科、3 属、6 种（赵尔宓，1998）的 100%、100%、100%、83%。其中六盘齿突蟾属于锄足蟾科，是该地区的优势种，是高地型动物，中华蟾蜍和花背蟾蜍属于蟾蜍科，都是北方型种类，并且岷山蟾蜍属于当地优势类群，而中国林蛙和青蛙属于蛙科，其中中国林蛙属于北方型种类，青蛙属于广布型种类，中国林蛙是优势类群，以上 6 种动物均属于无尾目。两栖类动物主要分布在泾源县境内，隆德县也偶有分布。

二、区系特征

在六盘山自然保护区内分布的 5 种两栖动物中，有 2 种仅分布于古北界，占总数的 40%；广泛分布于东洋界和古北界的物种有 3 种，占 60%。2 种古北界的物种都分布

表 5-14　六盘山自然保护区两栖动物名录及分布

序号	目、科、种	拉丁学名	垂直分布/m	生境分布	区系分布
一	无尾目	SALIENTIA			
(一)	锄足蟾科	PELOBATIDAE			
1	六盘齿突蟾	*Scutiger liupanensis*	2000～2600	溪流	华北
(二)	蟾蜍科	BUFONIDAE			
2	中华蟾蜍岷山亚种	*Bufo gargarizans minshanicus*	1700～2600	草丛、灌丛、耕地	青藏、华北、西南
3	花背蟾蜍	*Bufo raddei*	1700～2700	草丛、灌丛、耕地	东北、华北、蒙新、青藏
(三)	蛙科	RANIDAE			
4	中国林蛙	*Rana chensinensis*	1800～2200	水塘、沼泽地	华中、华北、西南
5	青蛙	*Rana omaculata*	1700～2000	水塘、农田、沼泽地	广布种

注：区系分布参照张荣祖的《中国动物地理》(张荣祖，2011)。

于华北、东北、青藏、蒙新，属于明显的北方型，这样的区系特征与六盘山国家级自然保护区所处的地理位置相一致。六盘山保护区位于秦岭以北，其南北走向的山地位置相当重要，从东来的海洋气流沿秦岭西进，在北部受到六盘山的阻挡；从西来的干旱气流也受到六盘山的阻挡，从而造成山地两侧气候条件的差异，形成了六盘山特殊的区系特点，造成了地理隔离。但是六盘山不是很高，除了花背蟾蜍和六盘齿突蟾受水系限制外，并不是所有两栖动物不可逾越的天然屏障。

三、珍稀濒危及保护物种

六盘山自然保护区无国家级保护的两栖动物，其中只有中国林蛙被列入了中国濒危两栖动物目录内 (胡德夫等，2007)。另外六盘齿突蟾不只是我国的特产种类，也是六盘山保护区内的特有种，属于锄足蟾科齿突蟾属，本属目前记录有 10 种，主要分布于西藏、四川和青海的东南部，是西南山地的特有属。到目前为止，我们只知道它有相近种，即西藏齿突蟾 (*Scutiger boulengeri*)，分布于甘肃榆中。这对探讨六盘山与其相邻动物区系的关系有很大意义，对研究齿突蟾也有一定意义。

第五节　远红外相机监测结果

自 2017 年和 2019 年在二龙河鬼门关、小南川、凉殿峡、苏台林场的花草沟、柿利沟、盘头沟等 8 个地方布设了 268 台全自动远红外相机，进行长期不间断的拍摄，一共拍摄了千余张照片，其中拍摄到动物的有 31 张，拍摄到林区活动人员的 190 张，只拍摄到生境的 121 张。31 张动物照片中包括 3 目、5 科、7 种哺乳类动物，分别为偶蹄目、鹿科的狍 1 张及猪科的野猪 12 张；食肉目、鼬科的艾鼬 1 张、黄鼬 2 张、猪獾 4 张和猫科的豹猫 5 张；兔形目、兔科的草兔 6 张 (图 5-1～图 5-6)。

图 5-1　在王化南林场一顷八拍摄到的野猪

图 5-2　在二龙河鬼门关拍摄到的豹猫

图 5-3　在王化南林场一顷八拍摄到的狍

图 5-4　在王化南林场一顷八拍摄到的黄鼬

图 5-5　在王化南林场一顷八拍摄到的草兔

图 5-6　在小南川拍摄到的猪獾

参 考 文 献

程晓福, 殷小慧. 2009. 宁夏六盘山自然保护区环颈雉秋季栖息地的选择. 野生动物, 30(4): 193-196, 200.

郜二虎, 胡德夫, 王志臣, 等. 2007. 宁夏六盘山自然保护区金钱豹资源初步调查. 林业资源管理, (1): 80-82, 68.

宫占威, 刘增加, 石胜刚, 等. 2009. 宁夏啮齿动物种类与地理分布. 医学动物防制, 25(9): 654-655, 658.

胡德夫, 王志臣, 白庆生, 等. 2007. 宁夏六盘山国家级自然保护区金钱豹资源初步调查. 林业资源管理, 1: 81-82.

蒋志刚, 马克平, 韩兴国. 1997. 保护生物学. 杭州: 浙江科学技术出版社.

李德浩. 1982. 宁夏六盘山地区的鸟类及其区系特征的探讨. 高原生物学集刊, 1: 111-121.

李继光. 2002. 固原市原州区林区啮齿类区系研究及防治对策. 宁夏农林科技, (5): 3-6.

王双贵, 韩彩萍. 2009. 六盘山不全变态类昆虫区系研究. 青海农林科技, (4): 28-33.

王香婷. 1988. 六盘山国家级自然保护区科学考察. 银川: 宁夏人民出版社: 225-294.

王香婷. 1990. 宁夏脊椎动物志. 银川: 宁夏人民出版社: 157-509.

王绪芳, 张为, 吴亚丽, 等. 2010. 六盘山全变态类昆虫的区系组成与多样性. 陕西农业科学, 56(3): 32-35, 66.

张荣祖. 2011. 中国动物地理. 北京: 科学出版社: 263-330.

赵尔宓. 1998. 中国濒危动物红皮书: 两栖类和爬行类. 北京: 科学出版社: 1-330.

第六章　森林生态系统组成结构和功能

六盘山自然保护区的中心区域位于自然保护区的缓冲区和实验区，主要包括西峡林场、二龙河林场、龙潭林场等，在六盘山开展的科学研究试验绝大多数集中在西峡林场的香水河流域和二龙河林场。海拔 2020～2951 m，年平均温度 5.0℃，7 月平均气温 16.4℃，1 月平均气温–7.5℃，年平均降水量 770.7 mm，全年蒸发量 1214～1426 mm。

六盘山自然保护区的森林植被绝大多数为天然次生林，植被生长茂密，森林覆盖率达 73.5%。保护区植被的景观异质性分异明显，在海拔 2300 m 以下的阴坡及半阴坡主要为落叶阔叶林，有蒙古栎 (*Quercus mongolica*)、少脉椴 (*Tilia paucicostata*) 等，阳坡及半阳坡为草甸草原及杂灌丛。在海拔 2300～2700 m 的山地森林带，阴坡及半阴坡主要以桦木属 (*Betula*) 为主，另外，还有少量山杨 (*Populus davidiana*) 和华山松 (*Pinus armandii*) 的分布；在阳坡以多种次生灌丛为主，同时，也可看到有少量华山松的分布。超过海拔 2700 m 的山地主要是一些亚高山草甸型及落叶阔叶矮曲林。此外，本流域还有许多人工营造的华北落叶松 (*Larix gmelinii* var. *principis-rupprechtii*) 纯林及油松 (*Pinus tabuliformis*) 纯林；灌丛生长的主要类型有李 (*Prunus salicina*)、毛榛 (*Corylus mandshurica*)、峨眉蔷薇 (*Rosa omeiensis*)、灰栒子 (*Cotoneaster acutifolius*)、甘肃山楂 (*Cralaegus kansuensis*)、暴马丁香 (*Syringa amurensis*)、秦岭小檗 (*Berberis circumserrata*)、三裂绣线菊 (*Spiraea trilobata*)、球花荚蒾 (*Viburnum glomeratum*)、忍冬属 (*Lonicera* ssp.) 植物等，草本植物主要有薹草 (*Carex* ssp.)、艾蒿 (*Artemisia argyi*)、紫苞风毛菊 (*Saussurea iodostegia*)、东方草莓 (*Fragaria orientalis*) 等。主要的土壤类型为森林灰褐土，另外，在高海拔地区分布有少量的亚高山草甸土。

第一节　主要植被类型与分布

一、乔木及林下物组成

华北落叶松林是保护区内主要的乔木林分。目前成林的华北落叶松林都是 20 世纪 80 年代初营造的人工纯林。华北落叶松林主要分布于保护区中下游阴坡，海拔在 2400 m 以下。华北落叶松林下灌木层不明显，常见的主要灌木有三裂绣线菊、二色胡枝子、沙棘、野蔷薇等。由于尚处于幼林阶段和林冠郁闭度不大，林下草本较多，有白莲蒿、艾蒿、鹅观草、牧地山黎豆 (*Lathyrus pratensis*)、风毛菊、白颖薹草 (*Carex rigescens*)、野草莓、蒲公英 (*Taraxacum mongolicum*)、香青 (*Anaphalis sinica*)、乌头、糙苏 (*Phlomis umbrosa*)、委陵菜、香薷 (*Elshotzia ciliata*)、唐松草等，华北落叶松林林下土壤深度一般在 1 m 以上。

保护区内还有人工杨树林砍伐后的萌生林，分布在保护区内坡度较缓的山脚或谷地。此外，乔木树种红桦、白桦、椴树、械树也有少量分布。

二、灌木物种组成及其分布

六盘山自然保护区内灌木主要有沙棘 (*Hippophae rhamnoides*)、虎榛子 (*Ostryopsis davidiana*)、三裂绣线菊、毛榛 (*Corylus mandshurica*)、灰栒子 (*Cotoneaster acutifolius*)、水栒子 (*Cotoneaster multiflorus*)、甘肃山楂 (*Cotoneaster kansuensis*)、胡枝子 (*Lespedeza bicolor*)、达乌里胡枝子 (*Lespedeza davurica*)、小叶锦鸡儿 (*Caragana microphylla*)、柠条锦鸡儿、黄蔷薇 (*Rosa hugonis*)、峨眉蔷薇 (*Rosa omeiensis*)、扁刺蔷薇 (*Rosa sweginzowii*)、珍珠梅 (*Sorbaria arborea*)、山生柳 (*Salix oritrepha*)、小檗 (*Berberis* sp.) 等树种。除虎榛子灌丛在阳坡也有分布外，保护区内灌木林主要分布在阴坡，主要类型可划分为沙棘灌丛、柠条锦鸡儿灌丛、虎榛子灌丛、黄蔷薇灌丛、灰栒子灌丛、胡枝子灌丛、山柳灌丛、三裂绣线菊灌丛和毛榛子灌丛。

三、草地物种组成及其分布

六盘山自然保护区内草地分布面积最大，在各种地形条件下均有分布，且生长良好。目前草本种类有白莲蒿、茭蒿、艾蒿 (*Artemisia argyi*)、本氏针茅、白羊草、芨芨草 (*Achnatherum extremiorientale*)、百里香 (*Thymus mongolicus*)、冰草 (*Agropyron cristatum*)、白颖薹草、细叶薹草 (*Carex stenophylla*)、披针叶薹草 (*C. lanceolata*)、风毛菊 (*Saussure amara*)、二裂委陵菜 (*Potentilla bifurca*)、翻白草 (*Potentilla discolor*)、多裂委陵菜 (*Potentilla multifida*)、东方草莓 (*Fragaria orientalis*)、龙牙草 (*Agrimonia pilosa*)、马先蒿 (*Pedicularis kansuensis*)、茜草 (*Rubia cordifolia*)、唐松草 (*Thclictrum baicalense*)、克氏针茅 (*Stipa krylovii*)、紫花地丁 (*Viola philippica*)、西藏点地梅 (*Androsace tibetica* var. *mairae*)、火绒草 (*Leontopodium nanum*)、乌头 (*Aconitum barbatum*)、牛扁 (*Aconitum ochranthum*)、金丝桃 (*Hypericum przewalskii*)、地榆 (*Sanguisorba officinalis*)、秦艽 (*Gentiana* sp.)、狼毒 (*Stellera chamaejasme*)、柴胡 (*Bupleurum chinensis*)、蕨 (*Pteridium aquilinim*)、蟹甲草 (*Cacalia tangutica*)、蓝刺头 (*Echinops latifolius*)、刺苋 (*Amaranthus spinosus*)、歪头菜 (*Vicia unijuga*)、阿尔泰狗娃花 (*Aster altaicus*)、香茅草 (*Hierochloe odorata*)、鹅观草 (*Roegneria kamoji*)、早熟禾 (*Poa annua*)、画眉草 (*Eragrostis* sp.)、山丹丹 (*Lilium pumilum*)、乳白香青 (*Anaphalis lactea*)、泡沙参 (*A. potaninii*)、绶草 (*Spiranthes sinensis*)、苦苣菜 (*Sonchus oleraceus*)、酸模 (*Rumex acetosa*) 等。其主要类型可分为以白莲蒿 (*Artemisa vestita*) 为优势种的草地、以禾本科杂草为主的草地和以百里香＋细叶薹草为主的草地。

第二节　植被垂直地带性分布

六盘山位于宁夏的南部地区，黄土高原的西部，属温带湿润气候型，山体南北走向长约 120 km，由于气候和地形地貌的多变，形成了复杂的地貌类型和不同的植被带，尤其是森林植被的垂直分布,受海拔的影响差异明显,主要森林植被类型的垂直分布明显。一般山地海拔在 2000 m 以上,最高峰可达海拔 2900 m。从我国的自然地理分布部位来看,属草原区域范围,但在黄土高原西部则处于典型草原向森林草原或草甸草原的过渡地带。因此,该山系植被的垂直分布具有温带半湿润区植被组合的特点和规律。

一、低山典型草原植被带

该植被带分布在海拔 1700～1900 m 的阳坡山地上,土壤为山地灰褐土。植被类型的组成主要以灌丛和草本植物为主,灌丛主要以榛子、虎榛子、黄蔷薇、灰栒子为主,在局部地段上与典型草原植被的本氏针茅、茭蒿、白莲蒿和少量的百里香群落镶嵌分布。一般灌丛平均株高 1.2～1.5 m,覆盖度 30%,草本层生殖枝高 20～56 cm,叶层高 15～38 cm,有植物 15～21 种/m²,鲜草产量 3750 kg/hm²,近 0.7 hm² 的天然草地可养一个羊单位。该类型植被由于受人为活动及长期过度放牧利用的影响,90%以上的植被类型都有不同程度的退化,并引起了严重的水土流失。因此,急需进行合理的保护与建设。

二、中低山山地草甸草原植被带

该植被带主要分布在海拔 1700～1900 m 的阴坡和海拔 1750～2200 m 的阳坡坡地上。植被类型的组成主要以灌丛和草甸草原为主,灌丛以沙棘、山桃、柔毛绣线菊为优势种,组成了不同的植被群落类型,平均株高 1.1～2.5 m,覆盖度 45%,草本层主要以薹草、风毛菊、牛尾蒿和白莲蒿为优势种,组成了各种草甸植被群落,并伴生有唐松草和少量的本氏针茅。平均株高 35～45 cm,叶层高 20～38 cm,有植物 15～21 种/m²,覆盖度 45%～60%,鲜草产量 6750 kg/hm²,一般 0.6 hm² 草地可养一个羊单位。该地带植被生长较好,地表水土流失轻微。

三、中低山地落叶阔叶林带

在海拔 1800～2600 m 的阴坡和海拔 2000～2500 m 的阳坡坡地上,分布着落叶阔叶乔木、灌木和少量的草本植物,土壤为山地灰褐土和山地棕壤。森林植被类型主要以辽东栎林、山杨林、白桦林为主混交分布。同时在局部地段上还混生有槭树和少量的椴树,一般在阴坡分布密度大、生长旺盛,中龄林平均树高 8～13 m,辽东栎林胸径平均为 6～23 cm,山杨林为 8～12 cm,白桦林为 12～18 cm,郁闭度平均为 0.55～0.85。阳坡生长多为稀疏低矮的辽东栎。中龄林平均树高 5～8 m,胸径 5～20 cm,郁闭度 0.3 以下。分布在阴坡和阳坡的灌丛主要以箭竹 (Sinarundinaria nitida)、灰栒子、刺五加 (Acanthopanax senticosus)、虎榛子、绣线菊等为优势种组成群落,平均株高 1.2～1.9 m,覆盖度 50%～85%。由于受高大乔木、灌木的影响,草本数量少、生长缓慢,主要草本植物为茭蒿、大披针薹草。平均草层高 8～21 cm,覆盖度仅 25%～35%。同时林下还有一层较厚的枯枝落叶层,为森林、灌木及草本植物的生长提供了充足的水分和大量的有机物质,也起到了重要的水土保持作用。因此,该区的森林抚育和植被的开发利用,主要以水土保持为主。

四、亚高山杂类草草甸植被带

该植被带分布在海拔 2600～2900 m 的阴坡和海拔 2700～2900 m 的阳坡之间，土壤为山地草甸土，优势种植物主要以珠芽蓼、披针薹草、紫羊茅等为主，组成了草甸植被，并伴生一些中生草甸植物。该植被带由于受海拔的影响，草甸植被的植物组成数量少，品种简单。平均草层高 10～25 cm，叶层高 8～20 cm，有植物 8～12 种/m², 覆盖度 50%～80%，鲜草产量 3150 kg/hm²，平均 0.75 hm² 草甸草地可养一个羊单位。

第三节　主要森林群落类型生物量及其分配

一、典型乔木生长过程及生物量变化规律

(一) 油松、华北落叶松胸径和树高生长过程

30 年油松优势木、平均木胸径年生长量 (图 6-1) 平均值分别为 0.71 cm 和 0.43 cm，树高年均生长量为 0.41 m 和 0.39 m。油松胸径的平均生长量均在第 24 年达到最大值，为 0.785 cm 和 0.494 cm，以后逐年下降。其胸径的连年生长量均出现两次较明显的高峰，分别在第 10 年和第 22 年，其在第 16 年达到最低值。两株样木的连年生长量变动较大，但趋势基本一致。

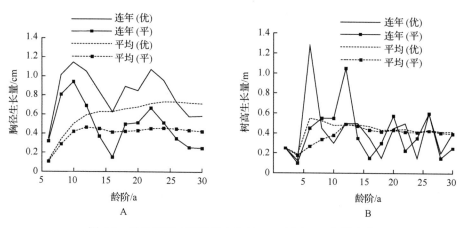

图 6-1　油松平均木和优势木胸径(A)、树高(B) 生长变化

油松树高生长变化规律不明显，优势木、平均木连年生长量分别在第 6 年和第 12 年达到最大值 1.28 m 和 1.05 m，其后连年生长量均围绕平均值上下波动。两株样木的平均生长量差别很小，且与连年生长量同时达到最大值。

华北落叶松在过去的 29 年中，优势木、平均木胸径年均生长量 (图 6-2) 分别为 0.70 cm 和 0.44 cm，树高年均生长量分别为 0.49 m 和 0.44 m。华北落叶松胸径的平均生长量在第 18 年、第 20 年达到最大值，为 0.785 cm 和 0.494 cm，以后逐年下降。优势木和平均木的胸径连年生长量变化规律基本一致，第 12 年达到最大值，然后减小，至第 24 年出现极小值。

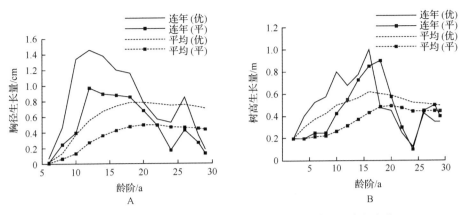

图 6-2 华北落叶松平均木和优势木胸径(A)、树高(B) 生长变化

连年监测表明，华北落叶松平均木和优势木的胸径和树高生长量均表现为先显著升高，分别在第 16 年、第 18 年达到最大值 (1 m、0.9 m)，然后逐年降低，并在第 24 年降至最低，再上升。其趋势与胸径变化规律相似，却有一定滞后性。优势木的平均生长量也明显大于平均木。而林分直径连年生长量的变化直接反映林木生长对营养空间的需求情况，因此可作为评价森林是否需要进行首次间伐的标准。在六盘山自然保护区内油松、华北落叶松胸径的连年生长量分别在 12 年和 10 年后开始下降，林木对营养和空间需求增加，种内竞争加剧。此时可适当进行抚育间伐，给林木以适宜的生长空间，有利于提高林木的胸径生长量。

1. 材积生长过程

油松林和华北落叶松林的平均木和优势木的胸径和树高生长的连年变化均表现较为一致的规律，且两种林分直径分布均接近正态分布曲线，故在整个林分生长变化过程中用平均木材积生长过程表示，具有一定的代表性。29 年华北落叶松和 30 年油松的平均木总材积分别是 0.074 m^3 和 0.070 m^3。

在两种林分中平均木材积的连年生长量和平均生长量相关曲线见图 6-3，油松和华北落叶松林连年变化量均表现出先显著增加的趋势，分别在 22 年、26 年达到最大值，然后再逐渐减小。由于油松在生长的第 16 年、华北落叶松在生长的第 24 年胸径和树高生长量均为最小值，故两者材积也在相同龄阶出现波谷。

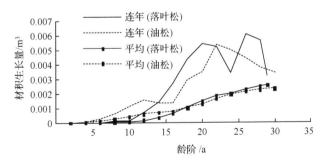

图 6-3 油松和华北落叶松平均木的材积生长变化图

对于树木材积来说，连年生长量和平均生长量两条曲线相交时的年龄即为树木成熟龄。而本研究中华北落叶松和油松林均未进入成熟期。根据图 6-3，预计华北落叶松林在 30 年以后，油松林在 35 年左右进入成熟期。

2. 树皮系数变化规律

华北落叶松和油松的树皮系数用去皮胸径进行拟合，结果见图 6-4。计算树皮系数的变动系数 $C=Sy/y$，式中，Sy 为树皮系数的标准差；y 为其平均值。

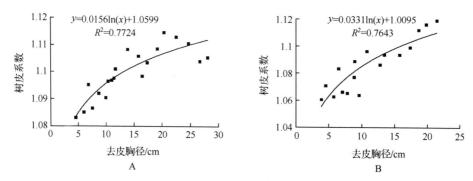

图 6-4 两种林分树皮系数与去皮胸径的关系
A. 华北落叶松 *Larix gmelinii* var. *principis-rupprechtii*；B. 油松 *Pinus tabuliformis*

如图 6-4 所示，树皮系数与胸径的关系拟合为 $y=a\ln(x)+b$，R^2 均大于 0.76；华北落叶松、油松的树皮系数均随胸径的增加而增大，变动系数分别为 1.11%、1.97%。

将各解析木各龄阶去皮胸径代入相关方程求相应树皮系数，再根据 $d_带=K·d_去$，其中 K 为系数，求出各龄阶的带皮胸径。华北落叶松和油松各龄阶带皮胸径和树高的计算结果见表 6-1，只计胸径大于 4 cm 的各龄阶胸径和树高。

表 6-1 两种针叶树平均木各龄阶带皮胸径和树高

树种	项目	龄阶/a										
		10	12	14	16	18	20	22	24	26	28	30(29)
落叶松	胸径/cm			5.47	7.4	9.29	10.8	11.89	12.27	13.22	13.82	13.96
	树高/m			5.2	6.9	8.7	9.85	10.45	10.65	11.55	12.55	12.95
油 松	胸径/cm	4.44	5.96	6.78	7.11	8.22	9.37	10.86	12.01	12.8	13.38	13.85
	树高/m	3.8	5.9	6.6	6.9	7.5	8.65	9.1	9.8	11	11.3	11.8

3. 生物量模型建立

华北落叶松和油松生物量 (W) 与胸径树高联合 (D^2h) 之间均存在显著的相关关系，据此拟合出两种形式的单木各器官生物量和树木总生物量的回归方程 (表 6-2)，相关系数基本都在 0.89 以上，尤其是总生物量回归方程的相关系数均在 0.98 以上。

表 6-2　华北落叶松和油松的单木生物量方程

树种	器官	$\ln W = a + b\ln(D^2 h)$			树种	器官	$\ln W = a + b\ln(D^2 h)$		
		a	b	R			a	b	R
华北落叶松	总	0.1252	0.4737	0.9884	油松	总	−3.5234	0.9655	0.991
Larix gmelinii var. *principisrup-prechtii*	果	−4.5952	0.8113	0.9374	*Pinus tabuliformis*	叶	−5.3277	0.8812	0.9496
	叶	−2.2027	0.4102	0.893		枝	−6.3807	1.1242	0.9826
	枝	−1.4925	0.4582	0.9781		皮	−5.1129	0.8649	0.9862
	干	−1.4512	0.5474	0.9697		干	−3.8828	0.9359	0.9962
	根	−0.0121	0.3143	0.9301		根	−4.7557	0.9204	0.9816

注：经检验，所有相关均呈显著水平。

4. 净初级生产力

油松平均木的净初级生产力以各龄阶的生物量之差计算，而华北落叶松考虑其叶的连年凋落量，各年生长量加上前一年叶生物量即为其净初级生产力。

华北落叶松和油松平均木净初级生产力连年变化见图 6-5。就单木平均生产力来说，油松明显低于华北落叶松，因其林内密度较大。华北落叶松的生产力在第 18 年达到其最大值 (4.80 kg)，而油松生长缓慢，在其第 26 年达到最大值 (4.84 kg)。而两者最小值则与其胸径、树高生长表现为同样的规律，分别出现在其第 24 年和第 16 年。30 年油松总生产力为 58 kg，而 29 年华北落叶松为 74 kg。

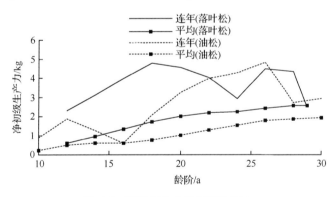

图 6-5　两种平均木净初级生产力

(二) 华山松林生物量

六盘山自然保护区华山松林的分布主要集中在东山坡和西峡林场，据 2012 年 8 月在东山坡称重测定，华山松林的生物量变化过程见表 6-3。从表 6-3 可以看出，华山松群落的总生物量为 136.621 t/hm²，其中地上部分为 97.226 t/hm²，占总生物量的 71.16%；地下部分为 39.395 t/hm²，占总生物量的 28.84%。在地上部生物量中枯枝落叶层的生物量为 42.142 t/hm²，占地上部生物量的 43.34%。另外，华山松的总生物量为 66.451 t/hm²，占群落总生物量的 48.64%，地下生物量为 23.628 t/hm²，占群落地下总生物量的 59.98%。林下灌木、草本和枯枝落叶层的结构较合理，华山松林的生产潜力十分明显，具有重要的保持水土、涵养水源的作用。

表 6-3　华山松林生物量变化

类型	林龄/a	密度/(株/hm²)	高度/m	胸径/cm	冠幅/(m×m)	叶重/(t/hm²)	枝重/(t/hm²)	树干重/(t/hm²)	根重/(t/hm²)
华山松	55	775	12.3	21	4×6	2.653	13.651	26.542	23.628
山柳	50	12	11.2	26	4×4	0.063	0.608	0.886	3.265
山杨	31	15	10.5	17	3×3	0.057	0.565	1.025	6.425
灌木	15	27 000	1.23		0.3×0.2	0.890	6.532		4.123
草本		32 000	0.65			0.630			1.954
枯枝落叶			5.2(厚)			42.142	0.982		
合计						46.435	22.338	28.453	39.395

(三) 山杨林生物量

山杨林是温带、暖温带和亚热带山地的落叶阔叶林。20 世纪 80 年代,在六盘山林区的半湿润区山杨林分布非常普遍,常与白桦林、辽东栎林混交呈块状相间分布。山杨林在六盘山分布的海拔,要比黄土高原南部高出数百米至上千米,在六盘山分布的下限海拔为 1700 m。平均树龄 28~36 年,林下灌层明显。一般山杨林分布于六盘山海拔1900~2200 m、坡度 15°~30°的山坡上。土壤为山地灰褐土,土层厚 1.0~1.5 m。平均树高 9 m,胸径 8 cm。郁闭度 0.85,在林分组成中山杨占 80%,其他乔木树种占 20%。林内灌木主要有箭竹、榛子、忍冬、黄蔷薇、三裂绣线菊、灰栒子、刺五加等,覆盖度70%。草本主要有大披针薹草、蕨类、瓣蕊唐松草、蒿类等,覆盖度 60%。林下枯枝落叶层平均厚 5 cm。到了 90 年代后期,受森林自然更新的影响,山杨林衰败退化严重,林木生长稀疏,在群落中无显著优势。据测定,山杨林生物量的变化见表 6-4。

表 6-4　山杨林生物量变化

类型	测定时间	测定地点	测定方法	林龄/a	密度/(株/hm²)	高度/m	胸径/cm	冠幅/(m×m)	叶重/(t/hm²)	枝重/(t/hm²)	树干重/(t/hm²)	根重/(t/hm²)
山杨	2012.08	二龙河	称重	36	500	18	27	2×2	5.32	25.53	38.25	22.35
辽东栎				53	22	19	36	7×6	0.29	1.25	2.25	1.54
灌木				11	28 000	0.87		0.2×0.2	1.36	5.21		8.25
草本					36 000	0.32			2.85			3.36
枯枝落叶						2.6(厚)			7.24	0.65		
合计									17.06	32.64	40.50	35.50

山杨林群落总生物量为 125.70 t/hm²,其中地上部分为 90.20 t/hm²,占总生物量的71.76%;地下部分为 35.50 t/hm²,占总生物量的 28.24%。在山杨林内总生物量为 91.45t/hm²,其中在山杨乔木中枝条和树干生物量最大为 63.78 t/hm²,占总生物量的 69.74%,其次为地下生物量,为 22.35 t/hm²,占总生物量的 24.44%,山杨林叶生物量最小为 5.32t/hm²,占总生物量的 5.82%。林下灌木、草本和枯枝落叶层受森林自然更新和人为改造的影响,灌木个体分布数量少,生长缓慢。草本密度较大,但受水肥竞争的影响,植株生长缓慢。枯枝落叶层受人为活动的影响,厚度小,蓄积量少。

（四）白桦林生物量

白桦林是寒温带和温带山地的次生林，主要分布在我国东北、华北山地，是由东北的落叶松林、云杉、冷杉和华北的辽东栎林被破坏后形成的。主要分布在六盘山海拔1800 m以上，林龄35～59年，大多呈小片状与辽东栎混交生长，分布区具有较好的土壤与环境条件。一般白桦林分布在六盘山海拔2100～2300 m，坡度为20°～25°。土壤为山地灰褐土，树高为13～21 m，胸径9～25.6 cm，在林分组成中白桦林占7～8成，其他为辽东栎、山杨、槭树、椴树等。林内灌木较为稀疏，且无明显的优势种，主要有三裂绣线菊、忍冬、珍珠梅等，覆盖度为35%～40%。草本植物较为丰富，主要有大披针薹草、唐松草、早熟禾、本氏针茅、大针茅、披碱草、画眉草、芨芨草、白莲蒿、猪毛蒿、紫花地丁等，覆盖度40%～65%。林下枯枝落叶层厚2.1～4.3 cm。

白桦林群落生物量变化见表6-5。从表6-5看出，白桦林群落总生物量为122.42 t/hm^2，其中地上部分为84.95 t/hm^2，占总生物量的69.39%；地下部分为37.47 t/hm^2，占总生物量的30.61%。白桦林总生物量为95.56 t/hm^2，其中地上生物量为69.65 t/hm^2，占总生物量的72.89%，地下部分为25.91 t/hm^2，占总生物量的27.11%。林下灌木、草本和枯枝落叶层的生物量分别为10.57 t/hm^2、3.52 t/hm^{2}和5.55 t/hm^2。

表6-5　白桦林生物量变化

类型	测定地点	测定方法	林龄/a	密度/(株/hm^2)	高度/m	胸径/cm	冠幅/(m×m)	叶重/(t/hm^2)	枝重/(t/hm^2)	树干重/(t/hm^2)	根重/(t/hm^2)
白桦	二龙河	称重	63	700	18.5	23.2	8×4	5.08	20.36	44.21	25.91
红桦			48	560	19.4	16.7	4×4	0.32	0.56	1.65	0.78
辽东栎			59	450	17.3	24.6	6×6	0.43	0.54	1.49	1.45
灌木			18	23 000	0.78		0.2×0.2	0.86	2.63		7.08
草本				64 000	0.54			1.27			2.25
枯枝落叶					2.9（厚）			5.43	0.12		
合计								13.39	24.21	47.35	37.47

（五）辽东栎林生物量

辽东栎林分布在我国湿润、半湿润暖温带地区，在不同地理区域其分布的海拔随水平气候带干旱程度的增加而上升，如辽东半岛的辽东栎林分布的海拔为200～300 m，华北上升到海拔500～1700 m，六盘山则分布在海拔1800 m以上的山地。六盘山暖温带半湿润气候适宜于辽东栎林的生长，属于辽东栎分布的范围。由于长期遭受历史性的破坏，现存的辽东栎林属于萌发次生林，平均林龄59年，多以片状与白桦、栎林相间分布或与山杨、白桦混交生长。辽东栎是六盘山山地落叶阔叶林的代表群落，分布区反映了一定的生态地理特征。在六盘山分布广，多呈块状，阴坡、阳坡均有生长，群落生长比较稳定。特别是在白桦林或杂灌木林内辽东栎幼苗分布较多。辽东栎林分布海拔为1900～2200 m，坡度为15°～30°，土壤为山地灰褐土，土层厚1.0～1.5 m。平均树高13.8 m，平均胸径26.3 cm，郁闭度0.7。在林分组成中，辽东栎占8.5成，其他为槭树、椴树、白桦。树下灌木生长缓慢，分布不均，无明显的优势种，主要有榛子、荚蒾、忍冬、灰栒子、三裂绣线菊、黄刺玫等，覆盖度 65%。草本植物有蒿类、大披针薹草及蕨类等，覆盖度 80%。林下枯枝落叶层厚 4.2 cm。辽东栎群落的生物量变化见表 6-6。

表 6-6　辽东栎林生物量变化

类型	测定地点	测定方法	林龄/a	密度/(株/hm²)	高度/m	胸径/cm	冠幅/(m×m)	叶重/(t/hm²)	枝重/(t/hm²)	树干重/(t/hm²)	根重/(t/hm²)
辽东栎	西峡	称重	64	775	14.3	28.6	4×4	14.05	41.70	69.52	51.26
山杨			37	450	18.6	18.2	2×3	0.21	1.36	2.62	1.63
灌木			16	31 000	0.89		0.3	2.14	5.36		10.23
草本				45 000	0.35			1.25			3.26
枯枝落叶					4.2 (厚)			5.96	1.22		
合计								23.61	49.64	72.14	66.38

辽东栎林群落总生物量为 211.77 t/hm²，其中地上部分为 145.39 t/hm²，占总生物量的 68.65%，地下部分为 66.38 t/hm²，占总生物量的 31.35%。辽东栎林的总生物量为 176.53 t/hm²，其中地上部分为 125.27 t/hm²，占总生物量的 70.96%，地下部分为 51.26 t/hm²，占总生物量的 29.04%。林下灌木、草本和枯枝落叶层的生物量分别为 17.73 t/hm²、4.51 t/hm² 和 7.18 t/hm²。

二、典型灌木生物量变化及其分配规律

六盘山林区落叶阔叶灌丛的分布主要是在被砍伐后的乔木林迹地及林缘半阴坡、半阳坡上。根据森林群落的植物组成，在该区不同海拔均有灌木分布，在阳坡和半阳坡上常见的灌木有榛子、虎榛子、箭竹、三裂绣线菊、黄蔷薇、白刺花、忍冬、灰栒子、刺五加等。平均植株高度为 0.69～1.42 m，覆盖度 55%～85%，灌木枯枝落叶层厚度为 0.56～1.5 cm。在阳坡、半阳坡分布有山桃、沙棘、黄蔷薇、白刺花、柠条等灌丛，灌丛的生物量变化见表 6-7。

表 6-7　灌木的生物量变化

类型	测定地点	灌木林龄/a	密度/(万株/hm²)	高度/m	地径/cm	冠幅/(cm×cm)	叶重/(t/hm²)	枝重/(t/hm²)	杆重/(t/hm²)	根重/(t/hm²)
榛子	西峡	16	5.6	0.69	1.2	24×23	1.25	3.58	0.09	1.63
虎榛子	西峡	15	4.2	0.75	2.1	28×33	1.86	3.49	0.12	2.55
箭竹	东山坡	17	6.9	1.23	1.4	51×28	1.28	5.86	0.19	1.15
沙棘	东山坡	20	2.4	1.42	2.5	74×83	1.89	6.21	0.26	3.78
三裂绣线菊	西峡	14	1.6	0.95	2.1	78×56	1.06	4.22	0.12	3.15
黄蔷薇	东山坡	13	2.2	1.12	2.3	62×52	1.05	3.26	0.26	3.65
白刺花	西峡	21	3.4	1.09	2.4	87×75	1.33	4.56	0.52	4.26
野草莓	二龙河	7	6.8	0.35	0.57	20×20	1.14	1.43	0.54	3.57
忍冬	东山坡	18	1.5	1.21	1.8	98×45	1.12	2.95	3.48	4.15
灰栒子	二龙河	12	2.4	1.05	1.7	57×48	1.24	2.08	3.11	3.45
木本铁线莲	西峡	10	3.1	0.54	0.42	20×20	1.32	1.25	1.54	2.15
柠条	西峡	19	2.5	0.89	1.6	75×83	0.95	1.56	2.36	2.89
刺五加	龙潭	17	2.8	1.18	1.04	54×45	1.32	1.45	2.56	2.81
山桃	龙潭	20	1.9	1.21	1.6	79×82	1.14	2.35	3.16	4.25

灌木的生物量变化：叶生物量的变化幅度为 0.95～1.89 t/hm²，最高为沙棘，最低为柠条；枝条生物量为 1.25～6.21 t/hm²，最高为沙棘，最低为木本铁线莲；杆生物量为 0.09～3.48 t/hm²，最高为忍冬，最低为榛子；根系生物量的变化为 1.15～4.26 t/hm²，最高为白刺花，最低为箭竹。

灌木在六盘山林区形成 3 种类型，首先是与乔木林形成上下层的结构类型，其生长常常受乔木树冠的影响，光照不足，发育不正常，且生长缓慢；其次是生长在林间空隙的灌木类型，虽然生长不受光照的影响，水热条件优越，但是品种单一，种间竞争能力不强；最后是森林破坏后及林缘聚集生长的灌木类型，生长密集，物种丰富，根系如网，密集盘结生长，不仅可直接固定土壤，防止侵蚀，并对天然降水起到了缓冲与过滤的作用，也具有重要的涵养水源的作用。

三、典型草本植物结构及生物量分配规律

在六盘山林区草本分布较广，主要是由森林受破坏后形成的。主要群落由茭蒿、白莲蒿、蕨类、委陵菜、野苜蓿、百里香、马先蒿、火绒草及禾本科等组成，盖度为 15%～80%。草本对于控制水土流失、防止土壤冲刷具有重要的作用。草本群落的生长与密度组成，以及生物量调查见表 6-8。

表 6-8　草本生物量变化

优势种	测定地点	株高/cm	密度/(株/m²)	盖度/%	地上生物量/(t/hm²)	地下生物量/(t/hm²)
猪毛菜 Salsola collina	龙潭	55	8	45	1.67	0.78
酸模 Rumex acetosa	龙潭	86	3	26	1.34	0.78
珠芽蓼 Polygonum viviparum	龙潭	76	2	15	0.98	0.89
委陵菜 Polygonum chinensis transcaspia	西峡	33	8	45	1.34	0.67
多茎委陵菜 Potentilla multicaulis	西峡	21	6	40	1.14	0.28
蓝翠雀花 Delphinium caeruleum	苏台	43	5	40	1.02	0.38
瓣蕊唐松草 Thalictrum petaloideum	苏台	56	4	35	1.07	0.68
展枝唐松草 Thalictrum squarrosum	苏台	67	3	35	0.92	0.27
斜茎黄芪 Astragalus adsurgens	红峡	32	4	40	0.86	0.58
草木樨状黄芪 Astragalus melilotoides	红峡	65	6	50	1.31	0.39
野苜蓿 Medicago falcata	东山坡	13	10	65	2.17	0.78
黄毛棘豆 Oxytropis ochrantha	红峡	34	6	50	3.14	1.08
蕨 Pteridium aquilinum	红峡	24	4	30	3.24	1.01
益母草 Leonurus japonicus	东山坡	36	6	45	1.45	0.68
百里香 Thymus mongolicus	东山坡	55	10	60	1.85	0.85
甘肃马先蒿 Pedicularis kansuensis	卧羊川	98	3	20	1.66	0.56
火绒草 Leontopodium leontopodioides	峰台	24	3	25	0.86	0.12
苦苣菜 Sonchus oleraceus	峰台	32	3	20	0.78	0.21
茭蒿 Artemisia giraldii	峰台	59	2	15	3.11	1.14
白莲蒿 Artemisia sacrorum	峰台	112	10	75	3.49	1.41
无毛牛尾蒿 Artemisia dubia	绿源	66	6	50	2.84	1.22
拂子茅 Calamagrostis epigeios	绿源	123	12	75	1.57	0.89
芦苇 Phragmites australis	绿源	131	12	70	2.65	1.14
细叶早熟禾 Poa angustifolia	绿源	89	11	65	2.58	0.86
赖草 Leymus secalinus	绿源	57	15	80	3.41	1.05
本氏针茅 Stipa bungeana	秋千架	36	9	70	2.66	1.04
白颖薹草 Carex duriuscula	秋千架	43	5	50	2.17	0.98

六盘山林区草本群落地上生物量最高的是白莲蒿，为 3.49 t/hm²，其次是赖草，为 3.41 t/hm²，蕨为 3.24 t/hm²，其他类型为 0.78～3.14 t/hm²。

四、植被凋落物物理特性

枯枝落叶层的最大持水量通常在长时间连续降水后才能出现，为枯枝落叶层一次性容纳降水的最大潜力。在一般情况下，枯枝落叶层含水量受气象因子制约，随季节而变化。冻结至解冻前的 3 月，含水量保持相对稳定，积雪融化期含水量迅速增加；5 月旱期由于强烈蒸发，含水量明显下降；进入雨季后，含水量增加，但受降水影响而有起伏，到 9 月达最高值；雨季结束后，含水量又逐渐减少到一定水平。尽管如此，各林型枯枝落叶层含水量的变化，在同一时期内趋向一致（表 6-9）。

表 6-9 枯枝落叶层蓄积量和持水量

类型	郁闭度	平均厚度/cm	蓄积量/(t/hm²)	最大持水率/%	最大持水量/mm	相当于降水/mm
山杨林	0.5～0.9	3～7	12.5	266.4	33.3	3.3
白桦林	0.7～0.8	3～5	16.0	263.1	42.1	4.2
辽东栎林	0.6～0.8	3～5	10.3	224.2	23.1	2.3
红桦林	0.7	5	13.9	194.2	27.0	2.7
华山松林	0.8～0.9	5	14.2	174.6	24.8	2.5
油松林	0.8	2～3	20.3	178.4	36.1	3.6
华北落叶松林	0.9	3	22.2	351.0	78.3	7.8
乔木平均			15.6	236.0	37.8	3.8
榛子灌丛	0.7	2	8.1	222.3	18.0	1.8
虎榛子灌丛	0.8	2	6.8	242.8	16.5	1.7
山桃灌丛	0.5	1	2.0	211.0	4.2	0.4
杂木灌丛	0.3	1～2	6.8	200.9	13.7	1.4
灌木平均			5.9	219.3	13.1	1.3
草地	0	1	3.3	135.8	4.5	0.5

第四节 森林经营管理与对策

一、森林群落经营管理

在六盘山林区，天然次生林不论是石质高山水源林或是黄土覆盖度低的水土保持林，都具有重要的防护功能。加强对这些次生林的改造，对于改变区域干旱、水土流失、农业生产低而不稳的状况具有重要意义。六盘山林区天然次生林经营的基本措施是保护、抚育、改造、更新，而这些措施必须针对不同林分因地制宜地进行，抚育采伐应密切注意上下层的关系，因为天然次生林多为混交复层异龄林，而且具有向"成熟林"演替恢复的可能。目前黄土高原林区大多数类型的天然次生林都已或多或少地出现了针叶树种更替的倾向。因此，次生林抚育采伐的任务，不仅是要调节主林层林木间的关系，还要使林冠下的针叶幼树得到良好的生长发育条件，从而促进其迅速生长，提前进入主林层，形成以针叶树为主的针阔混交多层郁闭的复层林 (郭晋平, 2011; 李永宁等, 2005)。因此在抚育采伐的时间和强度上，要根据针叶幼树对光的需要程度而定，时间过早，强度过大，会使需要遮阴的针叶树死亡；时间过晚，强度过小，则会抑制针叶幼树生长。在抚育管理及确定选留树种时，应考虑到天然次生林不同于原始林，它不是在一定的地段上经过长期自然选择、演替所形成的，而主要取决于当时发生的破坏方式和更新条件。因此现有的树种往往不一定是最适宜的树种。从发挥森林最大效益的角度来看，详细研究立地条件、土壤养分、水分等与现有树种之间的生态关系，来确定选留树种和林分的疏密程度。林分的改造要针对生长缓慢、密度小、效益低、保持水土性能差的次生林进行改造，目的是彻底改变现有林分的组成与生长状况。改造的主要措施是砍伐与人工更新相结合，提高其经济效益。改造的方法可全面进行，也可局部进行，主要根据林分的生长现状来决定，对于土壤立地条件较好、生长较差、效益低的林分可进行全面改造；对于土壤养分、水分、立地条件较好和生长茂密、效益较高的林分，或在部分地段上因病害、虫害、密度等引起死亡等现象时可进行局部改造。例如，子午岭和尚塬林场的柴松林、白桦林，由于过密而影响了林木的正常生长，即可用局部改造的方法来进行 (何召琬等, 2009)。黄土高原地区的次生林有向森林与草原两极分化的极大可能性，而分化的方向主要取决于环境的变化。只要加强保护，本区限定的自然环境条件是有利于森林培育的。

二、森林植被现状与土地利用变化

自 1958 年宁夏回族自治区成立以来，六盘山林区先后经过了多次森林资源普查。特别是 1982 年 12 月 23 日将六盘山林管所改为六盘山国营林业局后，聘请组织了区内外 20 个科研、教学及有关部门 145 名专家和科技人员进行了为期 3 年的科学考察，对其独特的地理位置和巨大的生态功能及丰富的动植物资源，有了更加全面、深刻的认识和了解，掌握了六盘山林区森林资源分布、范围和动态变化情况。如今，自 1985 年以来已过了 36 年，森林资源又有了新的变化，为此根据新的变化进行森林资源综合考察十分必要，只有这样才能真实了解目前六盘山森林自然保护区建设、恢复、保护的状况。

从第一章的表 1-1 中也可以看出，森林资源的质量和数量有了显著的提高，六盘山林区森林资源正在向最佳的方向转变。

参 考 文 献

郭晋平. 2001. 森林可持续经营背景下的森林经营管理原则. 世界林业研究, (4): 37-42.

何召琬, 程积民, 万惠娥, 等. 2009. 子午岭天然柴松林土壤种子库. 中国水土保持科学, 7(6): 85-91.

李永宁, 孟宪宇, 黄选瑞, 等. 2005. 森林经营管理系统的多层次结构. 北京林业大学学报, (1): 99-102.

第七章　森林土壤结构与养分特征

土壤是人类最早开发利用的生产资料，在环境、经济和社会发展中发挥着重要的作用。土壤质量是土壤在生态系统边界范围内维持作物生产能力、保持环境质量及促进动植物和人类健康的能力。在山地环境和森林植被的作用下，六盘山土壤类型带有明显的山地特征，且随着海拔升高和气候条件的差异，土壤类型呈较规律的垂直分布。林区的主要土壤类型有：亚高山草甸土、灰褐土、新积土、红土 (第三纪红土)、潮土和粗骨土等。其中灰褐土分布最广，约占总面积的 94.44%，成土母质为沙质泥岩、页岩、灰岩风化的残积物和坡积物，土体一般含有残余石灰。灰褐土质地较细，地层也薄，易遭冲刷。在六盘山边缘地区呈现出森林土与黄土相互镶嵌的分布格局。

土壤是形态和演化过程都十分复杂的自然综合体，无论尺度大小、土壤属性均存在空间异质性 (Ortiz et al., 2010; 唐国勇等，2010)。土壤属性在一定程度上影响土壤的疏松程度、孔隙状况、持水能力、穿透阻力及肥力状况，间接影响黄土高原的土壤质量 (肖波等，2009)。不同尺度、不同区域、不同土壤类型、不同植被类型均能造成土壤属性的巨大差异 (连纲等，2006)。

在实地调查研究的基础上，综合考虑六盘山植被类型、生长情况，以及坡度、坡向和坡位等立地条件，利用 GPS 定位技术在六盘山地区内选择具有代表性的典型样地 225个。其中包括山杨天然林、乔木天然林、辽东栎天然林、云杉人工林、油松人工林、白桦人工林、落叶松人工林、云杉-落叶松混交林、山杨-落叶松混交林、红桦-糙皮桦混交林、落叶松-红桦-白桦混交林、落叶松-油松-华山松混交林、白桦-辽东栎-椴树樟树混交林、椴树-山杨混交林、椴树-山杨-辽东栎混交林、槭树-辽东栎-桦树混交林、天然草地和灌木 18 种植被类型，分析六盘山地区植被类型对土壤质量的影响和作用，评价不同植被类型的效应和功能，旨在科学探索和精确筛选适宜六盘山地区生态质量发展的优化植被类型，为六盘山地区植被建设和生态建设提供理论依据。

第一节　土壤物理特性

一、土壤容重

通过调查分析，六盘山地区各土层土壤容重的平均值为 1.07～1.28 g/cm³，且随着土层深度的增加，土壤容重逐渐增加，这说明土壤空间密度较大、土壤紧实、透气性较差。不同深度土壤容重的均值差异并不大，即土壤容重在垂直方向上的变异很小，其中平均土壤容重在0～10 cm土层最小，仅为1.07 g/cm³；20～40 cm土层最大，为1.28 g/cm³，这主要是因为土壤表层容重受表层枯落物的影响较大，枯落物含量较高，土壤有机质含量增加，土壤透气性较好，土壤容重较低。随着土壤深度的增加，有机质含量减少，土壤团聚体降低，紧实度增加，因此土壤容重增大。

从图 7-1 可以看出，18 种不同森林植被类型的土壤容重不同。在 0~10 cm 土层中，白桦-辽东栎-椴梓树混交林的土壤容重最大，为 1.38 g/cm³，云杉人工林的土壤容重最小，为 0.71 g/cm³；在 10~20 cm 土层中，椴树-山杨-辽东栎混交林的土壤容重最大，为 1.41 g/cm³，椴树-山杨混交林的土壤容重最小，为 0.90 g/cm³；在 20~40 cm 土层中，椴树-山杨-辽东栎混交林的土壤容重最大，为 1.50 g/cm³，落叶松-红桦-白桦混交林的土壤容重最小，为 0.96 g/cm³。

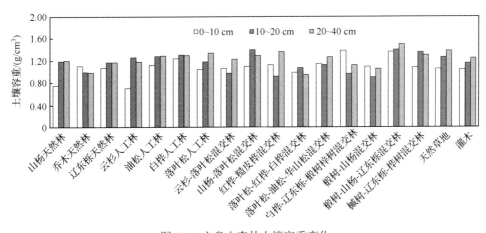

图 7-1 六盘山森林土壤容重变化

不同森林植被类型各层土壤容重变化不同 (图 7-1)。随土层深度的增加，山杨天然林、辽东栎天然林、油松人工林、落叶松人工林、椴树-山杨-辽东栎混交林、天然草地和灌木的土壤容重均逐渐增大，乔木天然林的土壤容重逐渐降低，云杉人工林、白桦人工林、山杨-落叶松混交林、落叶松-红桦-白桦混交林和槭树-辽东栎-桦树混交林的土壤容重均呈现先增大后降低的变化，云杉-落叶松混交林、红桦-糙皮桦混交林、落叶松-油松-华山松混交林、白桦-辽东栎-椴梓树混交林和椴树-山杨混交林的土壤容重呈现先降低后增加的变化。

二、土壤含水量变化

六盘山地区各土层土壤含水量的平均值为 19.26%~23.66%，且随着土层深度的增加，土壤含水量逐渐降低。不同深度土壤含水量的均值差异并不大，即土壤含水量在垂直方向上的变异很小，其中平均土壤含水量在 0~10 cm 土层最高，为 23.66%；20~40 cm 土层最低，为 19.26%。

从图 7-2 可以看出，18 种不同植被类型的土壤含水量不同。在 0~10 cm 土层中，落叶松-红桦-白桦混交林的土壤含水量最高，为 35.91%，槭树-辽东栎-桦树混交林的土壤含水量最低，为 12.71%；在 10~20 cm 土层中，红桦-糙皮桦混交林的土壤含水量最高，为 32.19%，山杨天然林的土壤含水量最低，为 9.08%；在 20~40 cm 土层中，辽东栎天然林的土壤含水量最高，为 33.55%，山杨天然林的土壤含水量则最低。

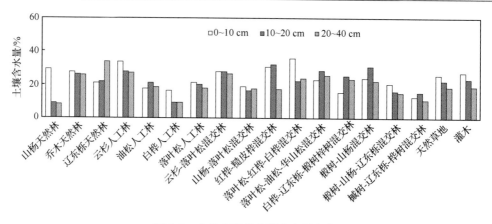

图 7-2　六盘山森林土壤含水量变化

不同森林植被类型各层土壤含水量变化不同 (图 7-2)。随土层深度的增加，辽东栎天然林的土壤含水量逐渐升高，山杨天然林、乔木天然林、云杉人工林、落叶松人工林、云杉-落叶松混交林、椴树-山杨-辽东栎混交林、天然草地和灌木的土壤含水量逐渐降低，油松人工林、红桦-糙皮桦混交林、落叶松-油松-华山松混交林、白桦-辽东栎-椴树梓树混交林、椴树-山杨混交林和槭树-辽东栎-桦树混交林的土壤含水量均呈现先增加后降低的变化，白桦人工林、山杨-落叶松混交林和落叶松-红桦-白桦混交林的土壤含水量呈现先降低后增加的变化。

第二节　土壤化学特性

一、土壤有机碳变化

六盘山林区各土层土壤有机碳含量的平均值为 12.66～107.80 g/kg，且随着土层深度的增加，土壤有机碳含量逐渐降低。不同深度土壤有机碳含量的均值差异并不大，即土壤有机碳含量在垂直方向上的变异很小，其中平均土壤有机碳含量在 0～10 cm 土层最高，为 59.75 g/kg；20～40 cm 土层最低，为 38.00 g/kg。

从图 7-3 可以看出，18 种不同植被类型的土壤有机碳含量不同。在 0～10 cm 土层中，红桦-糙皮桦混交林的土壤有机碳含量最高，为 107.80 g/kg，白桦人工林的土壤有机碳含量最低，为 37.65 g/kg；在 10～20 cm 土层中，红桦-糙皮桦混交林的土壤有机碳含量最高，为 79.80 g/kg，白桦人工林的土壤有机碳含量最低，为 22.20 g/kg；在 20～40 cm 土层中，山杨-落叶松混交林的土壤有机碳含量最高，为 57.70 g/kg，白桦人工林的土壤有机碳含量最低，为 12.66 g/kg。

不同森林植被类型各层土壤有机碳含量变化不同 (图 7-3)。随土层深度的增加，椴树-山杨-辽东栎混交林的土壤有机碳含量呈现先增加后降低的变化，其他 17 种植被类型土壤的有机碳含量均逐渐减低。

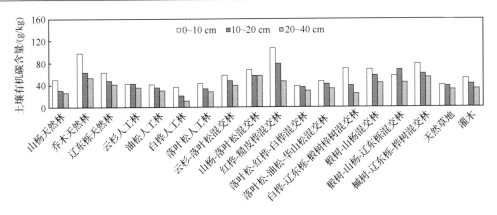

图 7-3　六盘山森林土壤有机碳含量变化

二、土壤全氮变化

六盘山地区各土层土壤全氮含量为 1.67～8.63 g/kg，且随着土层深度的增加，土壤全氮含量逐渐降低。不同深度土壤全氮含量的均值差异并不大，即土壤全氮含量在垂直方向上的变异很小，其中平均土壤全氮含量在 0～10 cm 土层最高，为 5.29 g/kg；20～40 cm 土层最低，为 3.78 g/kg。

从图 7-4 可以看出，18 种不同植被类型的土壤全氮含量不同。在 0～10 cm 土层中，红桦-糙皮桦混交林的土壤全氮含量最高，为 8.63 g/kg，油松人工林的土壤全氮含量最低，为 3.20 g/kg；在 10～20 cm 土层中，红桦-糙皮桦混交林的土壤全氮含量最高，为 7.07 g/kg，白桦人工林的土壤全氮含量最低，为 2.36 g/kg；在 20～40 cm 土层中，乔木天然林的土壤全氮含量最高，为 5.14 g/kg，白桦人工林的土壤全氮含量最低，为 1.67 g/kg。

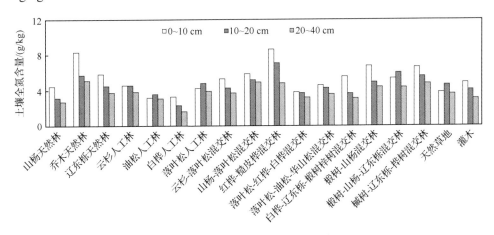

图 7-4　六盘山森林土壤全氮含量变化

不同森林植被类型各层土壤全氮含量变化不同 (图 7-4)。随土层深度的增加，油松人工林、落叶松人工林、椴树-山杨-辽东栎混交林和天然草地的土壤全氮含量均呈现先增加后降低的变化，其他 14 种植被类型的土壤全氮含量均逐渐降低。

三、土壤全磷变化

六盘山地区各土层土壤全磷含量的平均值变化为 0.34～0.37 g/kg，且随着土层深度的增加，土壤全磷含量逐渐降低。不同深度土壤全磷含量的均值差异并不大，即土壤全磷含量在垂直方向上的变异很小，其中土壤全磷平均含量在 0～10 cm 土层最高，仅为 0.37 g/kg；在 20～40 cm 土层最低，为 0.34 g/kg。

从图 7-5 可以看出，18 种不同植被类型的土壤全磷含量不同。在 0～10 cm 土层中，山杨天然林的土壤全磷含量最高，为 0.54 g/kg，椴树-山杨混交林的土壤全磷含量最低，为 0.28 g/kg；在 10～20 cm 土层中，云杉人工林的土壤全磷含量最高，为 0.51 g/kg，山杨天然林的土壤全磷含量最低，为 0.25 g/kg；在 20～40 cm 土层中，落叶松-红桦-白桦混交林的土壤全磷含量最高，为 0.49 g/kg，山杨天然林的土壤全磷含量最低，为 0.23 g/kg。

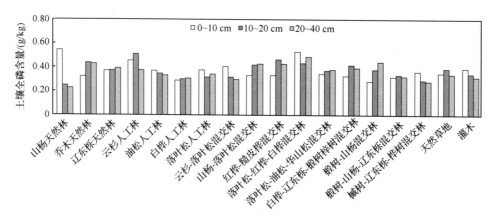

图 7-5　六盘山森林土壤全磷含量变化

不同森林植被类型各层土壤全磷含量变化不同 (图 7-5)。随土层深度的增加，辽东栎天然林、白桦人工林、山杨-落叶松混交林、落叶松-油松-华山松混交林和椴树-山杨混交林的土壤全磷含量均逐渐增高，山杨天然林、油松人工林、云杉-落叶松混交林、械树-辽东栎-桦树混交林和灌木的土壤全磷含量逐渐降低，乔木天然林、云杉人工林、红桦-糙皮桦混交林、白桦-辽东栎-椴树梓树混交林、椴树-山杨-辽东栎混交林和天然草地的土壤全磷含量均呈现先增加后降低的变化，落叶松人工林和落叶松-红桦-白桦混交林的土壤全磷含量均呈现先降低后增加的变化。

四、六盘山针阔林土壤碳氮分布特征

(一) 土壤有机碳分布

宁夏六盘山地区不同海拔针叶阔叶林各土层土壤有机碳含量的平均值变化为 17.80～86.80 g/kg，且随着海拔升高，土壤有机碳含量在针叶林和阔叶林中呈现不同的变化规律 (图 7-6、图 7-7)。在不同土层中，土壤有机碳含量随海拔变化趋势基本一致，

且不随林型变化而变化，即海拔对不同土层有机碳含量影响不明显。同一林型不同深度土壤有机碳含量的均值差异并不显著。整体而言，不同林型平均土壤有机碳含量在0～10 cm 土层大于10～20 cm 土层，且在不同土层之间阔叶林大于针叶林。在0～10 cm土层中，针叶林土壤平均有机碳含量为 48.40 g/kg，阔叶林土壤平均有机碳含量为61 g/kg。在10～20 cm 土层中，针叶林土壤平均有机碳含量为 36.80 g/kg，阔叶林则为44.60 g/kg。

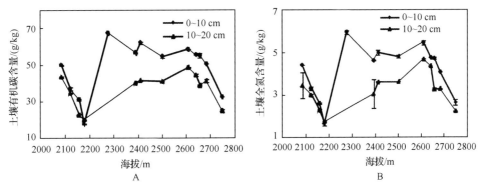

图 7-6　六盘山针叶林土壤有机碳(A)和全氮(B)含量随海拔分布特征

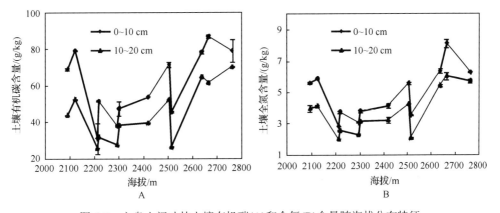

图 7-7　六盘山阔叶林土壤有机碳(A)和全氮(B)含量随海拔分布特征

　　从图 7-6 可以看出，宁夏六盘山地区针叶林土壤有机碳含量随海拔变化整体上呈现减少—增加—减少的规律。在 0～10 cm 土层，针叶林土壤有机碳含量在海拔 2050～2200 m 呈下降趋势，并达到最低值 17.80 g/kg，之后有机碳含量随海拔有所增大，并在海拔 2280 m 处达到最大值 67.50 g/kg。海拔 2280～2620 m 土壤有机碳含量整体呈下降趋势，但下降速率缓慢。海拔 2620～2800 m 下降速率增大。在 10～20 cm 土层，土壤有机碳含量随海拔升高整体上同 0～10 cm 土层呈现相同的变化规律。在海拔 2180 m 处达到最小值 20 g/kg，有机碳含量最高值大约出现在海拔 2610 m 处，为 48.80 g/kg。由图 7-7 可知，六盘山地区阔叶林土壤有机碳含量随海拔变化在不同土层之间变化趋势基本一致。在海拔 2090～2290 m 土壤有机碳含量整体呈下降趋势，之后随海拔升高土壤有机碳含量互有增减，在海拔 2670 m 处出现峰值，为 86.80 g/kg。

　　不同林型之间，在 0～10 cm 土层，土壤有机碳含量在海拔 2080～2150 m 表现为阔叶林大于针叶林。在海拔 2150～2650 m 则为针叶林大于阔叶林,而在海拔 2650～2800 m 又呈现阔叶林大于针叶林的特征。在 10～20 cm 土层,针叶林和阔叶林土壤有机碳含量同 0～10 cm 土层呈现相同的规律。

(二) 土壤全氮分布

宁夏六盘山地区不同海拔对针叶阔叶林各土层土壤全氮含量的平均值为 1.66～8.15 g/kg,且随着海拔升高,土壤全氮含量在针叶林和阔叶林中呈现不同的变化规律 (图 7-6、图 7-7)。在不同土层中,土壤全氮含量随海拔变化趋势基本一致,且不随林型变化而变化,即海拔对不同土层全氮含量影响不明显。同一林型不同深度土壤全氮含量的均值差异并不显著。整体而言,不同林型平均土壤全氮含量在 0～10 cm 土层均大于 10～20 cm 土层,且在不同土层之间阔叶林平均全氮含量大于针叶林。0～10 cm 土层针叶林土壤平均全氮含量为 4.10 g/kg,阔叶林土壤平均全氮含量为 4.90 g/kg。在 10～20 cm 土层中,针叶林土壤平均全氮含量为 3.20 g/kg,阔叶林为 3.70 g/kg。不同林型之间,在 0～10 cm 土层,土壤全氮含量在海拔 2080～2150 m 表现为阔叶林大于针叶林。在海拔 2150～2650 m 则为针叶林大于阔叶林,而在海拔 2650～2800 m 又呈现阔叶林大于针叶林的特征。在 10～20 cm 土层,针叶林和阔叶林土壤全氮含量同 0～10 cm 土层呈现相同的规律。

从图 7-6 可以看出,宁夏六盘山地区针叶林土壤全氮含量随海拔整体上呈现减少—增加—减少的规律。在 0～10 cm 土层,针叶林土壤全氮含量在海拔 2050～2200 m 呈下降趋势,并达到最低值 1.66 g/kg,之后全氮含量随海拔有所增大,并在海拔 2280 m 处达到最大值 5.94 g/kg。在海拔 2280～2620 m 土壤全氮含量整体呈下降趋势,但速率缓慢。海拔 2620～2800 m 下降速率有所增加。在 10～20 cm 土层,土壤全氮含量整体上同 0～10 cm 土层呈现相同的变化规律。在海拔 2180 m 处达到最小值 1.72 g/kg,全氮含量最高值大约出现在海拔 2610 m 处,为 4.67 g/kg。由图 7-7 可知,六盘山地区阔叶林土壤全氮含量随海拔在不同土层之间变化趋势基本一致。在海拔 2090～2290 m 土壤全氮含量整体呈下降趋势,之后随海拔升高土壤全氮含量互有增减,在海拔 2670 m 处出现峰值,为 8.15 g/kg。

第三节　土壤质量评价

土壤质量是指土壤在生态系统范围内,维持生物生产、保护环境质量及促进动植物健康的能力,是对土壤肥力质量、环境质量及健康质量的综合量度 (Doran and Parkin, 1994)。土壤质量作为土壤特性的综合反映,能够最敏感地指示土壤条件的动态变化,反映土壤管理水平,揭示土壤恢复能力或退化可能 (尹刚强等,2008;张汪寿等,2010)。

在考虑评价指标选择原则的基础上,参考专家意见,选择不同土层深度 (0～10 cm、10～20 cm、20～40 cm) 的土壤容重、土壤含水量、土壤有机碳、土壤全氮和土壤全磷作为土壤质量评价指标。根据多位专家对六盘山地区不同植被类型土壤质量的 15 个指标给出不同比值,整理得到判断矩阵,采用和积法求矩阵的特征向量,并作一致性检验,最终确定各评价指标对土壤质量影响的权重，最后利用灰色关联模型进行综合计算，对不同植被类型的土壤质量进行综合评价 (图7-8)。

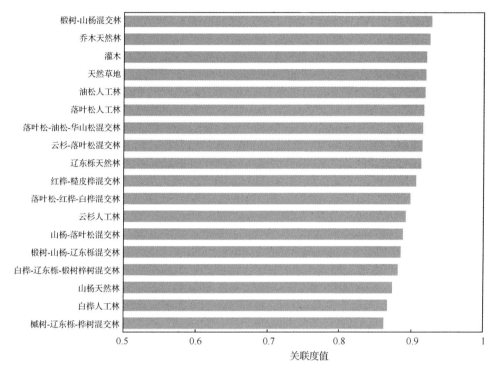

图 7-8　六盘山森林土壤质量的关联度值变化

由图7-8可知，宁夏六盘山地区不同植被类型关联度值大小顺序为：椴树-山杨混交林 (0.928) ＞乔木天然林 (0.925) ＞灌木 (0.920) ＝天然草地 (0.920) ＞油松人工林 (0.919) ＞落叶松人工林 (0.917) ＞落叶松-油松-华山松混交林 (0.916) ＞云杉-落叶松混交林 (0.915) ＞辽东栎天然林 (0.914) ＞红桦-糙皮桦混交林 (0.906) ＞落叶松-红桦-白桦混交林 (0.899) ＞云杉人工林 (0.893) ＞山杨-落叶松混交林 (0.888) ＞椴树-山杨-辽东栎混交林 (0.886) ＞白桦-辽东栎-椴树梓树混交林 (0.882) ＞山杨天然林 (0.874) ＞白桦人工林 (0.867) ＞槭树-辽东栎-桦树混交林 (0.862)。这说明植被类型为椴树-山杨混交林，土壤质量最高，而植被类型为槭树-辽东栎-桦树混交林，土壤质量最低。

参 考 文 献

连纲, 郭旭东, 傅伯杰, 等. 2006. 黄土高原小流域土壤容重及水分空间变异特征. 生态学报, (3): 647-654.

唐国勇, 李昆, 孙永玉, 等. 2010. 干热河谷不同利用方式下土壤活性有机碳含量及其分配特征. 环境科学, 31(5): 1365-1371.

肖波, 秦克章, 李光明, 等. 2009. 西藏驱龙巨型斑岩 Cu-Mo 矿床的富 S、高氧化性含矿岩浆——来自岩浆成因硬石膏的证据. 地质学报, 83(12): 1860-1868.

尹刚强, 田大伦, 方晰, 等. 2008. 不同土地利用方式对湘中丘陵区土壤质量的影响. 林业科学, (8):

9-15.

张汪寿, 李晓秀, 黄文江, 等. 2010. 不同土地利用条件下土壤质量综合评价方法. 农业工程学报, 26(12): 311-318.

Ortiz B V, Perry C, Goovaerts P, *et al*. 2010. Geostatistical modeling of the spatial variability and risk areas of southern root-knot nematodes in relation to soil properties. Geoderma, 156(3-4): 243-252.

第八章 森林生态系统的固碳特征

碳循环是指碳元素在地球大气圈，岩石圈、水圈和生物圈的迁移和转化过程，是生物地球化学研究的主要内容之一。生物与环境之间的协同进化使得全球碳循环长期处于平衡和稳定状态。碳元素在陆地生态系统的循环过程指的是植物通过光合作用吸收大气中的 CO_2 并转化成为含碳化合物，再经过动植物和微生物复杂的生物化学作用将碳元素固定在生态系统中或转化为 CO_2 释放到大气中 (Bardgett *et al.*, 2009)。陆地生态系统碳循环及碳收支研究是全球碳循环研究的核心内容。这是由于，陆地生态系统是碳元素主要的载体之一，其碳储量约为大气的 4 倍。朴世龙等 (2010) 研究表明，2000～2007 年期间，陆地生态系统吸收的 CO_2 占人类活动 CO_2 排放量的 19.5%。此外，陆地生态系统在全球碳平衡中发挥着重要作用，大气 CO_2 浓度的波动和气候条件的变化均会引起陆地生态系统的反馈响应，进而影响全球碳循环的稳定性 (Smith and Fang，2010)。

陆地生态系统是一个复杂而庞大的系统，森林和草原生态系统是其重要的组成部分，在全球陆地碳循环过程中占有重要地位。森林是陆地上最大的碳库，其地上和地下碳储量分别占全球陆地生态系统地上和地下碳储量的 80% 和 40% (Jandl *et al.*, 2007)，其年均固碳量占全球陆地生态系统的 2/3 左右。广阔的分布面积和巨大的碳储存能力，使得草地在全球陆地生态系统碳循环中发挥着巨大作用 (Silver *et al.*, 2010)。由于森林分布较广，类型多样，加之自然及人为因素的干预，森林生态系统碳密度和碳储量的估算往往存在很大的不确定性 (王俊明和张兴昌，2009)，准确估测森林生态系统的碳密度和碳储量是陆地生态系统碳循环研究的基础，对于了解陆地生态系统碳循环与影响因素之间的相互作用机制，预测碳循环的动态和发展趋势具有极其重要的意义 (高阳，2014)。

第一节 典型森林生态系统固碳密度

六盘山林区位于宁夏最南端，是清水河、泾河等多条河流的发源地。宁夏地区的天然林分布稀少，但其在涵养水源、保育土壤、净化空气、固碳制氧、改善小气候和保护生物资源多样性等方面发挥着巨大的生态服务功能 (Ruiz-Jaen and Potvin，2011)。天然林是自然植被长期进化的结果，对区域环境较强的适应性和稳定生长的特性决定了天然林生态系统的固碳能力高于其他植被类型，处于演替顶级阶段的天然林仍具有可观的固碳能力。随着"三北防护林"工程和"退耕还林"工程的推进，黄土高原地区人工林面积迅速扩大，其固碳能力逐步引起人们的重视。人工林碳密度在不同树种间和不同林龄间的差异已成为生态工程建设和管理中必须考虑的问题。选取六盘山典型森林生态系统作为研究对象，分析不同库层的碳密度，以期探索不同天然林和人工林的固碳现状，为天然林的保护和利用及人工林的后续经营管理提供参考。

一、乔木层生物量方程的研建

关于油松生物量方程，借用相邻地区（甘肃小陇山）油松模型，程堂仁等用 $\ln W=a+b\ln(D^2h)$、$\ln W=a+b\ln D$（W 为生物量，kg）两种模型拟合了油松生物量，相关系数基本都在 0.95 以上，尤其是两种形式的总生物量回归方程的相关系数均达到 0.99，具体参数见表 8-1。

表 8-1　油松两种模型的单木生物量方程

树种	器官	$\ln W=a+b\ln(D^2h)$			$\ln W=a+b\ln D$		
		a	b	r	a	b	r
油松	干	−3.883	0.936	0.996	−2.810	2.293	0.992
	枝	−6.381	1.124	0.983	−5.182	2.785	0.989
	叶	−5.328	0.881	0.950	−4.417	2.193	0.960
	皮	−5.113	0.865	0.986	−4.159	2.132	0.988
	根	−4.756	0.920	0.982	−4.029	2.357	0.982
	总	−3.523	0.966	0.991	−2.459	2.380	0.993

而林区其他林分生物量方程均实地收集数据构建而成，本次共采集到华北落叶松样本数据 28 组，其胸径范围 4.2～28.1 cm，树高范围 4.5～16.8 m；华山松 30 组，胸径范围 4.8～36.4 cm，树高范围 6.3～15.4 m；辽东栎 30 组，胸径范围 5.6～48.8 cm，树高范围 8.2～21.3 m。

根据林木各器官组分与测树因子（胸径和树高）的生长关系，建立 $B=aD^b+\varepsilon$ 和 $B=aD^bH^c+\varepsilon$ 两种类型回归方程（B 为生物量，kg；D 为胸径，cm；H 为树高，m；a、b、c 为回归系数，ε 为误差项）。各项统计指标的结果见表 8-2。

经检验，所有相关均显著。总生物量模型 R^2 都超过了 0.97，说明用 D、H 两项因子已经解释了立木生物量变动的 97%以上；MSE 基本在 5%以内，表明模型拟合效果良好；总生物量方程的 MPE 基本在 8%以内，说明生物量模型的平均预估精度达到约 92%；MPSE 值除辽东栎的枝、叶外，均为 20%以内，该指标反映的是估计单株生物量误差水平。可见，所建立的回归模型能准确地反映乔木层整体的生物量现状。

二、森林植被层和枯枝落叶层生物量特征

辽东栎和华山松是天然次生林，植被群落结构较好，演替层次明显；油松林地灌草较稀疏，而华北落叶松林地几乎寸草不生，两者林地灌草生物量均忽略不计。按照异速生长模型回归方程及样方收获法对乔木层、灌木层及草本层生物量进行采集和估算，结果见表 8-3。

表8-2　华北落叶松、华山松和辽东栎生物量模型的拟合结果及其统计指标

树种	组分	类型	参数估计值				统计指标			
			a	b	c	ε	R^2	MSE/%	MPE/%	MPSE/%
华北落叶松	总	一元	0.914	1.403		3.521	0.987	0.17	4.62	5.31
		二元	1.065	1.157	0.247	1.175	0.989	0.43	4.38	5.69
	枝	一元	1.502	0.741		−2.708	0.993	−0.02	2.97	4.65
		二元	1.642	0.651	0.087	−3.260	0.994	0.08	2.93	4.02
	叶	一元	0.002	2.412		0.871	0.988	0.62	4.89	4.38
		二元	0.002	2.137	0.252	1.084	0.988	0.47	4.87	9.98
	果	一元	0.293	1.267		−1.437	0.964	0.43	9.68	22.76
		二元	0.311	1.135	0.142	−1.610	0.945	−6.43	9.91	17.88
	干	一元	0.229	1.562		0.638	0.986	0.98	5.41	13.18
		二元	0.283	1.216	0.347	−0.494	0.989	2.04	4.83	9.72
	根	一元	3.110	0.565		−2.651	0.959	1.94	5.35	6.64
		二元	1.280	0.516	0.338	0.538	0.969	−3.74	4.82	4.98
华山松	总	一元	3.661	1.279		1.331	0.977	−2.80	7.78	11.67
		二元	3.503	1.161	0.171	0.743	0.974	−5.10	6.26	12.25
	枝	一元	3.034	0.931		−0.875	0.920	−1.70	8.73	11.69
		二元	2.975	0.923	0.019	−1.324	0.920	−1.95	8.98	11.67
	叶	一元	0.371	1.149		−1.726	0.968	5.38	7.41	18.81
		二元	0.370	1.096	0.074	−1.896	0.968	6.53	7.59	19.63
	果	一元	0.553	0.818		−1.162	0.917	0.14	9.70	14.18
		二元	0.684	0.592	0.253	−2.103	0.923	1.05	9.60	14.70
	干	一元	0.791	1.488		2.046	0.957	−4.96	9.14	15.60
		二元	0.589	1.326	0.326	1.836	0.960	−6.10	9.07	15.86
	根	一元	1.100	1.205		−2.461	0.955	−0.95	8.80	13.15
		二元	1.224	0.887	0.401	−4.322	0.962	3.53	8.27	18.95
辽东栎	总	一元	0.642	2.000		3.562	0.979	−2.45	7.15	12.80
		二元	1.228	2.191	0.444	4.522	0.981	−5.08	8.00	12.30
	枝	一元	0.028	2.583		3.460	0.946	−8.18	16.47	26.07
		二元	0.118	3.024	1.047	2.530	0.952	−6.91	15.65	24.21
	叶	一元	0.017	2.045		−1.034	0.924	1.42	18.34	25.40
		二元	0.026	2.150	0.275	−0.532	0.926	0.91	18.30	24.14
	干	一元	0.839	1.782		0.653	0.987	−4.96	5.79	9.46
		二元	1.208	1.873	0.240	1.534	0.988	−4.54	5.82	9.09
	根	一元	0.682	1.181		2.881	0.942	0.60	8.54	12.91
		二元	1.093	1.305	0.321	3.207	0.944	0.43	8.68	12.20

表 8-3　乔、灌、草及枯枝落叶层生物量组成　　（单位：t/hm²）

林分	层次	总	枝	叶	干	果球(树皮)	地上部分	根(地下部分)
华北落叶松	乔木层	50.0±3.35	9.41±0.82	2.63±0.16	18.4±1.00	7.72±0.36	38.2±2.30	13.3±1.43
	枯落物	26.4±4.98						
油松	乔木层	112±6.67	23.6±2.26	8.34±0.41	60.7±3.20	8.45±0.39	100±6.24	18.9±1.26
	枯落物	12.1±2.36						
华山松	乔木层	85.1±6.57	28.1±2.13	4.36±0.34	32.9±2.58	2.82±0.21	68.2±5.25	18.4±1.41
	灌木层	0.62±0.06	0.37±0.03	0.05			0.41±0.03	0.20±0.02
	草本层	0.36±0.03					0.10±0.01	0.27±0.03
	枯落物	29.4±6.57						
辽东栎	乔木层	87.1±17.7	16.7±3.25	2.78±0.42	56.4±13.2		75.9±16.88	11.0±1.57
	灌木层	3.02±0.23	1.44±0.15	0.23±0.03			1.63±0.15	1.37±0.11
	草本层	2.60±0.28					0.91±0.11	1.68±0.20
	枯落物	14.9±2.65						

由表 8-3 中可以看出，不同植被生物量差异较大，各个生长器官生物量差异明显：乔木层生物量为 50～112 t/hm²，各器官生物量大小为树干>树枝>树根>果球 (树皮) >树叶。华北落叶松、油松、辽东栎和华山松的树干、树枝及树根的生物量之和分别占整个乔木层生物量的 82.22%、92.14%、93.30%和 96.67%，是树皮、树叶及果球生物量总和的 9 倍以上，可见乔木层生物量主要集中在树干、树根及树枝上。

乔木层地表上下对比 (图 8-1) 结果表明，根茎比为 2.87～6.90，各林分地下生物量差异不明显，根茎比变化主要是地上生物量差异引起的。

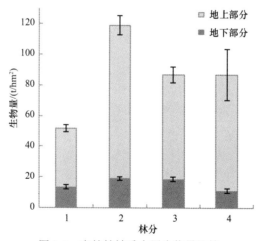

图 8-1　森林植被乔木层生物量比较
1. 华北落叶松；2. 油松；3. 华山松；4. 辽东栎

灌木层不同器官生物量特征为：枝/干最大，根次之，叶最小。与其他层次相反，草本层生物量主要集中在地下根系部分，是地上生物量的 2～3 倍，可见根系生物量在草本生物量研究中具有重要的意义。

三、森林植被层和枯枝落叶层碳储量特征

依据生物量与所测定的含碳率，按照研究方法中碳密度的计算公式，求得不同植被各生长器官碳储量(表8-4)。

表8-4 森林植被各层有机碳及养分含量

林分	层次	器官	全碳含量 /(g/kg)	全氮含量 /(g/kg)	全磷含量 /(g/kg)	碳储量 /(t/hm²)	氮储量 /(kg/hm²)	磷储量 /(kg/hm²)
华北落叶松	乔木层	枝	479	7.53	0.84	4.51	70.83	7.94
		叶	453	25.96	2.77	1.19	68.28	7.28
		干	459.87	4.47	0.41	8.46	82.19	7.59
		果	473.4	4.55	0.49	3.65	35.13	3.78
		根	439.7	5.73	0.71	5.85	76.16	9.42
		总				23.66	332.59	36.02
	枯落物层	未分解	308.5	10.08	0.83	1.94	63.3	5.21
		半分解	212.33	7.05	0.72	4.27	141.85	14.47
		总				6.21	205.15	19.68
油松	乔木层	枝	463.13	7.68	0.51	10.93	181.25	12.05
		叶	476.4	16.57	1.13	3.97	138.22	9.4
		干	449.23	3.89	0.21	27.27	235.92	12.48
		果	476.4	7.07	0.43	4.03	59.77	3.63
		根	444.73	5.65	0.46	8.41	106.72	8.71
		总				54.6	721.88	46.27
	枯落物层	未分解	378.1	8.6	0.76	1.84	41.8	3.68
		半分解	226.3	7.41	0.71	1.63	53.28	5.13
		总				3.46	95.07	8.81
华山松	乔木层	枝	499	5.85	0.48	14.02	164.48	13.44
		叶	504.1	15.6	1.24	2.2	68.02	5.41
		干	482.73	4.87	0.37	15.88	160.33	12.24
		果	474.9	5.65	0.54	1.34	15.93	1.52
		根	447	7.33	0.42	8.22	134.87	7.69
		总				41.67	543.63	40.3
	灌木层	枝	434.37	13.53	1	0.16	5	0.37
		叶	419.97	21.03	1.17	0.02	1.05	0.06
		根	428.37	10.07	0.92	0.09	2.01	0.18
		总				0.27	8.07	0.61
	草本层	地上	402.4	33.72	2.38	0.04	3.37	0.24
		地下	221.7	9.11	0.9	0.06	2.46	0.24
		总				0.1	5.83	0.48
	枯落物层	未分解	284.1	10	0.88	2.71	95.3	8.39
		半分解	188.6	9.57	0.82	3.76	190.54	16.23
		总				6.46	285.84	24.62

林分	层次	器官	全碳含量/(g/kg)	全氮含量/(g/kg)	全磷含量/(g/kg)	碳储量/(t/hm²)	氮储量/(kg/hm²)	磷储量/(kg/hm²)
辽东栎	乔木层	枝	449.7	8.78	0.73	7.51	146.57	12.13
		叶	459.27	28.54	1.93	1.28	79.35	5.37
		干	435.43	7.46	0.34	24.56	420.56	19.24
		根	380.2	6.91	0.63	4.18	75.97	6.89
		总				37.53	722.45	43.62
	灌木层	枝	438.07	29.76	1.35	0.63	42.85	1.95
		叶	423.87	25.66	2.15	0.1	5.9	0.49
		根	387.2	13.97	1.59	0.53	19.14	2.18
		总				1.26	67.9	4.62
	草本层	地上	406	24.93	2.54	0.37	22.69	2.32
		地下	331.87	16.73	2.23	0.56	28.11	3.75
		总				0.93	50.79	6.07
	枯落物层	未分解	337.7	14.78	1.31	2.32	101.54	8.97
		半分解	236.7	12.43	1.3	1.91	100.06	10.47
		总				4.23	201.6	19.43

各林分乔木层中含碳率各不相同，为 380.20～504.10 g/kg，一般表现为叶>枝>干>根，碳储量大小呈现干>枝>根>叶的特征；N、P 含量均表现为叶>枝>根>干，其储量大小多呈现干>枝>根>叶的特征。灌木层含碳率为 387.20～438.07 g/kg；草本层为 221.70～406.00 g/kg，且地下部分明显低于地上部分；枯落物层为 188.6～378.10 g/kg，半分解层明显低于未分解层。

华北落叶松、油松、华山松和辽东栎植被与枯落物总碳储量分别是 29.87 t/hm²、58.06 t/hm²、48.5 t/hm² 和 43.95 t/hm²。林地总碳储量为乔木层>枯落物层>灌木层>草本层，灌木和草本层一般只占整个林地碳储量的 5%或更少，枯落物层约占 10%，碳储量集中于乔木层中的干、枝、根三个部分，一般占整个林地储量的 80%或更高。

不论是植被的类型，还是植被生长的不同器官，碳含量差异较大，从而体现植被碳储量的空间差异性及层次性。

四、森林土壤层碳储量特征

根据土壤有机碳密度的计算公式可知，土壤容重是其重要的因子之一。本试验各林地土壤容重范围为 0.94～1.50 g/cm³，并随着土壤深度的增加而增加。同林分各土层之间的差异较小，从而表明土壤容重变化波动较小，质地比较均一。

对各林地土壤样品有机碳及理化性质进行实验室分析 (表 8-5)，结果表明：土壤有机碳含量随着土壤深度的增加而递减，其中 0～10 cm 土壤表层，有机碳含量最大，与 30～50 cm 土层有机碳含量相比，变化幅度在 29%～66%；全氮含量随着土壤深度的增加而递减；而全磷含量在土层间的变化差异较小。土壤碳储量均随着土层深度的增加而减小 (均以 10 cm 计)。

表 8-5　不同类型林地土壤容重及碳、氮、磷含量

林分	土层深度/cm	土壤厚度/cm	容重/(g/cm³)	全碳含量/(g/kg)	全氮含量/(g/kg)	全磷含量/(g/kg)	土壤碳储量/(t/hm²)	土壤氮储量/(t/hm²)	土壤磷储量/(t/hm)
华北落叶松	0~10	10	1.09	41.25	3.53	0.60	45.04	3.85	0.66
	10~20	10	1.11	35.69	3.11	0.61	39.49	3.44	0.68
	20~30	10	1.12	31.84	2.59	0.61	35.69	2.90	0.68
	30~50	20	1.22	27.31	2.99	0.48	66.76	7.32	1.18
	总量						186.98	17.51	3.20
油松	0~10	10	1.21	28.98	2.73	0.46	35.07	3.30	0.55
	10~20	10	1.30	18.93	1.81	0.38	24.64	2.36	0.49
	20~30	10	1.46	13.82	1.52	0.35	20.19	2.22	0.52
	30~50	20	1.52	9.77	1.09	0.37	29.35	3.26	1.12
	总量						109.25	11.14	2.68
华山松	0~10	10	0.94	67.71	5.17	0.62	63.62	4.86	0.58
	10~20	10	1.16	47.83	3.58	0.58	55.34	4.14	0.67
	20~30	10	1.16	48.30	3.81	0.61	56.11	4.43	0.71
	总量						175.08	13.43	1.96
辽东栎	0~10	10	1.00	73.20	6.71	1.20	73.20	6.70	1.20
	10~20	10	1.11	55.42	5.29	1.02	61.38	5.86	1.13
	20~30	10	1.23	46.23	4.51	1.05	56.91	5.55	1.29
	总量						191.31	18.11	3.62

整个土壤剖面,华北落叶松、油松、华山松和辽东栎土壤碳储量分别为 186.98 t/hm²、109.25 t/hm²、175.08 t/hm² 和 191.31 t/hm²,其中油松林土壤碳含量最少,而其他三者差异不显著,均值为 184.50 t/hm²。

五、林地碳储量变化

华北落叶松林、油松林、华山松林和辽东栎林总碳储量分别是 216.85 t/hm²、167.31 t/hm²、223.58 t/hm² 和 235.26 t/hm²,碳储量特征均为:土壤层>植被层>枯落物层,其中土壤碳所占比例依次为 86%、65%、78% 和 81%,是林地碳储量的主要部分,在森林碳循环中起着至关重要的作用。除油松林外,其他林地总碳储量相当,均值为 225.23 t/hm²,代表了六盘山林区天然林和人工林的一般情况。

根据林木各器官组分与测树因子(胸径和树高)的生长关系,建立 $B = aD^b + \varepsilon$ 和 $B = aD^b H^c + \varepsilon$ 两种类型的回归方程,所建立的模型能准确地反映乔木层整体的生物量现状。

目前,在研究森林生态系统植被碳储量时,普遍采用的方法是利用含碳率乘以植被的生物量。因此,树种的含碳率是研究森林碳储量的关键因子,而国内外许多研究者大

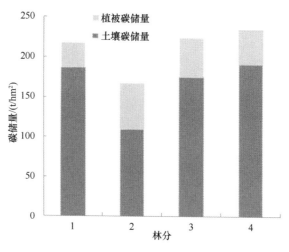

图 8-2　不同类型林分总碳储量比较
1. 华北落叶松；2. 油松；3. 华山松；4. 辽东栎

多采用 0.50 或 0.45 作为所有森林类型的平均含碳率，少数是根据不同森林类别采用不同含碳率，因此难以达到区域或国家森林生态系统碳储量的精确估算要求。

根据本实验研究的结果，各林分乔木层中含碳率为 380.20～504.10 g/kg；灌木层含碳率为 387.20～438.07 g/kg；草本层为 221.70～406.00 g/kg，且地下部分明显低于地上部分；枯落物层为 212.33～378.10 g/kg，半分解层明显低于未分解层。

华北落叶松、油松、华山松和辽东栎植被与枯落物总碳储量分别是 29.87 t/hm²、58.06 t/hm²、48.5 t/hm² 和 43.95 t/hm²，除油松林外均低于全国平均碳密度 (57.07 t/hm²)，更低于世界水平(86.00 t/hm²)。林地总碳储量中灌木和草本层一般只占 5%或更少，枯落物层占 10%左右，从而呈现在空间层次上的差异性。这种差异的原因，主要是各层次生物量造成的。在空间分配上，植被层与枯落物层碳含量呈现的特征为：乔木层>枯落物层>灌木层>草本层。

土壤有机碳含量，随着土壤深度的增加而呈现递减的趋势，这与许多研究结果一致，变化范围为 9.77～73.20 g/kg，变化幅度达 89%，从而体现土层之间的显著性差异；同时，土壤容重随着土壤深度的增加而增大，全氮含量随着土壤深度的增加而递减；全磷含量在土层间的变化差异较小。土壤有机碳含量，在土层之间差异性显著，并随着土壤深度的增加而递减(以 10 cm 计)。整体碳储量为 184.50 t/hm²，略低于全国森林土壤碳的平均值 193.55 t/hm²。

华北落叶松林、油松林、华山松林和辽东栎林总碳储量分别是 216.85 t/hm²、167.31 t/hm²、223.58 t/hm² 和 235.26 t/hm²，低于全国平均值 (258.83 t/hm²)。碳储量特征均为：土壤层>植被层>枯落物层，其中土壤碳所占比例最大，是林地碳储量的主要部分，在森林碳循环中起着至关重要的作用。

很多研究局限于植被或土壤各自的碳储量大小，并没有从森林生态系统整个生长空间尺度上(植被层-枯枝落叶层-土壤层) 给予准确的研究，从而导致在估算结果上的较大差异。因此，今后在森林碳储量研究方面，应该加强分层探讨、尺度相关，以及碳与其他营养成分的耦合关联进一步探讨。

第二节　典型森林生态系统生长与固碳速率

生长量是森林计测学中一个重要的概念，包括树木生长和林分生长两类。树木生长主要研究主干的生长，具体表现在纵向生长和横向生长及形状变化等方面。树木的高、直径、材积和形数等因子随年龄的增大而发生变化，其变化值称生长量。

树木的生长是由树木自身的遗传特性，以及立地条件、气候条件等环境因子所决定的。在适宜的环境条件下，温带的树木一般每年只形成一个年轮。在相同立地条件下，树木的年轮生长则主要取决于气候因子的变化，特别是在干旱地区，树木的年轮生长主要受气候因子的制约（Fritts，1976）。

研究树木和林分的生长过程在计算蓄积量、材种出材量和确定森林采伐量、森林资源评估、安排森林经营措施等生产过程中有着极其重要的作用（马正锐，2013）。准确测定树木生长过程，不仅在树木年代学和林分生长过程研究中有广泛的应用价值，而且在碳蓄积估测中具有重要意义。

一、树木胸径和高生长过程

油松和华北落叶松优势木、平均木和劣势木胸径与树高年生长量见图 8-3 和图 8-4。油松胸径生长平均值分别为 0.71 cm、0.43 cm 和 0.22 cm，树高年均生长量为 0.41 m、0.39 m 和 0.18 m。优势木和平均木的胸径连年生长量变动较大，但趋势基本一致，均出现 2 次较明显的高峰，分别是第 10 年、第 22 年，其第 16 年达到最低值；劣势木 16 年以前表现为同样的规律，之后明显被压，生长极其缓慢。油松和华北落叶松平均生长量分别在 24 年、24 年和 14 年达到最大值，为 0.78 cm、0.49 cm 和 0.31 cm，以后逐年下降。树高生长变化规律不明显，优势木、平均木连年生长量分别在第 6 年、第 12 年达到最大值 1.28 m 和 1.05 m，其后连年生长量均围绕平均值上下波动；劣势木在 16 年以后被压。

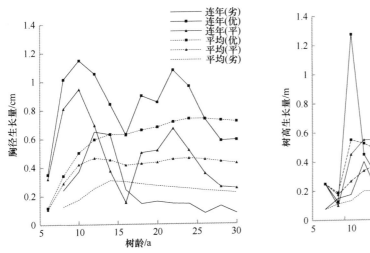
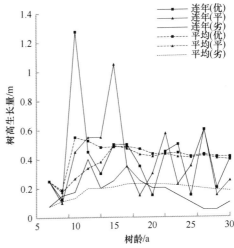

图 8-3　油松平均木和优势木、劣势木胸径、树高生长变化

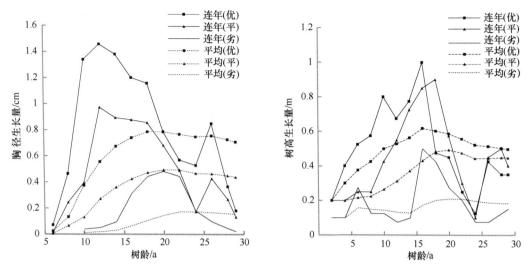

图 8-4　华北落叶松平均木和优势木、劣势木胸径、树高生长变化

图 8-4 得知，华北落叶松在过去的 29 年中，优势木、平均木和劣势木胸径年均生长量分别为 0.70 cm、0.44 cm 和 0.15 cm，树高年均生长量为 0.49 m、0.44 m 和 0.18 m。胸径平均生长量分别在 18 年、20 年和 24 年达到最大值，为 0.79 cm、0.49 cm 和 0.17 cm，以后逐年下降。优势木和平均木的连年变化规律基本一致，第 12 年达到最大值，后减小，至第 24 年出现极小值；劣势木 24 年以前表现较类似的规律，之后被压，生长缓慢。树高连年生长均表现为先显著升高，在第 16～18 年达到最大值，然后逐年降低，并在第 24 年降至最低，再上升。其趋势与胸径变化规律相似，却有一定滞后性。优势木的平均生长量也明显大于平均木和劣势木。

二、材积生长过程

华北落叶松和油松平均木、劣势木和优势木材积生长过程见图 8-5，用二次多项式拟合效果较好，R^2 均达到 0.98 以上。

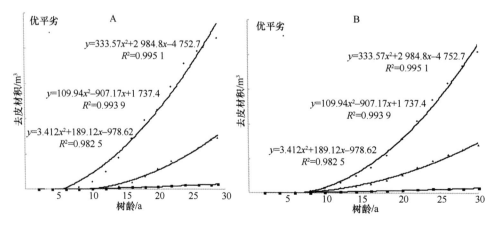

图 8-5　华北落叶松和油松平均木、劣势木和优势木总材积生长过程

A. 华北落叶松；B. 油松

　　整个林分材积变化用平均木生长过程表示。30 年油松和 29 年华北落叶松平均木总材积分别是 0.070 m³、0.074 m³。两种林分中平均木材积连年和平均生长量相关曲线如图 8-6 所示，油松和华北落叶松连年变化量均表现先显著增加，分别在第 22 年、第 26 年达到最大值，然后再逐渐减小。由于油松在第 16 年、华北落叶松在第 24 年胸径和树高生长量均为极小值，故两者材积也在相同龄阶出现波谷。

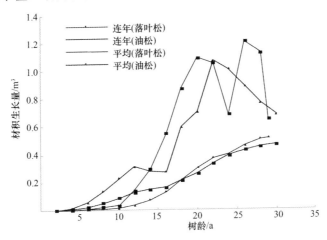

图 8-6　油松和华北落叶松平均木去皮材积生长变化

　　对于树木材积来说，连年生长量和平均生长量 2 条曲线相交时的年龄即为树木成熟龄。而本研究中华北落叶松林和油松林均未进入成熟期。根据图 8-6，预计华北落叶松林成熟年龄在 30 年以后，油松林在 35 年左右。

三、树皮系数变化规律

　　华北落叶松、油松树皮系数随直径的变化如图 8-7 所示，华北落叶松没有明显的规律，油松的树皮系数则随直径的增加而增大。计算树皮系数的均值，并求其变动系数 $C = Sy/\hat{y}$，式中：Sy 为树皮系数的标准差；$\hat{y}$ 为其平均值。华北落叶松、油松的树皮系数均值分别是 1.10、1.09，变动系数为 1.13%、2.60%。

　　油松树皮系数 (y) 随其去皮直径 (x) 的变化规律用线性方程进行拟合，效果较好，拟合方程为 $y=0.0034x+1.048$，$R^2=0.61$，3 cm $<x<$28 cm。油松各径级的树皮系数通过方程求得，而华北落叶松树皮系数以其均值计。

　　华北落叶松和油松平均木各龄阶带皮胸径 (D) 和树高 (h) 的计算结果见表 8-6，只计胸径大于 4 cm 的各龄阶胸径和树高。

表 8-6　两种针叶树平均木各龄阶带皮胸径和树高

树种	胸径和树高	龄阶/a									
		10	12	14	16	18	20	22	24	26	28	30(29)
华北落叶松	D/cm			5.47	7.4	9.29	10.8	11.89	12.27	13.22	13.82	13.96
	h/m			5.2	6.9	8.7	9.85	10.45	10.65	11.55	12.55	12.95
油松	D/cm	4.44	5.96	6.78	7.11	8.22	9.37	10.86	12.01	12.8	13.38	13.85
	h/m	3.8	5.9	6.6	6.9	7.5	8.65	9.1	9.8	11	11.3	11.8

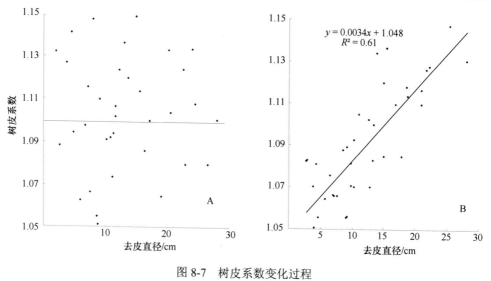

图 8-7　树皮系数变化过程

A. 华北落叶松；B. 油松

四、林分净初级生产力和固碳速率

油松平均木的净初级生产力以各龄阶的生物量之差计，而华北落叶松考虑其叶的连年凋落量，各年生长量加上前一年叶生物量即为其净初级生产力。

华北落叶松和油松平均木净初级生产力连年变化如图 8-8 所示。就单木平均生产力来说，油松明显低于华北落叶松，因其林内密度较大所致。华北落叶松的生产力在第 18 年达到其最大值 (4.80 kg)，而油松生长缓慢，在其第 26 年达到最大值 (4.84 kg)。而两者最小值则与其胸径、树高生长表现为同样的规律，分别在其生长第 24 年和第 16 年达到。30 年油松总生产力为 58 kg，而 29 年华北落叶松为 74 kg。

整个林地的固碳能力以平均木固碳量乘以密度求得，单木固碳量以净生产力与各器官含碳率乘积计。

两种林分总固碳量的连年变化如图 8-9 所示，30 年油松和 29 年华北落叶松人工林总固碳量分别是 61.3 t/hm² 和 50.8 t/hm²。华北落叶松较速生，22 年以前总固碳量大于油

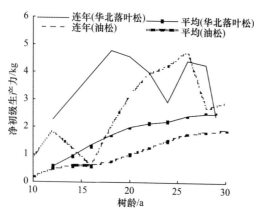

图 8-8　两种平均木净初级生产力

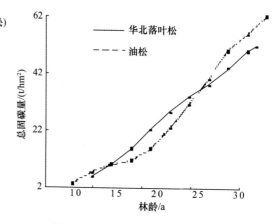

图 8-9　两种林分总固碳量连年变化

松林，之后油松林因数量上的积累，总固碳量较大。华北落叶松林地整个生长阶段(12年后)固碳速率比较稳定，平均为 2.70 t/(hm²·a)；而油松林生长前期受密度和环境的影响，碳累积缓慢，第 18~26 年，碳累积量快速增加，平均为 4.32 t/(hm²·a)，后逐渐减小为 2.98 t/(hm²·a)。其中华北落叶松林地乔木层碳现存量为 23.66 t/hm²，占总固碳量的 54%，其余的以落叶的形式存在，凋落物大量积累。

通过对六盘山两种主要人工林典型样地进行每木检尺，华北落叶松 (1400 株/hm²) 平均胸径为 13.91 cm，平均树高为 13 m；而油松林 (2300 株/hm²) 平均胸径为 14.37 cm，平均树高 10 m。两者直径-株数分布均接近于正态分布，符合人工同龄纯林的直径结构特征。

华北落叶松和油松所有解析木的胸径连年生长量变动较大，但趋势基本一致。林分直径连年生长量的变化反映出林木对营养空间的需求情况，因此可作为是否需要进行首次间伐的标准。油松、华北落叶松胸径的连年生长量分别在 12 年和 10 年后开始下降，林木对营养和空间需求增加，种内竞争加剧。可适当进行抚育间伐，给林木以适宜的空间，提高胸径生长率。已有研究也表明，六盘山华北落叶松人工林树木平均胸径为 12.8~13.8 cm，1200~1500 株/hm² 较为合理，对于高密度林分，应该在 10 年生时及时间伐抚育，才有利于林分立木正常生长。

29 年生华北落叶松和 30 年生油松的平均木总材积分别是 0.074 m³、0.070 m³，两者均未进入成熟期，预计成熟年龄前者在 30 年以后，而后者 35 年左右，此期间应进行主伐。这符合这两种人工林在北方地区成熟的一般年龄，也与王伟的研究结果类似。利用解析木和树皮系数能较准确地还原平均木各龄阶的带皮胸径和树高，再结合生物量方程求得连年净初级生产力。29 年华北落叶松平均木总生产力为 74 kg，而 30 年油松为 58 kg。

华北落叶松和油松人工林总固碳量分别是 61.3 t/hm² 和 50.8 t/hm²。前者自第 12 年起，固碳速率比较稳定，为 2.70 t/(hm²·a)；而后者生长前期碳累积缓慢，第 18~26 年，碳累积量快速增加，平均为 4.32 t/(hm²·a)，后逐渐减小。年固碳速率均高于全国平均水平[1.41 t/(hm²·a)]。华北落叶松较速生，22 年以前总固碳量大于油松林，之后油松林固碳量较大。华北落叶松干形通直，具有快速固碳和保持水土的特性，是用材林和碳汇林的较佳选择。其枯枝落叶的大量积累，虽对保持水土有一定的作用，但枯枝落叶层也是限制树种天然更新的重要因素，严重影响了自身的更新和林地的生物多样性。相似的研究也表明该区华北落叶松不能天然更新，面临着衰退的过程。建议按时除去过多的枯落物或者构建混交林，以便本地区人工林更健康地发展。

第三节　典型森林植被固碳释氧计量特征

森林作为全球陆地生态系统的主体，汇聚着全球植被碳库 86% 以上的碳。随着我国相继启动"中国陆地和近海生态系统碳收支研究"，众多学者对全国或区域植被和土壤碳的研究较多，但对森林生态系统个体固碳释氧计量的研究并不多见。森林生态系统是对 CO_2 吸收储存最为有效的方法，森林与大气中的物质交换主要是 CO_2 和 O_2 的交换，即森林固定并减少大气中的 CO_2，同时提供并增加大气中的 O_2，这对维持地球大气中 CO_2 和 O_2 的动态平衡、减少温室效应及提供人类的生存基础来说，有着巨大的不可替代的作用和地位 (万昊和刘卫国，2014)。因此，从森林固碳释氧的角度选择宁夏南部的六盘山作为研究区域，以六盘山林业局梁殿峡林场的天然华山松林和王华南林场的人工落叶松林为研究对象，从相同区域不同植被类型典型乔木各组分固碳释氧的差异入手，研究不同森林生态系统类型的固碳释氧量。

一、森林乔木密度与生物量结构

六盘山林区主要乔木树种为华山松和华北落叶松，该林分分布面积大，适应性强，生长快，并具有较强的自然繁殖与更新能力。华山松群落在该林区的密度最高为 313 株/hm^2，主要集中在 8.1~12 cm 径级，占林分密度的38.08%；其次为 4~8 cm 和 12.1~16 cm 径级，密度分别为 210 株/hm^2 和 150 株/hm^2，占林分密度的 25.55%和18.25%，其余 20 cm 以上中大径级的林木分布数量较少，仅占林分密度的18.12%，其原因是：①在 20 世纪 70 年代对森林的砍伐严重；②森林抚育管理不及时，树冠层低，侧枝生长旺盛，对养分、水分消耗大，直接影响树木胸径的生长；③近些年来的持续干旱影响林分的生长。华北落叶松群落在该林区的分布密度最高为 646 株/hm^2，主要集中在 8.1~12 cm 径级；其次为 12.1~16 cm 径级，密度为 500 株/hm^2，占林分密度的 31.87%；4.1~8 cm 径级和 16.1~20 cm 径级分别为 303 株/hm^2 和 117 株/hm^2 (表 8-7)，占林分密度的19.31%和7.65%，大径级的林木分布数量较少，因为该林分是人工建造，造林前林分密度较大。目前，虽然林分已经过抚育管理和间伐，但所留林木多受前期林分种间竞争，以及养分、水分供应不足的影响而生长不佳，再因为华北落叶松受密度的影响，光照不足病害严重，叶片早期凋落直接影响到了林分的生长。

从表 8-8 得知，无论是华北落叶松还是华山松林分，随着林分生长年限和径级组成的变化，树木各器官的生物量均呈显著增长趋势，华北落叶松的树干增长幅度明显，其次为树枝和树叶。华山松的树干和树枝增长幅度明显，其次为叶片。

表8-7 华山松和华北落叶松林木数量调查 (单位：株/hm^2)

径级/cm	样地 R1		样地 R2		样地 R3		合计	
	华山松林	华北落叶松林	华山松林	华北落叶松林	华山松林	华北落叶松林	华山松林	华北落叶松林
4~8	18	41	29	27	16	23	63 (210)	91 (303)
8~12	33	111	34	35	27	48	94 (313)	194 (646)
12~16	10	59	24	56	11	35	45 (150)	150 (500)
16~20	11	12	7	21	14	2	32 (106)	35 (117)
20~24	2	1	0	0	8	0	10 (33)	1 (3)
24~28	0	0	0	0	1	0	1 (3)	0 (0)
28~32	0	0	2	0	0	0	2 (7)	0 (0)

注：表中括号外数据为林木数量，如 63 是调查样地 (20 m×50 m) 内实际调查林木数量；括号内数据为面积单位换算为公顷后数据，如 (210) 表示为 210 株/hm^2。

表8-8 不同径级华山松、华北落叶松林各器官生物量 (单位：kg/株)

林木器官	华山松径级/cm						华北落叶松径级/cm						
	4~8	8~12	12~16	16~20	20~24	24~28	4~8	8~12	12~16	16~20	20~24	24~28	28~32
树干	6.02	15.22	50.7	76.32	83	118.64	5.05	8.93	26.18	41.87	42.98	51.47	117.3
树枝	12.9	20.86	35.26	52.08	55.91	64.64	2.85	5.57	9.55	11.38	11.88	12.56	55.17
树叶	1.71	2.18	5.6	9.3	11.94	14.01	0.93	1.32	2.06	3.94	4.68	5.75	16.72

二、森林灌木密度与生物量结构

从表 8-9 可以看出，华北落叶松林受造林密度的影响，林地灌木分布较少，草本生长缓慢。华山松林生长在陡坡阴面，山体陡峭，岩石裸露，土层较浅，形成较为明显的垂直节理，林间空隙较多，故林地草本生长旺盛。该群落垂直层次结构简单，可分为乔木层、灌木层、草本层明显的 3 层，少有藤本植物及附生植物等层间植物和位于不同层次之间自然更新的幼树。林地枯落物层的累积厚度为 3.8 cm，根系分布层主要为 5～40 cm。林地灌木层高为 0.85～1.86 m，该层总覆盖度为 20%～35%，生长发育不明显，林地灌木主要为野李子、灰栒子、华西箭竹等。在调查的 30 个样地中共有灌木仅 7 种，其中刺翅峨嵋蔷薇重要值最大，是该群落灌木层的优势种，野李子、灰栒子的重要值都在 20 以上，是该层的次优势种。在样地中灌木层生物量的组成华北落叶松林地为 2.27 t/hm²，华山松林地为 2.48 t/hm²。林地草本层的生长高度为 5～32 cm，少数生长高度可高达 40 cm 以上，草本层总覆盖度约 70%。在 30 个样地中，物种分布数为 36 种，其中分布范围最广的是白莲蒿，是该群落草本层的优势种，艾蒿、薹草、大油芒和黄背草为次优势种，老鹳草、乳白香青、糙苏、唐松草、马先蒿等为伴生种，常出现在样地中。在样地中草本层生物量的组成在华北落叶松林地平均为 1.16 t/hm²，华山松林地平均为 0.37 t/hm²。另外，枯落物生物量的组成在华北落叶松林地平均为 27.59 t/hm²，华山松林地平均为 31.66 t/hm²。

表 8-9 林地灌草和枯落物的生物量 （单位：t/hm²）

森林类型		样地 R1	样地 R2	样地 R3	平均值
华山松林	灌木层	2.00±0.23	4.42±0.43	1.01±0.13	2.48±0.25
	草本层	0.81±0.05	0.14±0.03	0.14±0.03	0.37±0.04
	枯落物层	20.75±0.65	46.75±0.78	27.48±0.59	31.66±0.68
华北落叶松林	灌木层	2.53±0.36	2.19±0.36	2.07±0.41	2.27±0.59
	草本层	1.07±0.22	1.09±0.16	1.33±0.17	1.16±0.15
	枯落物层	20.34±0.67	27.57±0.95	34.83±1.02	27.59±0.91

三、森林林分固碳释氧量

从表 8-10 可以看出，两种森林类型不同器官固定 CO_2 和释放 O_2 的量在树干、树枝和树叶中，均表现为华山松>华北落叶松；林分乔木层固定 CO_2 量和释放 O_2 量基本上与生物量成正比，以树干>树枝>树叶的顺序排列，且树干的固碳释氧能力远远大于树枝和树叶，其中华北落叶松固碳释氧量为其枝叶和的 2 倍以上，这与植被本身的生长特性有关。

表 8-11 显示，两种森林类型下植被和枯落物固定 CO_2 和释放 O_2 量的顺序是：枯枝落叶，华山松林>华北落叶松林；草本，华北落叶松林>华山松林；灌木，华山松林>华北落叶松林，但是差异不明显。分类别而言，枯落物固碳释氧的能力远远大于草本层和灌木层，这与多年生乔木生物量累积有较大关系。

表 8-10 林木干、枝、叶的固碳释氧量 (单位：t/hm²)

森林类型	树干			树枝			树叶		
	生物量	CO₂	O₂	生物量	CO₂	O₂	生物量	CO₂	O₂
华山松林	25.32	41.27	30.13	22.54	36.74	26.82	3.43	5.59	4.08
华北落叶松林	24.91	40.61	29.65	10.65	17.36	12.67	2.64	4.3	3.14

表 8-11 林地植被和枯落物的固碳释氧量 (单位：t/hm²)

森林类型	枯枝落叶			草本			灌木		
	生物量	CO₂	O₂	生物量	CO₂	O₂	生物量	CO₂	O₂
华山松林	31.67	51.62	37.68	0.37	0.6	0.43	0.62	1.01	0.74
华北落叶松林	27.58	44.96	32.82	1.16	1.89	1.38	0.56	0.91	0.66

由表 8-12 可知，两种森林类型各组分固定 CO_2 量和释放 O_2 量的比例：华山松分别为 61.11%和 61.1%，华北落叶松分别为 56.92%和 56.59%，前者均高于后者；两种森林类型各组分固定 CO_2 量和释放 O_2 量以枯落物所占比例最大，草本和灌木最小，排列顺序为枯落物>树干>树枝>树叶>灌木>草本。

表 8-12 两种林木不同组分固碳释氧比例 (单位：%)

森林类型	树干		树枝		树叶		草本		灌木		枯落物	
	CO₂	O₂	CO₂	O₂	CO₂	O₂	CO₂	O₂	CO₂	O₂	CO₂	O₂
华山松林	30.17	30.17	26.85	26.85	4.09	4.09	0.45	0.44	0.74	0.74	37.73	37.73
华北落叶松林	37.08	36.91	15.91	15.78	3.93	3.91	1.73	1.72	0.83	0.82	41.05	40.86

在相同地理环境条件下，不同森林植被类型固碳释氧量存在很大差异。华山松林固定 CO_2 量和释放 O_2 量分别为 136.82 t/hm² 和 99.88 t/hm²，华北落叶松林固定 CO_2 量和释放 O_2 量分别为 109.51 t/hm² 和 80.33 t/hm²，前者均高出后者 25%。由于华山松林是该林区的主要适宜树种，在该林区生长时间长，适应性强，故生物量高，固碳释氧量高。

六盘山林区华北落叶松林和华山松林的不同组分固碳释氧量与其生物量呈正相关，林木不同组分固碳释氧比例也与其生物量呈正相关关系。六盘山林区华北落叶松林和华山松林不同器官对林分固碳释氧能力起决定作用。在华山松林群落中，枯落物和树干对固碳释氧贡献率达到 68%，华北落叶松林群落的枯落物和树干对固碳释氧贡献率达到 78%。

通过对相同地理环境条件下两种森林植被类型地上部分的固碳释氧量的研究，掌握了用普通的林木调查方法来测定森林的碳储量和释氧量。但此方法还存在一定缺陷，且未能全面反映林分地下生物量的固碳释氧能力，也未能反映出在不同气候条件下林分的固碳释氧能力。

第四节 典型森林固碳密度影响因素

六盘山是我国西北黄土高原的重要林区和水源地，泾河等多条河流均源于此，年产径流 2 亿 m³，对维护周边和下游的生态环境及水资源安全具有重要作用。通过几十年的封山育林和人工造林等,森林覆盖率已由 1975 年的 27.8%增加至 2005 年的 52.8% (潘帅等, 2014)。然而, 目前有关该区森林植被固碳的研究仅讨论了生长状况较好的典型森林样地的植被碳密度, 如吴建国等研究了六盘山北部农牧交错带的主要土地覆被类型的植被碳密度 (t/hm²), 表明次生林植被碳密度为 21.4~33.5, 人工林植被碳密度为 18.4~52.1; 刘延惠 (2011) 研究表明, 六盘山南段香水河小流域典型森林样地上的植被碳密度 (t/hm²) 为 22.67~56.69。然而六盘山地区的森林植被碳密度及其空间分布规律并不清楚, 这限制了该区森林固碳耗水成本的估算、林-水-碳的综合管理以及多功能森林植被的恢复等。六盘山的森林集中分布在六盘山自然保护区内, 因此, 根据该保护区 2005 年的森林资源一类清查数据, 应用文献中植被生物量回归 (经验) 模型和碳含量数据资料, 计算了森林植被碳密度, 并分析了其与森林的分布环境、林分结构特征的关系, 旨在为定量确定区域森林固碳耗水成本、指导林-水-碳的综合管理提供依据。

一、林区降水量变化

森林植被碳密度随年降水量减少而显著降低 (表 8-13)。年降水量高于 700 mm 的 I 区是森林植被碳密度的高值中心, 平均为 (32.5±22.1) t/hm², 在该亚区, 植被碳密度低于 15 t/hm² 的林分占该区森林总面积的 25.9%, 植被碳密度为 15~45 t/hm² 的林分所占比例为 51.7%, 植被碳密度高于 45 t/hm² 的林分占该区森林总面积的 22.4%, 此外, 植被碳密度高于 60 t/hm² 的林分均分布在该区。在年降水量 600~700 mm 的 II 区, 植被碳密度为 (23.2±17.4) t/hm², 显著低于 I 区 ($P<0.05$), 在该亚区, 碳密度低于 15 t/hm² 的林分占该亚区森林总面积的比例高达 42.5%, 植被碳密度为 15~45 t/hm² 的林分占 40%, 而植被碳密度高于 45 t/hm² 的林分仅占 17.5%。在年降水量低于 600 mm 的 III 区, 森林植被碳密度最低, 平均为 (10.9±11.5) t/hm², 以植被碳密度低于 15 t/hm² 的林分为主, 占该亚区森林总面积的 72.7%, 植被碳密度为 15~45 t/hm² 的林分占 22.7%, 高于 45 t/hm² 的林分仅占 4.5%。

表 8-13 六盘山不同亚区植被碳密度差异

亚区	年降水量/mm	样地数量	植被碳密度/(t/hm²)
I	>700	22	32.5±22.1(7.6~120.6)a
II	600~700	37	23.2±17.4(2.6~59.0)b
III	<600	56	10.9±11.5(0.67~42.9)c

注: 括号内的数字表示每个区中碳密度的最小值和最大值。同列不同小写字母表示亚区间差异显著($P<0.05$)。

二、不同海拔变化

森林植被碳密度随海拔升高先增大, 但在达到某一海拔后反而下降。最大森林植被碳密度对应的海拔变化为 1900~2500 m, 并随年降水量降低而增高 (图 8-10)。在年降水量大于 700 mm 的 I 区, 植被碳密度的最大值为 120.63 t/hm², 出现的海拔范围为 1900~2100 m, 植被碳密度的垂直递减率为 4.57 t/(hm²·100m), 这很可能是由于该区受水分的限制不强, 更多的是受温度限制所致。在年降水量为 600~700 mm 的 II 区, 最大森林植被碳密度降低到 59.1 t/hm², 并出现在海拔 2100~2300 m 处; 在此海拔以下,植被碳密度随海拔升高快速增加，其垂直递增率为 5.22 t/(hm²·100m)，这可能是因为海拔升高导致湿度增加；而在此海拔范围以上，植被碳密度随海拔升高而快速降低，其垂直递减率为 4.68 t/(hm²·100m)，与Ⅰ区相差不大。在年降水量＜600 mm 的Ⅲ区，森林植被碳密度受水分的限制十分强烈，最大森林植被碳密度降低到 46.37 t/hm²，而其出现海拔为 2300～2500 m，在此海拔以下，植被碳密度随海拔升高的增速为 4.11 t/(hm²·100m)，这明显小于Ⅱ区；当海拔超过 2500 m 后，碳密度随海拔升高而降低，垂直递减率为 4.72 t/(hm²·100m)，与Ⅱ区基本一致。

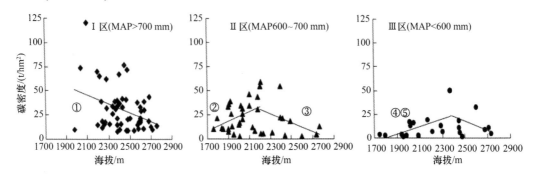

图 8-10　森林碳密度随海拔的变化

MAP=年均降水量，y=植被碳密度，x=海拔：①(1900～2800 m) $y=0.0457x+141.74$，$R^2=0.126$；②(1900～2200 m) $y=0.0522x-81.09$，$R^2=0.199$；③(2200～2800 m) $y=0.0468x+133.96$，$R^2=0.178$；④(1700～2400 m) $y=0.041x-74.15$，$R^2=0.355$；⑤(2400～2800 m) $y=0.0472x+135.71$，$R^2=0.165$

三、不同坡向碳密度变化

整体来看，阴坡和半阴坡的森林植被碳密度相对较高，略高于半阳坡，明显高于阳坡，但是，植被碳密度的坡向差异大小受年降水量影响，表现为不同亚区之间有明显差别（图 8-11）。在年降水量高于 700 mm 的Ⅰ区，阴坡、半阴坡、半阳坡的森林植被碳密度接近，依次为(32.3±21.9)t/hm²、(37.1±35.8)t/hm²、(34.4±19.54)t/hm²，明显高于阳坡的(24.5±9.29)t/hm²。半阴坡的森林植被碳密度均值和极值较其他坡向大，而且该坡向 33%的林分碳密度高于 45 t/hm²，阴坡和半阳坡分别仅为 18.3%、23.8%。阳坡碳密度均小于 34.3 t/hm²，而且该坡向 55.6%的林分的植被碳密度低于 30 t/hm²，这主要是因为阳坡的土壤水分条件较差，如在香水河小流域，5～9 月阳坡平均土壤体积含水量在 14%以下，而半阴坡和半阳坡平均土壤体积含水量则在 20%以上（张淑兰，2011）。

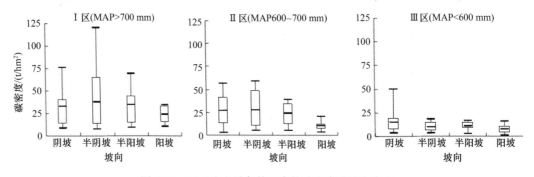

图 8-11　不同降水量条件下森林碳密度随坡向变化

在年降水量 600~700 mm 的Ⅱ区，森林植被碳密度不同坡向间差异规律与Ⅰ区相似，阴坡、半阴坡、半阳坡森林植被碳密度接近，依次为(26.2 ± 17.7)t/hm², (27.4 ± 21.1)t/hm²、(24.1 ± 10.4)t/hm²，明显高于阳坡的(10.1 ± 5.4)t/hm²。其中半阴坡 30%的林分植被碳密度高于 45 t/hm²，而阴坡仅为 16.7%，半阳坡和阳坡的森林植被碳密度均小于38.7 t/hm²，其中半阳坡 66.7%的林分碳密度低于 30 t/hm²，而阳坡可能受到水分不足的限制进一步增强，其碳密度进一步降低，其最大森林植被碳密度仅为 20.7 t/hm²。

在降水量低于 600 mm 的Ⅲ区，阴坡森林植被碳密度最大，为 (15.5 ± 13.6) t/hm²，其中 40%的林分植被碳密度为 15~49.27 t/hm²；而半阴坡、半阳坡、阳坡碳密度依次为(10.2 ± 6.7) t/hm²、(10.4 ± 7.3) t/hm²、 (7.1 ± 5.7) t/hm²，最大值仅 17.9 t/hm²，明显低于阴坡，这很可能是因为阴坡的水分条件最好。然而，非参数检验结果表明，在各亚区的不同坡向之间的森林植被碳密度差异并不显著 $(P>0.05)$，这很可能是因为较大的林龄和林分密度差异，掩盖了坡向之间森林植被碳密度的差异。

四、不同林龄碳密度变化

林木生长随林龄变化通常表现为典型的"S"形曲线，依据"S"曲线上两个曲率最大的点可将生长曲线划分为 3 个阶段，按时间顺序依次为缓慢期、速生期、平缓期 (格日勒等，2004)。栎林、桦林的碳密度快速增长期为 15~80 年，落叶松人工林碳密度的快速增长期为 10~30 年。在研究区 96.3%的人工林的林龄为 10~30 年，93.3%的天然林的林龄为 15~80 年 (图 8-12)。由此来看，保护区绝大部分森林正处于速生期，所以植被的碳密度随林龄增加快速增加，其增长速率天然次生林为 1.16 t/(hm²·a)，人工林为 2.48 t/(hm²·a)。研究区现有辽东栎林、桦木林、华北落叶松人工林平均碳密度为43.4 t/hm²、28.4 t/hm²、14.5 t/hm²，而它们的成熟林碳密度在全国的平均值依次为98.5 t/hm²、81.7 t/hm²、65.1 t/hm² (徐冰等，2010)，可见保护区现有森林碳密度远低于全国成熟林平均碳密度值，但是研究区 33 年生华北落叶松人工林碳密度可达66.7 t/hm²，超过其成熟林在全国的平均值，40 年生辽东栎林和桦木林碳密度即可达72.0 t/hm²、63.8 t/hm²，已非常接近全国成熟林的平均值，这说明保护区林分碳密度能达到甚至超过全国森林碳密度的平均水平，固碳潜力较大。

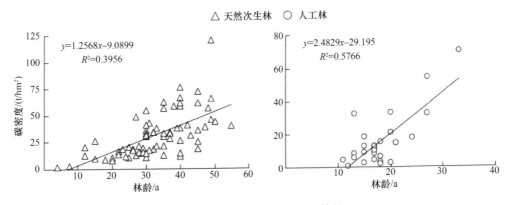

图 8-12 碳密度随林龄的变化特征

五、林分密度和郁闭度

无论是天然次生林还是人工林，在各林分密度范围内，碳密度的变异较大，如林分密度为800~1200株/hm²时，天然次生林碳密度变化范围为13.3~76.3 t/hm²，人工林碳密度变化范围为9.8~32.8 t/hm²，这主要是因为碳密度还同时受林龄、立地条件等多因素的共同作用。

树木生长对某一环境因子的外包线可以看作该环境因子作用下该林木的最大生长潜力（Black and Abrams，2003）。从碳密度随林分密度变化的外包线（图8-13）来看，所有森林的植被碳密度均随林分密度增加而线性增大，但在林分密度大于1000株/hm²后不再增大，而是趋于一个极值，这表明碳密度存在一个林分密度阈值，低于这一阈值，碳密度随林分密度增加迅速增加，高于这一阈值，碳密度不再增加，此极值对天然林约为75.4 t/hm²，对人工林约为34.6 t/hm²。这种碳密度随林分密度变化的阈值现象在其他研究区也有发现，如在黄土高原方山县，采用集水造林措施营造的25年生刺槐林林分密度为475~1600株/hm²时，密度越大，蓄积量越大，高于这一范围，蓄积量随密度增加而减少；在长白山地区，28年生落叶松林分密度高于1190株/hm²时，随着林分密度变大，生物量增速缓慢，甚至停止。

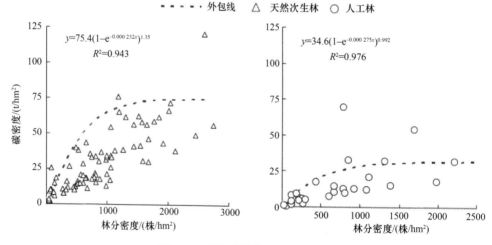

图8-13　碳密度随林分密度的变化

植被碳密度随林分郁闭度的变化趋势与林分密度类似，从碳密度随郁闭度变化的外包线（图8-14）来看，郁闭度的阈值为0.5，当郁闭度小于0.5时，碳密度随郁闭度增加而线性增大，但当郁闭度超过0.5后植被碳密度不再增加，而是趋近于其极值。通常认为，由于竞争光和生长空间，成熟林会表现出明显的密度效应，即当林分密度低于某一阈值时，林分生物量随密度增加而增加，林分密度高于该阈值时，林分生物量不再增加，甚至表现出随林分密度增加而下降的趋势。而在本研究中的林分尚属中幼龄林，即表现出密度效应，这很可能不是由于林木之间竞争光和生长空间的结果，更多的可能是因为竞争水分的结果，因为水分是该区最重要的生态环境限制因子，这可以从水分限制区植被结构与密度的关系得到印证。

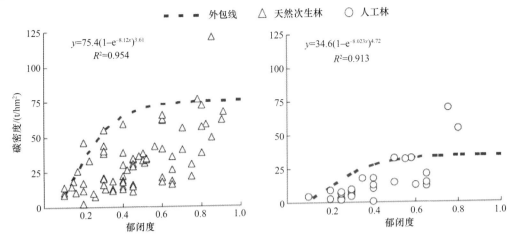

图 8-14　林分碳密度随郁闭度的变化

六盘山的森林植被碳密度平均为 26.17 (0.67～120.63) (t/hm²)，其中天然次生林为 30.2 (7.6～120.6) (t/hm²)，显著高于人工林的 15.7 (0.67～66.7) (t/hm²)。森林植被碳密度随林龄增加而线性增大，天然林和人工林的平均增速分别为 1.11 t/hm² 和 2.48 t/hm²，而且，部分未成熟林的林分植被碳密度已接近甚至超过全国同类森林类型成熟林的植被碳密度平均值。随林分密度增加，森林植被碳密度增大，但在林分密度>1000 株/hm² 后，森林植被碳密度不再增大，达到其最大值，其中，天然林为 75.4 t/hm²，人工林为 34.6 t/hm²；林冠郁闭度对森林植被碳密度的影响与林分密度相似，森林植被碳密度增长的郁闭度拐点为 0.5。水分条件是影响六盘山森林植被碳密度的重要因素，森林植被碳密度由年降水量 700 mm 以上地点的 32.5 (7.6～120.6) (t/hm²)下降至年降水量 500～600 mm 地点的 10.9 (0.67～42.9) (t/hm²)，而且随年降水量减少，最大森林植被碳密度所对应的海拔呈增加趋势，如在年降水量>700 mm、600～700 mm 和>600 mm 的地区，最大碳密度所在海拔分别为 1900～2100 m、2100～2300 m 和 2300～2500 m。综上所述，研究区森林植被还有较大的固碳潜力，从提高森林固碳功能角度来看，林分郁闭度不宜超过 0.5。

参 考 文 献

高阳. 2014. 黄土高原地区林草生态系统碳密度和碳储量研究. 杨凌: 西北农林科技大学博士学位论文.

格日勒, 斯琴毕力格, 金荣. 2004. 素沙地引种樟子松生长特性的研究. 干旱区资源与环境, (5): 159-162.

刘延惠. 2011. 六盘山香水河小流域典型植被生长固碳及耗水特征. 北京: 中国林业科学研究院博士学位论文.

马正锐. 2013. 六盘山典型森林碳储量与固碳速率研究. 北京: 中国科学院研究生院, 教育部水土保持与生态环境研究中心.

潘帅, 于澎涛, 王彦辉, 等. 2014. 六盘山森林植被碳密度空间分布特征及其成因. 生态学报, 34(22): 6666-6677.

朴世龙, 方精云, 黄耀. 2010. 中国陆地生态系统碳收支. 中国基础科学, 12(2): 20-22, 65.

万昊, 刘卫国. 2014. 六盘山 2 种森林植被固碳释氧计量研究. 水土保持学报, 28(6): 332-336.

王俊明, 张兴昌. 2009. 退耕草地演替过程中的碳储量变化. 草业学报, 18(1): 1-8.

徐冰, 郭兆迪, 朴世龙, 等. 2010. 2000～2050 年中国森林生物量碳库: 基于生物量密度与林龄关系的预测. 中国科学: 生命科学, 40(7): 587-594.

张淑兰. 2011. 土地利用和气候变化对流域水文过程影响的定量评价. 北京: 中国林业科学研究院.

Bardgett R D, De Deyn G B, Ostle N J. 2009. Plant-soil interactions and the carbon cycle. Journal of Ecology, 97(5): 838-839.

Black B A, Abrams M D. 2003. Use of boundary-line growth patterns as a basis for dendroecological release criteria. Ecological Applications, 13(6): 1733-1749.

Fritts H C. 1976. Tree rings and climate. New York: Academic Press: 377-383.

Jandl R, Lindner M, Vesterdal L, et al. 2007. How strongly can forest management influence soil carbon sequestration? Geoderma, 137(3-4): 253-268.

Ruiz-Jaen M C, Potvin C. 2011. Can we predict carbon stocks in tropical ecosystems from tree diversity? Comparing species and functional diversity in a plantation and a natural forest. New Phytologist, 189(4): 978-987.

Silver W L, Ryals R, Eviner V. 2010. Soil carbon pools in California's annual grassland ecosystems. Rangeland Ecology & Management, 63(1): 128-136.

Smith P, Fang C M. 2010. Carbon cycle A warm response by soils. Nature, 464(7288): 499-500.

第九章 森林枯落物生态水文效应

森林植被具有良好的群落结构、一定覆盖度、枯落物含量、发达的根系和适宜的年龄，才能发挥最佳的生态能，实现系统的良性循环 (李玉山，2001；焦菊英等，2006)。森林枯落物是指覆盖在土壤表面的枯枝落叶、动物粪便及其残体等 (Kosugi et al., 2001；程金花等，2003；Schaap et al., 1997；Marin et al., 2000)。在森林生态系统中，枯落物发挥了巨大的生态水文功能，能够直接减少雨滴对土壤的击溅，拦蓄地表径流，增加土壤水分的入渗和补充，防止水土流失；其体内储藏的大量水分，在一些热带和亚热带地区，是植物种子发芽和土壤微生物生存的重要水分来源；作为土壤-大气连接的中间介质，枯落物层能够调节表层土壤温度变化，并直接影响到达土壤的光照强度；同时，枯落物分解是系统生物地球化学循环不可缺少的重要环节，在维持地力和改善土壤结构上发挥了重要作用 (赵艳云，2007)。

近年来，随着科学研究的深入，已有大量学者针对六盘山林区主要森林植被的树种蒸腾耗水特性、不同森林植被生态水文效应进行综合研究 (熊伟等，2003，2005；时忠杰等，2006)，而森林枯落物层作为林地生态水文效应的重要功能层，其水源涵养和地力维持功能的研究报道较少，因此，研究该地区主要森林植被枯落物的水文生态特性，进而探讨不同森林植被的生态水文效应，对于该地区水源涵养林的建立与经营乃至西北地区植被的恢复与重建具有重大的现实意义 (赵艳云，2007)。

研究六盘山不同森林植被枯落物的持水特性及其对土壤含水量的影响，探讨枯落物乃至苔藓层的保水机制，了解枯落物与涵养水源功能的关系；研究枯落物养分储量以及不同立地土壤理化性质差异，探讨枯落物层对土壤理化性质的影响。通过六盘山森林植被枯落物水文生态功能的研究，确定具有高效水文生态功能的植被类型，为该区森林植被的恢复与重建和林草抚育管理措施提供技术支持和理论保证 (赵艳云，2007)。

第一节 林地草本植物分布及枯落物特征

林地草本植物能够对降水进行再次分配，同时也是枯落物的重要来源，代表了不同立地枯落物的物种多样性和林内生境的优劣 (赵艳云，2007)。枯落物结构、积累方式以及各分解层厚度的异质性，影响着系统水文生态功能的发挥 (薛立等，2005；李红云等，2005；Wei and Wu，2006；程金花等，2002；张洪江等，2003)。枯落物层厚度越大，储量越多，越能吸持更多的水分，在生态系统中发挥的水文功能越大 (Naeth et al., 1991；刘向东等，1991；张振明等，2005)。同时，枯落物分解是生物地球化学循环的重要环节 (Guo et al., 2006)，其储量的多少直接影响着立地养分的归还、地力的维持以及生态系统的持续稳定发展 (Marin et al., 2000；Chirwa et al., 2004；刘洋等，2006)。此外，枯落物层厚度、储量与土表温度、湿度变化，林地种子发芽和幼苗更新等都有密切关系 (Li and Ma，2003；

Schaap *et al.*，1997；班勇和徐化成，1995）。研究六盘山森林植被类型草本植物分布及枯落物特征，对于探讨森林生态系统草本层、枯落物层的生态水文效应，森林植被的经营与管理乃至黄土高原地区的森林植被恢复与重建具有重要意义 (赵艳云，2007)。

一、林地草本植物特征

林地草本植物分布是环境空间、时间、生物及随机因素综合作用的结果，反映了林内生境的优劣 (辛晓平等，2004；胡相明等，2006)。而物种多样性体现了群落和生态系统的结构类型、组织水平、发展阶段、稳定程度、生境差异等 (苏里和许科锦等，2006)。8 月，六盘山不同植被林地草本植物的物种多样性存在一定差异，白桦、油松和华北落叶松林地草本植物物种丰富，H'、D 多样性和物种均匀度较大，样地中出现的物种分别有 20 种、36 种、19 种，且以禾本科植物冰草和大披针薹草占优势 (表 9-1、表 9-2)。乔灌木郁闭度影响着林内光照和草本植物发育。野李灌木林内郁闭度大，林地草本覆盖度仅有 2.7%，共出现 4 种草本植物；辽东栎林下灌木分布丰富，郁闭度高达 80%，草本植物覆盖度为 1.6%，且以华北风毛菊为主 (赵艳云，2007)。物种多样性反映了地上部的生产力水平 (王长庭等，2005)，除草甸外，华北落叶松林地草本植物具有较大的生物多样性，储量最大，为 0.96 t/hm^2，而油松林地由于草本植物覆盖度较小，储量比华北落叶松少 0.36 t/hm^2 (赵艳云，2007)。

表 9-1　林地草本植物分布特征

植被类型	自然含水量/%	生物量/(t/hm^2)	覆盖度/%	物种多样性		均匀度 Pielou (J)
				Shannon-Wiener (H')	Simpson (D)	
辽东栎	77.57	0.39	1.6	0.80	0.33	0.36
白桦	238.72	0.82	8.4	1.78	0.76	0.80
华北落叶松	221.56	0.96	16.8	1.57	0.72	0.81
油松	161.69	0.60	12.6	1.85	0.79	0.83
野李	162.67	0.36	2.7	0.35	0.20	0.39
草甸	115.32	3.93	72.6	1.79	0.77	0.84

表 9-2　不同森林植被类型的草本植物重要值

物种	辽东栎	白桦	华北落叶松	油松	野李	草甸
大披针薹草 *Carex lanceolata*		0.231	0.139	0.086		0.134
东方草莓 *Fragaria orientalis*		0.021	0.042	0.093		
白莲蒿 *Artemisia sacrorum*			0.126	0.099	0.110	0.045
艾蒿 *Artemisia argyi*			0.035			0.096
东亚唐松草 *Thalictrum thunbergii*			0.014	0.009		
铃铃香青 *Anaphalis hancockii*		0.024	0.018	0.057		0.049
景天 *Sedum roseum*			0.008	0.012		0.005
鸡腿堇菜 *Viola acuninata*	0.037		0.028	0.035	0.051	
花荵 *Polemonium caeruleum*	0.026	0.024	0.018			
柳叶风毛菊 *Saussurea salicifolia*				0.004		

续表

物种	辽东栎	白桦	华北落叶松	油松	野李	草甸
金线草 *Rubia membranacea*		0.027	0.039		0.052	
野芝麻 *Lamium burbatum*			0.033			
茭蒿 *Artemisia giraldii*			0.029	0.030		0.015
茜草 *Rubia cordifolia*		0.011	0.025	0.008		
紫花苜蓿 *Medicago sativa*			0.005			
繁缕 *Spergularia media*			0.010			
冰草 *Agropyron critatum*		0.076	0.186	0.295	0.787	0.077
蒙古凤毛菊 *Saussurea mongolica*	0.176	0.016	0.010	0.036		0.011
野草莓 *Fragaria niponica*			0.058	0.096		0.005
箭竹 *Sinarundinaria nitida*		0.284	0.022			
山刺玫 *Rosa davidii*	0.063		0.013			
秦岭小檗 *Berberis circumserrata*	0.055		0.013			
紫苞凤毛菊 *Saussurea iodostegia*			0.041	0.010		
三尖草 *Triglochin palustre*		0.031	0.004			
三脉紫菀 *Aster ageratoides*	0.066	0.015	0.018	0.046		0.072
稠李 *Prinsepia padus*			0.015			
细裂叶槭 *Acer stenolobum*		0.024	0.006			
甘肃山楂 *Cratacgus kansuensis*	0.114		0.008			
毛蕊老鹳草 *Geranium eriostemon*				0.005		
鼠掌老鹳草 *Geranium sibirieum*				0.006	0.022	
山野豌豆 *Vicia amoena*			0.005	0.029		0.008
老鹳草 *Geranium wilfordii*		0.012	0.005			0.002
藜 *Chenopodium album*			0.004			
大火草 *Anemone tomentosa*		0.016	0.032			
红毛五加 *Eleutherococcus giraldii*		0.041	0.004			
陇塞忍冬 *Lonicera tangutica*	0.097					
蓝萼香茶菜 *Plectranthus glaucocalyx*	0.055					
淫羊霍 *Epimedium brevicornum*	0.072			0.006		
黄刺玫 *Rosa xanthina*	0.082	0.031				
小叶忍冬 *Lonicera microphylla*	0.068					
球花荚蒾 *Viburnum glomeratum*	0.089					
臭蒿 *Artemisia hedinii*						0.307
花苜蓿 *Melissitus ruthenica*				0.013		0.075
北柴胡 *Bupleurum falcatum*						0.029
百里香 *Thymus serphyllum*				0.018		0.042
三裂绣线菊 *Spiraea trilobata*						
黄精 *Polygonatum sibircum*		0.013				
单花芍药 *Paeonia obovata*		0.029	0.005			
早开堇菜 *Viola prionantha*		0.028				
短茎马先蒿 *Pedicularis artselaeri*				0.010		
出现物种数总数	13	20	36	19	4	18

二、不同森林植被枯落物厚度变化

不同立地气候因素、林分因子、树种生物学特性决定了枯落物厚度状况 (程金花等，2003)。六盘山天然次生林辽东栎林群落结构复杂，丛生乔木有山杨、白桦，同时，林地灌木种类繁多，不同植物枯落物的积累，加之辽东栎林叶片大，导致枯落物厚度较大，7 月、9 月平均总厚度为 6.56 cm。油松针叶凋落期为 10 月上旬至翌年春天 (张冀等，2001)，因此，试验期间不存在针叶凋落物的补充，此外，油松林地郁闭度小，灌草植物覆盖少，因此，枯落物平均总厚度最小，仅是辽东栎林地枯落物的 25.9%。杨吉华等 (2003) 在对华北地区的森林植被枯落物进行研究时发现，阔叶林枯落物厚度大于针叶林，而本试验表明，9 月阔叶林白桦枯落物未分解层和半分解层厚度均小于华北落叶松，这可能与林内生境、林地演替阶段以及植被类型有关。随破碎化加剧，枯落物中难以分解的物质相对含量值增加，失重率降低，分解缓慢，枯落物不断累积。表 9-3 表明，除油松外，7 月、9 月全分解层平均厚度均大于未分解层和半分解层，同时，油松、野李灌丛枯落物未分解层分别为 0.62 cm、1.17 cm，是其半分解层的 112.7%、123.2% (赵艳云，2007)。

表 9-3　不同森林植被类型枯落物厚度　　　　　　　　　　(单位：cm)

植被	7 月			9 月		
	未分解层	半分解层	全分解层	未分解层	半分解层	全分解层
辽东栎	2.03	1.97	3.80	0.99	1.47	2.85
白桦	1.02	1.67	2.29	0.53	0.87	2.24
华北落叶松	1.08	0.83	2.28	0.83	1.43	1.90
油松	0.65	0.81	0.80	0.58	0.28	0.27
野李	0.97	0.63	1.31	1.37	1.26	1.11
草甸	0.25	0.33	0.61	0.29	0.25	0.69

三、不同森林植被枯落物储量

在六盘山林区，5~7 月是植物的生长盛期，枯落物凋落稀少，华北落叶松未分解层和半分解层不断分解，储量减少迅速，分别从 8.1 t/hm^2、18.42 t/hm^2 减少到 4.5 t/hm^2、13.5 t/hm^2。7~9 月，由于草本植物枯萎以及部分灌木、乔木枯落物的凋落，补充了未分解层的储量，白桦、华北落叶松、草甸未分解层储量分别增加 0.8 t/hm^2、0.7 t/hm^2、0.4 t/hm^2。辽东栎林地灌木分布较多，枯落物物种多样性丰富，分解速率较快，在森林群落生长的 7~9 月枯落物总储量减少 8.5 t/hm^2，远远大于针叶林枯落物，这可能与针叶枯落物角质层厚，分解速率低于阔叶枯落物有关 (时忠杰等，2006)。同时，7~9 月华北落叶松枯落物未分解层和半分解层总储量最大 (表 9-4)。厚度在一定程度上代表了枯落物的储量状况 (吴钦孝和刘向东，1993)。程积民等 (2006) 在对黄土高原封禁草地枯落物进行研究时发现，无论是植物生长初期还是生长末期，枯落物厚度与储量之间呈指数关系且相关性显著。而本研究在对不同森林植被类型枯落物未分解层和半分解层的厚度与储量进行回归分析时发现，仅华北落叶松枯落物未分解层、半分解层厚度之和 (X, cm) 与总

表 9-4　不同森林植被类型枯落物储量　（单位：t/hm²）

植被	5月		7月		9月	
	未分解层	半分解层	未分解层	半分解层	未分解层	半分解层
辽东栎	—	—	7.0	10.2	3.2	5.5
白桦	—	—	1.8	3.3	2.6	4.9
华北落叶松	8.10	18.42	4.5	13.5	5.2	10.0
油松	—	—	6.8	9.9	3.5	5.5
野李	—	—	3.1	5.8	1.5	2.8
草甸	—	—	1.1	2.0	1.5	2.4

注："—"为无数据。

储量 (Y, t/hm²) 符合方程 $Y=11.12+X^{0.4867}$，并达极显著水平 ($P<0.0001$)，这可能与植被枯落物的枝、叶结构组成，硬度、分解层次、孔隙度以及山体海拔、坡度、坡向乃至动物和鸟类的取食、践踏等有关 (吕明和等，2006)；枯落物层分布具有聚块性和随机性，而同时其他植被枯落物取样少可能也是模拟曲线效果较差的原因 (赵艳云，2007)。

四、不同森林植被类型枯落物结构变化

对不同森林植被枯落物结构进行分类，除白桦叶枯落物所占比例为82%外，其他森林植被类型叶枯落物所占的比重均在90%以上，这表明，在所有的森林植被类型中，叶枯落物所占的比重最大，与其他学者的研究结果相一致 (薛立等，2005；林波等，2004)。其他结构所占的比重以白桦最大，为18% (图9-1)，其中主要为枝条枯落物。

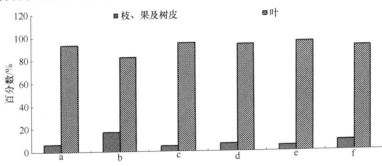

图 9-1　不同森林植被类型枯落物组成所占百分比
a、b、c、d、e 和 f 分别代表辽东栎、白桦、华北落叶松、油松、野李和草甸

研究表明，受地形、分解状况、动物、微生物和林内生境影响，在植被枯落物累积过程中，枯落物存在许多孔隙，本文应用枯落物储量/厚度值表征枯落物的孔隙状况。研究发现，未分解层散落在地表，受地形乃至动物践踏、取食的影响，容易滑散、聚积，而半分解层表面一般有未分解层覆盖，受表层人为及环境因素影响较小，同时较未分解层破碎化大，容易附着在地表，因此，未分解层储量/厚度值普遍小于半分解层。针叶林枯落物较阔叶林累积细密，角质层厚，分解缓慢，9 月枯落物储量/厚度值最大，华北落叶松和油松枯落物平均紧实度分别为 8.7 t/(hm²·cm) 和 14.5 t/(hm²·cm)，是其他植被枯落物储量/厚度值的 1.11～2.18 倍和 1.85～3.58 倍 (表9-5) (赵艳云，2007)。

表 9-5　不同森林植被类型枯落物储量/厚度比值　　　　[单位：t/(hm²·cm)]

植被类型	7月		9月	
	未分解层	半分解层	未分解层	半分解层
辽东栎林	3.5	5.2	4.1	4.0
白桦	1.7	2.5	5.2	6.2
华北落叶松	4.1	7.6	7.1	10.3
油松	10.7	11.6	6.1	22.9
野李	3.1	9.2	1.4	9.9
草甸	6.0	8.7	5.2	10.5

在森林植被生态系统中，除主要树种外，林地草本植被分布不仅反映了林内生境状况，同时也代表了枯落物的物种丰富度。研究过程中发现，六盘山林地中，华北落叶松人工林林相整齐，林地草本植物物种丰富，储量有 0.96 t/hm²，而辽东栎林林地灌木分布较多，乔灌木郁闭度大，草本植物分布较少，包括≤50 cm 高的小灌木在内，其储量仅有 0.39 t/hm²。而地表枯落物层厚度和储量因主要物种的凋落节律，土壤动物、微生物分解等作用的不同而发生相应变化，与林地草本植物的物种多样性相关不大。同时，辽东栎林枯落物叶片特性决定了枯落物厚度最大，油松林地枯落物厚度最小，华北落叶松枯落物累积细密，同时分解相对缓慢，总储量最大，且不同森林植被枯落物结构以叶枯落物为主。由于分解程度不一，枯落物层植被结构的物种多样性难以辨认，本研究没有做进一步的探讨 (赵艳云，2007)。

研究结果表明，枯落物结构、含量和分解程度不同，枯落物的孔隙度不同，运用储量/厚度值来表述枯落物孔隙度的大小，比值越小，则枯落物的孔隙度越大。研究发现，未分解层储量/厚度值小于半分解层，9 月针叶林枯落物储量/厚度值最大。在对枯落物分解进行研究时，为便于分析，大多学者应用网袋法研究枯落物的分解速率和养分释放格局 (Palma et al.，1998；王瑾和黄建辉，2001)，但在野外实地条件下，枯落物的积累是一个复杂的过程，孔隙状况制约着枯落物层的通气状况、生物活动以及枯落物分解，同时地上植被生长节律的多样性，使得枯落物的分布尤为复杂，本研究发现，7～9 月，辽东栎林枯落物不断分解，未分解层和半分解层总储量变化最大，这说明在六盘山林区，尽管天然次生林辽东栎林植被结构复杂，不断有枯落物的补充，枯落物却能迅速破碎分解，一方面能够迅速补充土壤养分含量，另一方面能够在地表形成更为疏松的枯落物层，不仅较其他植被在维持地力和保持生态系统的持续稳定上发挥了更重要的作用，而且可能对林地水文功能的发挥、幼苗的更新以及土壤生物活动等都具有促进作用，至于其枯落物不同结构的养分释放与归还、水文特征的大小等还有待于进一步深入研究 (赵艳云，2007)。

第二节　森林枯落物和表层土壤养分含量

在陆地生态系统中，植物组织和器官凋落，以及生物取食后的粪便、残体等归还土壤，是土壤动物、微生物的重要物质来源 (李惠卓等，2005)；在生物以及环境温度、湿度作用下，枯落物分解和养分释放，补充了土壤养分含量，而有机物质和无机养分的输入、输出过程决定着林地储库的增加、减少和平衡状态，影响着陆地生态系统的元素循环 (莫江明等，2004；杨玉盛等，2004)。因此，研究不同森林植被下枯落物以及表层土壤养分含量状况，可以探知枯落物的肥力特征、立地枯落物养分储量动态和地力条件，对于揭示生态系统物质循环规律以及促进初级生产力的发展有着重要意义 (赵艳云，2007)。

一、森林枯落物养分含量

森林枯落物各分解层分解、淋溶以及植物根系吸收的差异，导致枯落物不同分解层和土壤深度间的养分含量不同。金小麒 (1991) 通过对落叶松枯落物养分进行对比研究认为，随枯落物分解程度增大，半分解层矿质氮呈现富集的现象，本研究中也发现，不同立地植被之间，随枯落物分解破碎化加重和土层深度增加，全氮含量在半分解层增加，之后随土层深度增加，全氮含量递减；而枯落物层全磷含量差异不大，只是在 5 cm 土层深度，含量迅速提高，随后有所波动下降，笔者认为造成全氮和全磷含量垂直水平差异的原因可能在元素的释放格局和植物吸收利用方面 (王瑾和黄建辉，2001)。此外，枯落物一经凋落并与土壤接触，有机质便不断地分解释放，转化为腐殖质，表现为从枯落物未分解层到 40 cm 土层深度，含量递减 (图 9-2) (赵艳云，2007)。

二、森林土壤养分含量

通过利用根系重量权重将不同立地养分含量进行加权平均发现，辽东栎林地土壤有机质、全氮、铵态氮含量最为丰富，分别为 9.56%、0.44%、0.0013%，是白桦、华北落叶松、油松林地的 1.78 倍、1.47 倍、1.49 倍，1.63 倍、1.29 倍、1.38 倍和 1.15 倍、1.18 倍、1.23 倍。油松林地全磷与速效磷含量最多，这可能是因为油松针叶含有较高的磷脂，针叶不断分解并在土壤中累积造成的。对于天然次生林来说，除速效磷外，辽东栎林林地各养分含量均大于白桦，同时，全氮、全磷和有机质含量与白桦林地含量差异都达极显著水平 ($P<0.01$)。野李灌丛全氮、铵态氮和速效钾含量最高，同时铵态氮和速效钾含量与其他植被土壤养分含量差异达极显著水平 ($P<0.01$，表 9-6)。硝态氮和铵态氮是植被可以吸收利用的两种主要矿质氮形态，在不同立地条件下，硝态氮和铵态氮含量分别占全氮含量的百分比为辽东栎 0.466%，白桦 0.596%，华北落叶松 0.547%，油松 0.591%，野李 0.593% 和草甸 0.454%。假设所有养分在立地中所占的份额相同，将不同立地养分含量进行相加得出，辽东栎林 (10.32%) ＞野李 (9.94%) ＞华北落叶松 (7.18%)＞草甸 (7.12%) ＞油松 (7.04%) ＞白桦 (5.92%) (赵艳云，2007)。

三、森林枯落物与土壤养分相关

枯落物分解，土壤养分得以补充，由于分解方式、植物吸收利用以及不同元素之间耦合关系的存在，枯落物与土壤养分相关性遵循不同的规律。通过对所有植被枯落物养分和土壤养分进行回归发现，枯落物全氮、枯落物全钾与 0～20 cm 土层深度的土壤全

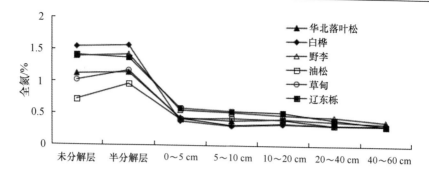

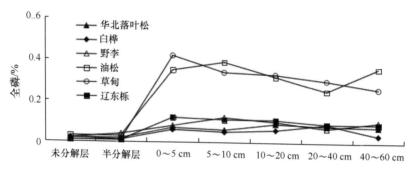

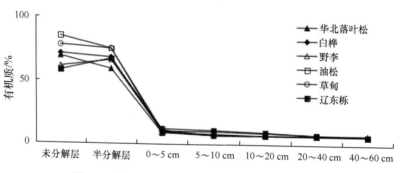

图 9-2　枯落物层及土壤全氮、全磷、有机质含量

表 9-6　不同森林植被类型土壤养分含量及 LSD 检验

植被类型	全氮 /%	全磷 /%	硝态氮 /(×10⁻³%)	铵态氮 /(×10⁻³%)	有机质 /%	速效钾 /(×10⁻³%)	速效磷 /(×10⁻³%)
辽东栎	0.44^{Aa}	0.097^{Aa}	0.75^{Aa}	1.30^{Aa}	9.56^{Aa}	229.56^{Aa}	0.42^{Aa}
白桦	0.27^{Bb}	0.061^{Bb}	0.48^{Aa}	1.13^{ABb}	5.38^{Bb}	202.71^{Aa}	3.14^{ABb}
华北落叶松	0.34^{Bc}	0.078^{BCc}	0.76^{Aa}	1.10^{Bb}	6.50^{Bc}	254.17^{ABab}	3.19^{Bb}
油松	0.32^{Bbc}	0.11^{Aa}	0.83^{Aa}	1.06^{ABb}	6.43^{Bbc}	164.63^{Bb}	10.73^{Bab}
野李	0.44^{Aa}	0.095^{ACad}	1.64^{Bb}	0.97^{Bb}	9.09^{Aa}	303.77^{Cc}	5.04^{Bb}
草甸	0.35^{Bc}	0.080^{ABabcd}	0.60^{Aa}	0.99^{Bb}	6.49^{Bbc}	188.60^{Aa}	6.79^{Bb}

注：大写字母表示显著水平 $P<0.01$；小写字母表示 $P<0.05$。

氮、速效钾含量呈正相关，全磷和有机质之间呈负相关。此外，从表 9-7 中还可以看出，枯落物全钾含量与土壤速效钾含量呈显著线性相关，说明枯落物中的全钾含量对土壤表层速效钾含量具有深远的影响，这与枯落物的树种组成、物种多样性以及枯落物本身的养分特征有关 (赵艳云，2007)。

表 9-7 森林枯落物养分含量与土壤养分含量

项目	土层深度/cm	回归方程	R^2	P
全氮	0～5	$Y=-0.75+0.74X-0.75X^3$	1.16	0.42
	5～10	$Y=-0.40+0.51X-0.28X^3$	0.30	0.76
	0～10	$Y=-0.58+0.63X-0.033X^3$	0.61	0.60
	0～20	$Y=-0.56+0.60X-0.03X^3$	0.76	0.54
全磷	0～5	$Y=0.19-8.82X+155.22X^2$	1.08	0.44
	5～10	$Y=0.24-13.76X+253.12X^2$	4.69	0.12
	0～10	$Y=0.21-11.29X+204.17X^2$	2.3	0.25
	0～20	$Y=0.19-9.76X+176.17X^2$	1.68	0.32
土壤速效钾与枯落物全钾	0～5	$Y=178.95+133.92X$	4.31	0.11
	5～10	$Y=66.80+179.25X$	22.71	0.0089
	0～10	$Y=122.88+156.58X$	14.34	0.019
	0～20	$Y=82.10+177.63X$	17.72	0.0136
有机质	0～5	$Y=204.88-2.78X+0.01X^2$	3.93	0.15
	5～10	$Y=289.61-4.0X+0.014X^2$	10.21	0.046
	0～10	$Y=247.25-3.39X+0.01X^2$	6.56	0.080
	0～20	$Y=243.43-3.34X+0.01X^2$	7.66	0.066

四、林地草本植物物种多样性与养分含量

不同枯落物物种组成对土壤养分含量具有一定的影响，汪思龙等 (2005) 对杉木纯林枯落物中施加阔叶林枯落物，发现枯落物物种越多，土壤酶活性越高，随枯落物物种丰富度增加，土壤全氮和有机质增加。草本植物分布状况从侧面代表了枯落物组成的物种多样性，相关性分析表明，除速效磷与物种各丰富度指数之间呈正相关外，速效钾、有机质、NO_3^--N、HN_4^+-N、全磷及全氮含量与物种丰富度之间呈负相关，这可能是林地草本植物对枯落物的贡献微小的缘故。草本植物盖度对养分含量影响不大，而有机质和全氮含量与物种丰富度指数之间相关显著 (表 9-8) (赵艳云，2007)。

表 9-8 林地草本植物物种多样性指数与土壤养分含量的相关性

项目	物种数	盖度/%	Shannon	Simpson	Pielou 均匀度
速效磷	0.359	0.250	0.318	0.336	0.419
速效钾	−0.853*	−0.134	−0.745	−0.701	−0.616
有机质	−0.927**	−0.317	−0.933**	−0.952**	−0.963**
NO_3^--N	−0.867*	−0.306	−0.903*	−0.890*	−0.803
HN_4^+-N	−0.535	−0.351	−0.522	−0.581	−0.726
全磷	−0.554	−0.464	−0.556	−0.593	−0.674
全氮	−0.906*	−0.236	−0.901*	−0.921**	−0.936**

注：*表示相关性显著；**表示相关性极显著。

五、森林枯落物全氮、全磷及有机质储量

研究发现，每年枯落物分解释放的营养元素可满足 69%～87%森林生长所需量。

表 9-9 给出了不同立地条件下，枯落物层养分的储量状况，可以看出，所有植被枯落物层，有机质储量最为丰富，全磷储量较少。闫德仁等 (2003) 研究发现，华北落叶松林分结构退化，林内枯落物养分储量较少，而赵艳云 (2007) 进一步研究发现，人工林华北落叶松枯落物养分储量丰富，全氮、全磷、全钾总储量为 28.48 t/hm², 比辽东栎林枯落物多 2.54 t/hm², 有机质储量为 1008.58 t/hm², 是辽东栎林枯落物的 128.1%, 这与人工林林分演替阶段以及人为干扰等外界因素有关。在六盘山林区，天然次生林白桦林地林龄较大，林分结构退化严重，林地植被发育较差，枯落物储量少，除草甸外，枯落物全氮、全磷、全钾和有机质储量最少。油松针叶磷脂含量丰富，枯落物有机质和全磷含量较多。未分解层储量小于半分解层，从而养分储量也遵循相同的规律。有机质是土壤矿质养分的主要来源之一，从枯落物养分含量和储量对比来看，林地枯落物有机质分解方式和分解速率也是影响枯落物层无机养分的主要因素，枯落物层全氮、全磷、全钾和有机质总储量顺序为：华北落叶松＞油松＞辽东栎＞白桦＞野李＞草甸 (赵艳云，2007)。

表 9-9　不同森林植被类型枯落物养分储量　(单位：t/hm²)

养分	分解层次	辽东栎	白桦	华北落叶松	油松	野李	草甸
全氮	未分解层	6.99	3.39	5.26	3.59	3.17	1.30
	半分解层	10.75	6.49	13.0	7.54	6.21	2.55
	总储量	17.74	9.88	18.26	11.13	9.38	3.85
全磷	未分解层	0.037	0.017	0.043	0.031	0.014	0.021
	半分解层	0.056	0.032	0.11	0.049	0.15	0.043
	总储量	0.093	0.049	0.15	0.080	0.16	0.064
全钾	未分解层	3.34	0.97	2.30	0.73	1.42	0.40
	半分解层	4.77	1.77	7.77	2.48	2.98	0.92
	总储量	8.11	2.74	10.07	3.21	4.40	1.32
氮、磷、钾	总储量	25.94	12.67	28.48	14.42	13.94	5.23
有机质	未分解层	293.83	155.29	323.19	432.83	142.32	101.42
	半分解层	493.38	269.18	685.39	558.53	265.28	158.59
	总储量	787.21	424.47	1008.58	991.36	407.60	260.01
总储量		813.15	437.14	1037.06	1005.78	421.54	265.24

研究表明，森林枯落物分解补充了土壤养分含量，维持着系统的稳定发展。由于枯落物养分释放格局，各元素分解盛期的差异 (Palma et al., 1998; Raman and Madhoolika, 2001), 从枯落物各分解层到 40 cm 土层深度上，有机质、全氮、全磷含量层次间含量变化遵循相似的规律，全氮和全磷在枯落物和表层土壤有富集现象，而有机质则不断分解释放。应用根系重量权重对不同立地土壤养分含量进行加权发现，辽东栎林作为阔叶林地，养分含量最高，白桦林地退化，养分含量最低。假设所有养分在立地中所占的地位相同，将不同立地养分含量进行相加得出，辽东栎林＞野李＞华北落叶松≈草甸＞油松＞白桦，这说明，从立地肥力上来看，天然次生林辽东栎林、华北落叶松林、野李和草甸样地具有较大的肥力优势。枯落物养分含量与表层土壤养分间遵循的相关性存在一定差异，同时，林地草本植物的物种多样性指数对土壤有机质、全氮和 NO_3^--N 影响最为显著。养分储量反映了立地枯落物-表层土壤养分库的大小，由于枯落物储量的差异，枯

落物未分解层养分储量小于半分解层；所有样地中，人工林华北落叶松和天然次生林辽东栎林枯落物养分储量最丰富。由此得知，在六盘山林区，相比其他植被，天然次生林辽东栎林和人工林华北落叶松林具有较大的养分供应能力，这对于维护该地区山地森林系统的稳定发展具有较大的作用 (赵艳云，2007)。

第三节　森林枯落物和表层土壤物理性质

植被对立地土壤的影响主要通过枯落物的归还分解、吸持水分养分以及根系生长的穿插作用。枯落物在土壤表面覆盖，经过长期的积累和分解，土壤特别是表层土壤的物理性质、水文效应会有所不同。土壤物理性质决定着土壤中的水、气、热和生物状况，而且影响着土壤中营养元素的有效性和供应能力。本研究通过对表层土壤物理性质主要包括土壤容重、各种孔隙度、通气性和各种持水量等进行测定分析，旨在了解不同森林植被枯落物对立地土壤物理特性的影响和差异，探索森林土壤层的吸水性和储水功能，为合理评判森林的水源涵养功能提供理论根据 (赵艳云，2007)。

一、不同森林植被类型土壤物理性质

土壤容重反映了土壤透水性、通气性和根系伸展时的阻力状况 (田大伦和陈书军，2005)，是土壤物理结构的综合指标 (贺康宁，1995)。白桦、油松林地土壤较为紧实，表层土壤平均容重都达 1.30 g /cm^3 以上，而辽东栎林和华北落叶松容重相差不大，分别为 1.10 g /cm^3 和 1.11 g /cm^3 (赵艳云，2007)。

由于土壤中矿物组成的差异以及有机质含量的不同，土壤比重反映了不同立地土壤的孔性，研究认为，土壤有机质含量越丰富，土壤比重越小。表 9-10 表明，辽东栎林和华北落叶松林地土壤比重较小 (朱祖祥，1993；Gregorich *et al.*，1994)，分别为 2.52、2.53。油松林地枯落物覆盖少，土壤有机质和矿质元素含量较少，土壤较为紧实，比重最大，为 2.73 (赵艳云，2007)。

表 9-10　不同森林植被类型枯落物养分储量

植被类型	容重 /(g/cm^3)	总孔隙度/%	毛管孔隙度 /%	非毛管孔隙度 /%	毛管/非毛管孔隙度	通气度/%	比重	孔隙比
辽东栎	1.10	56.08	43.81	12.27	3.57	32.11	2.52	1.34
白桦	1.33	48.73	43.43	5.31	8.18	17.95	2.62	0.97
华北落叶松	1.11	56.05	46.76	9.30	5.03	31.20	2.53	1.30
油松	1.34	50.71	38.01	12.70	2.99	22.33	2.73	1.04
野李	1.12	58.05	42.43	15.63	2.71	31.11	2.58	1.24
草甸	1.19	55.11	40.78	14.33	2.85	34.64	2.65	1.27

土壤孔隙的组成直接影响土壤的通气透水性和根系穿插的难易程度，并对土壤中水、肥、气、热和微生物活性等发挥着不同的调节作用，是表征土壤结构的重要指标之一 (田大伦和陈书军，2005)。六盘山林地经过多年的封山育林，天然次生林白桦生长开始衰退，林地土壤总孔隙度、非毛管孔隙、孔隙比最小，分别为 48.73%、5.31%、0.97，

比天然次生林辽东栎林地低 7.35%、6.96%、0.37。华北落叶松林地表层土壤物理性质除非毛管孔隙度和通气度与辽东栎林稍有差异外，其余物理指标与辽东栎林相近，说明华北落叶松作为六盘山主要的造林树种，能够较好地维持土壤的孔性结构。油松林地相对于华北落叶松，结构较为紧实，总孔隙度为 50.71%，孔隙比仅为 1.04，说明孔隙含量较少，不利于根系的生长和土壤生物的生存。而野李灌丛和草甸立地容重、总孔隙度与辽东栎林相差不大，这可能与其枯落物分解较快，同时表层土壤根系分布广、数量多，在生长过程中根系的穿插使土壤变得更为疏松，改善了土壤的孔隙状况，增大了立地的通气透水性，是土壤涵养水源功能增强的原因（表 9-10）(赵艳云，2007)。

受森林凋落物、树根以及依存于森林植被下特殊生物群的影响，有机质和腐殖质在不同土层具有不同的含量和分布格局，势必影响各土层的孔隙组成 (Li et al., 2007)。图 9-3 给出了不同森林植被土壤在不同土层深度的孔隙组成和通气度变化情况，可以看出，随土层深度增加，所有植被类型总孔隙度都有所降低。华北落叶松和白桦林地孔隙度呈直线下降，分别从 0～10 cm 的 58.99%、53.11%降到 20～40 cm 的 50.58%、40.48%。辽东栎林枯落物分布丰富，且分解较快，易形成疏松的土壤结构，0～20 cm 土层总孔隙

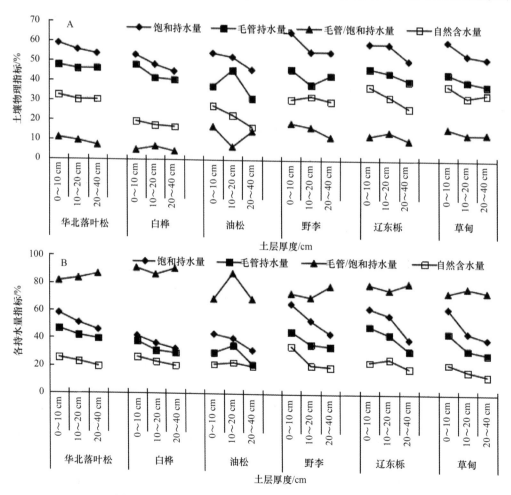

图 9-3　不同森林植被类型土层水分物理性质及水文效应

度相差不大。此外，0～40 cm 土层的毛管孔隙度一般呈递减趋势，野李灌丛林内草本覆被少，毛管孔隙度随土层深度增加呈"V"形分布，这可能与其灌木在 10～20 cm 土层内的根系较少，根系的盘结穿扎作用少，导致孔隙度有所减少，油松林地枯落物分布较少，罕见草灌植被分布，土壤较为紧实，毛管孔隙度呈倒"V"形分布，可能是试验误差造成的。白桦林地枯落物覆盖较少，且以周转期较长的枝条枯落物或粗死木质残体居多，土壤相对紧实，通气透水性较差，0～10 cm 土层非毛管孔隙度最少 (赵艳云，2007)。

二、不同森林植被类型表层土壤持水能力

森林土壤是水分储存的主要场所，林地持水和蓄水性能是反映森林保持水分和涵养水源能力的重要特征之一，是评价土壤涵蓄水分及水文调节能力的一个重要指标。土壤持水量与孔隙度相关紧密 (周重光等，1990)，毛管孔隙中的水分主要用于植物根系吸收和土壤蒸发，可以长时间保持在土壤中，非毛管孔隙能较快容纳降水并及时下渗，更加有利于涵养水源 (张光灿等，2005)。从图 9-3 中可以看出，在自然含水量为 15%～30% 的前提下，所有植被土壤饱和持水量、毛管持水量随土层深度的增加而减少，王金叶等 (2005) 也得出了相同的结论。辽东栎林地地表发育较好，腐殖质层较厚，容重小且疏松多孔，饱和持水率较大，为 39.59%～62.32%，10～20 cm 土层的饱和持水率与 0～10 cm 差距不大，与总孔隙度的变化相似 (图 9-3)。华北落叶松林地毛管持水量较大，同时随土层深度增加减少缓慢，0～10 cm、10～20 cm、20～40 cm 毛管持水量分别为 46.79%、41.91% 和 39.51%。白桦、油松林地坚硬，毛管孔隙不发达，持水量较低，同时，除油松外，毛管/饱和持水量的值随土层深度的增加有所提高，说明非毛管孔隙中的水分比重越来越小，由此可见，立地土壤非毛管孔隙的涵养水源功能主要体现在地表层 (赵艳云，2007)。

三、不同森林植被类型土壤物理性质变化

土壤物理性质差异反映了不同森林植被表层土壤物理结构的变化程度。图 9-4 表明，不同土层容重差异显著，且 10～40 cm 土层的容重、通气度、毛管持水量差异达极显著水平 ($P < 0.01$)，而毛管/饱和持水量值在 20～40 cm 土层差异达极显著水平，说明不同植被枯落物的覆盖对表层土壤物理性质的影响程度是不同的 (赵艳云，2007)。

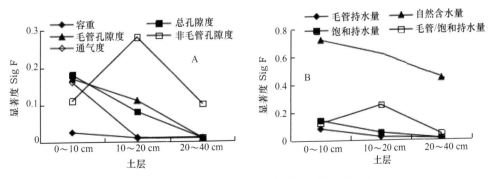

图 9-4 各植被土壤物理性质在不同土层的差异性

四、不同森林植被类型土壤石砾含量变化

石砾的存在及其不同体积石砾的组成，同样会影响土壤的容重和孔隙分布，杜阿朋等研究表明，1 m 以下土层石砾含量与非毛管孔隙度呈正相关。通过对土表 0～60 cm 土层石砾含量进行研究发现，辽东栎林、野李、油松林地石砾含量丰富，土壤石砾含量顺序为野李＞油松＞辽东栎＞白桦＞华北落叶松＞草甸。0～40 cm 土层，除野李、辽东栎林林地在 10～20 cm 土层石砾含量有所降低外，其他植被土层石砾含量随深度增加而增加。并且除野李灌丛外，其他植被 40～60 cm 土层石砾含量相近 (表 9-11)。对不同林地 0～60 cm 土层深度石砾含量进行 LSD 检验发现，无论是重量还是体积含量，野李灌丛与油松林地石砾含量差别不大，但与其他植被石砾含量差异都达显著水平，其中重量含量达极其显著水平 (表 9-12)。此外，分形维数表征了不同粒径石砾含量的多样性，侧面代表了石砾对孔隙含量的影响程度。图 9-5 给出了不同粒级石砾组成的分维图，可以看

表 9-11　不同森林植被类型土层石砾含量

土层深度/cm	辽东栎		白桦		华北落叶松		油松		野李		草甸	
	重量/g	体积/ml	重量/g	体积/ml	重量/g	体积/ml	重量/g	体积/ml	重量/g	体积/ml	重量/g	体积/ml
0～10	553	254	424	183	390	167	794	338	994	414	225	101
10～20	501	227	425	192	449	196	824	379	1085	431	296	138
20～40	832	370	530	234	421	183	867	373	843	347	374	176
40～60	581	292	729	311	568	251	730	323	1199	492	635	281
0～40	629	284	460	203	420	182	829	364	974	397	299	138
0～60	617	286	527	230	457	199	804	353	1030	421	383	174

表 9-12　不同森林植被类型 0～60 cm 土层石砾含量 LSD 比较

项目	辽东栎	白桦	华北落叶松	油松	野李	草甸
重量	ACac	ADad	Aa	BCDbcd	Bb	Aa
体积	ABac	ACad	Aa	BCbcd	Bb	Aa

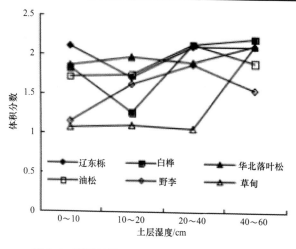

图 9-5　不同植被 0～60 cm 土层石砾体积含量

出，0～40 cm 土层，除草甸外，其他植被林地石砾体积分维差异不大，所有植被石砾分维为 1.0～2.3，说明林地的根系穿扎对于石砾的形成影响是相似的，同时，不同林地石砾孔径无明显差异 (赵艳云，2007)。

五、森林植被枯落物与土壤物理性质相关性

为探讨不同森林植被枯落物与土壤物理性质之间的关系，将不同森林植被枯落物厚度和储量与不同深度土壤物理性质进行相关性分析发现，未分解层厚度和储量与 0～10 cm、0～20 cm、0～40 cm 土壤容重呈显著负相关。半分解层与土壤接触紧密，较未分解层破碎化加剧，孔隙较大，其储量对 0～10 cm、0～20 cm 土层的通气度影响显著。完全分解层富含腐殖质，对土粒的胶结具有重要影响，因此，厚度与 0～20 cm、0～40 cm 土层毛管孔隙度呈正相关，并达显著水平 (表 9-13) (赵艳云，2007)。

表 9-13　森林植被类型枯落物与土壤物理性质的相关性

项目	容重			孔隙度			毛管孔隙度			通气度		
土深/cm	0～10	0～20	0～40	0～10	0～20	0～40	0～10	0～20	0～40	0～10	0～20	0～40
L 厚度	−0.30*	−0.36*	−0.39**	0.13	0.27	0.33*	0.09	0.17	0.30*	0.15	0.17	0.13
P 厚度	−0.01*	−0.22	−0.34	−0.09	0.15	0.26	0.02	0.16	0.28*	0.11	0.13	0.12
L+P 厚度	−0.19	−0.30*	−0.40**	−0.02	0.2	0.31*	0.04	0.18	0.32*	0.13	0.16	0.14
H 厚度	−0.18	−0.21	−0.27	−0.04	0.10	0.15	0.29	0.34*	0.35*	0.19	0.16	0.10
L 储量	−0.33*	−0.32*	−0.34*	0.11	0.26	0.25	0.05	0.26	0.25	0.25	0.26	0.20
P 储量	−0.16	−0.21	−0.26	−0.03	0.06	0.10	0.11		0.33*	0.34*	0.31*	0.23
L+P 储量	−0.23	−0.26	−0.31*	0.01	0.13	0.16	0.10	0.28	0.34*	0.34*	0.32*	0.24

注：L、P、H 分别代表枯落物未分解层、半分解层和完全分解层。

一般研究认为，原次生林砍伐种植人工林后，林地表层土壤趋向于变得紧实，土壤通气透水性能下降，不利于林地水土保持和林木的生长。通过对不同林地表层土壤物理性质以及石砾含量进行研究发现，土壤容重、孔隙组成和分配具有一定的差异。天然次生林辽东栎林和人工林华北落叶松容重和比重最小，分别为 1.10 g/cm³、1.11 g/cm³ 和 2.52、2.53，而人工林油松和天然次生林白桦土壤较为紧实，平均容重都在 1.30 g/cm³ 以上。随土层深度增加，所有林地总孔隙度下降，白桦、油松林地孔隙组成和含量较少，各种持水量也少；而辽东栎林、华北落叶松、草甸和野李灌丛孔隙组成相似，同时辽东栎林、华北落叶松饱和持水量、毛管持水量相近。这说明六盘山天然次生林白桦较辽东栎林林地退化，而人工林华北落叶松具有较好的保土改土作用，人工林油松的建植使林地土壤水分物理性质退化，不利于群落的稳定发展。张雷燕等 (2007) 在对六盘山不同森林植被土壤水文物理性质进行研究时发现，灌木林地的持水和渗透能力强，可以有效地防止水土流失，本研究也发现野李灌木林地具有较好的土壤水文物理性质。在对六盘山不同森林植被覆盖下的石砾含量进行研究时发现，野李和油松与其他植被石砾含量差异显著，同时 0～40 cm 土层石砾分布差异不大，所有植被石砾分形维数为 1.0～2.3，说明石砾粒径多样性对土壤孔隙组成的影响是相近的。此外，通过对植被枯落物储量与土壤物理性质进行相关性分析表明，未分解层厚度和储量与土壤容重呈显著负相关，而由

于半分解层分解破碎化和较未分解层松软的缘故，其储量与土壤通气度呈显著正相关。由此可见，林地土壤物理性质与枯落物的分布紧密相关，在今后的森林经营与管理工作中，我们要加强林地枯枝落叶的管理 (黄承标和梁宏温，1999)，促进未分解层的分解，保护半分解层，更好地发挥林地枯落物层保水、保土和改土的功能 (赵艳云，2007)。

第四节　森林枯落物持水特性对土壤含水量的影响

干旱缺水和水土流失是造成地区土壤生产力低下和生态环境脆弱的主要原因 (潘成忠和上官周平，2004)。在森林生态系统中，枯落物能够截持降水和阻滞径流，体内储藏了大量水分，是植物需水的重要来源，影响着立地水文功能的发挥，制约着水分的下渗和土壤蒸发 (侯喜禄等，1994 等；申卫军等，2001)。自工业革命以来，由于全球气候变暖以及人类过度开采、利用水资源，导致全球水资源短缺和水质恶化，森林的水源涵养功能越来越受到人们的重视，而枯落物层作为林地水文生态功能的第二作用层，其水源涵养功能成为诸多学者研究的热点。本研究对不同森林植被枯落物的持水特性、枯落物及土壤含水量变化进行研究，探讨枯落物的水文功能及其对表层土壤水分的影响，对于实现林地功能优化和高质量水源涵养林分的持续经营，都具有重要意义 (赵艳云，2007)。

一、森林植被枯落物持水率

持水率表征了枯落物的持水能力。浸水开始时，由于枯落物内部与外界水势差异，枯落物持水率迅速增加，随浸水时间延长，持水率趋于稳定 (图9-6)，未分解层枯落物保持了枯枝落叶的原有形状及质地 (程积民等，2003)，水分迅速充盈枯落物累积过程中形成的大孔隙，吸水迅速，在浸水后 7 h 达到饱和 (图9-6)，而半分解层是未分解层枯落物在环境、生物等作用下，进一步破碎化分解而成，枯落物孔隙通道较未分解层细小，吸水后水分运移缓慢，所以浸水 10 h 后才达饱和 (图9-6)。而张洪江等在对贡嘎山冷杉纯林枯落物持水特性进行研究时发现，未分解层和半分解层枯落物分别在浸水后 6 h 和 4 h 达到饱和，造成各分解层吸水饱和时间差异的原因可能在于树种枯落物的组成结构、分解状况、孔隙度、初始含水量及林地的发育和生长状况 (程积民和李香兰，1992)。

已有研究认为，六盘山林地枯落物未分解层和半分解层持水率差异不大 (魏文俊等，2006)，本研究也得出了相同的结论，不同植被枯落物未分解层和半分解层持水率为 1～8 g/g 和 1.5～7.5 g/g (图9-6)。所有林地中，阔叶林叶片枯落物未分解层宽厚，表面通透性较差，但由于各分解层结构较针叶枯落物疏松，仍能吸持较多水分 (Yoshinobu et al.，2004)，枯落物饱和持水率大于针叶林 (图9-6)；油松针叶枯落物含有丰富的磷脂且表面光滑，浸水时表面易形成拮抗水层，不利于吸持水分，因此枯落物持水能力最小，未分解层和半分解层饱和持水率为 2.08 g/g 和 2.28 g/g，分别是华北落叶松的 48.6% 和 78.6%。在对所有植被枯落物进行拟合时发现，除灌丛外，所有植被枯落物的持水率与浸水时间呈曲线 $Y=A \ln(t) +B$ 规律，且方程相关系数极其显著 ($P<0.01$)。

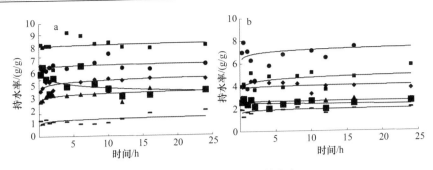

图 9-6　不同植被枯落物持水率

a、b 分别代表未分解层和半分解层，曲线为拟合值；◆辽东栎林，—白桦，▲华北落叶松，—油松，■野李，●草甸，曲线为持水率预测值

苔藓层孔隙较大，开始浸水时，持水率迅速增加，随后吸水缓慢，在浸水 10 h 时持水基本饱和，持水率稳定在 13 左右，饱和持水率是枝条枯落物的 2.17～3.25 倍 (图 9-7)。华北落叶松枝条枯落物在浸水开始时持水率变化不大，之后随浸水时间延长，持水率有所增加，维持在 4～6，而其他植被枝条枯落物在浸水过程中持水率变化不大。这可能与枝条枯落物的腐解程度及初始含水量有关 (赵艳云，2007)。

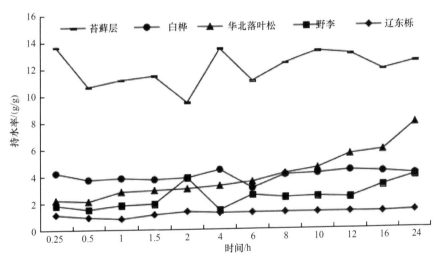

图 9-7　不同植被枯落物枝条及苔藓层吸水率

二、森林枯落物吸水速率

吸水速率代表枯落物的瞬时吸水能力，在野外水文研究工作中具有重要意义。如图 9-8 所示，浸水开始到浸水 30 min 时，枯落物吸水速率迅速降低，之后缓慢下降。从浸水 15 min 时枯落物的吸水速率可以看出，草甸 [28.39 g/(g·h)] ＞野李 [21.72 g/(g·h)] ＞辽东栎 [13.87 g/(g·h)] ＞白桦 [24.19 g/(g·h)] ＞华北落叶松 [11.11 g/(g·h)] ＞油松 [6.48 g/(g·h)]。同时，辽东栎、白桦、华北落叶松、油松、野李、草甸枯落物分别在浸水 4 h、30 min、1 h、8 h、1 h 和 30 min 时吸水达到饱和，随后吸水速率虽然有所波动，但是几乎不变。

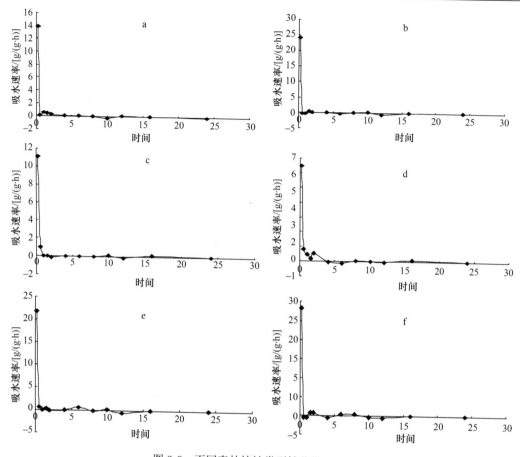

图 9-8　不同森林植被类型枯落物吸水速率

a、b、c、d、e、f 分别代表辽东栎、白桦、华北落叶松、油松、野李和草甸样地枯落物

对不同森林植被枯落物各分解层的吸水速率 [Y, g/(g·h)] 与浸水时间 (t, h) 进行拟合发现，符合方程 $Y=a+b \times t^{-1}$ 变化，同时，方程相关系数 (R^2) 大于 0.488，达显著水平 ($P<0.05$，表 9-14)。此外，枯落物的瞬时水文功能不仅与枯落物的结构组成、分解状况有关，还受前期含水量的影响 (叶吉等，2004)，将所有森林植被枯落物浸水前的含水量与浸水 15 min 时的吸水速率进行相关性分析发现，相关系数为–0.562，说明枯落物初始含水量越大，枯落物瞬时吸水速率越小 (赵艳云，2007)。

三、森林枯落物有效拦蓄量保护

枯落物的饱和储水量 (蓄水容量) 受枯落物结构、储量影响，反映了立地枯落物的潜在水文功能的大小。从表 9-15 中可以看出，由于枯落物储量较少，草甸未分解层饱和储水量最少，为 6.8 t/hm²，辽东栎林具有较大的饱和持水率和枯落物储量，饱和储水量最大。所有植被枯落物总储水量的顺序是：辽东栎 (73.9 t/hm²) ＞华北落叶松 (57.9 t/hm²) ＞油松 (56.5 t/hm²) ＞白桦 (32.5 t/hm²) ＞野李 (24.9 t/hm²) ＞草甸 (23.7 t/hm²)。由此可知，辽东栎和华北落叶松立地枯落物具有较大的储水能力，这与程积

表 9-14 不同森林植被类型枯落物吸水速率 [Y，g/(g·h)] 与浸水时间 (t，h)

森林类型	分解层次	方程	R^2	P
辽东栎林	未分解层	$Y=-1.227+3.568\,t^{-1}$	0.822	<0.001
	半分解层	$Y=-0.702+2.503\,t^{-1}$	0.713	<0.005
白桦	未分解层	$Y=-2.782+6.827\,t^{-1}$	0.721	<0.001
	半分解层	$Y=-1.352+3.602\,t^{-1}$	0.729	<0.001
华北落叶松	未分解层	$Y=-0.930+2.879\,t^{-1}$	0.840	<0.001
	半分解层	$Y=-0.670+2.053\,t^{-1}$	0.794	<0.001
油松	未分解层	$Y=-0.374+1.056\,t^{-1}$	0.611	<0.005
	半分解层	$Y=-0.497+1.441\,t^{-1}$	0.492	<0.005
野李	未分解层	$Y=-1.659+4.690\,t^{-1}$	0.855	<0.001
	半分解层	$Y=-2.108+4.408\,t^{-1}$	0.488	<0.05
草甸	未分解层	$Y=-2.522+6.622\,t^{-1}$	0.669	<0.005
	半分解层	$Y=-1.998+5.496\,t^{-1}$	0.779	<0.001

民等在 20 世纪 90 年代对六盘山森林植被生物量和生态水文作用的研究结果相吻合。

野外条件下，山地森林的坡面一般不会出现较长时间的浸水条件，落到枯落物层上的雨水，一部分被枯落物拦蓄，一部分透过孔隙很快入渗到土壤中去 (高人和周广柱，2002)。因此，用最大持水率和饱和储水量估算枯落物层对降水的拦蓄能力会产生偏差，不能真实反映枯落物对降水的实际拦蓄效果，一般用有效拦蓄量估算枯落物对降水的实际拦蓄量。从表 9-15 可以看出，不同森林植被所处的立地条件、枯落物储量和厚度不同，枯落物的自然含水量有所差异，但不同森林植被枯落物的有效拦蓄量表现为辽东栎最大，华北落叶松次之 (赵艳云，2007)。

表 9-15 不同森林植被类型枯落物储水量指标

项目	最大持水率/(g/g)	饱和储水量/(t/hm²)	自然含水量/%	有效拦蓄量/(t/hm²)
未分解层				
辽东栎	5.21	36.0	87.0	2.49
白桦	8.18	14.7	75.0	1.12
华北落叶松	4.28	19.2	83.8	1.26
油松	2.08	31.4	59.4	0.8
野李	4.51	11.6	74.4	0.96
草甸	6.42	6.8	40.6	0.56
半分解层				
辽东栎	3.88	37.9	115.2	2.19
白桦	5.52	17.8	123.2	1.14
华北落叶松	2.9	38.7	92.0	2.09
油松	2.28	25.1	116.0	0.77
野李	2.53	13.3	68.3	0.85
草甸	8.71	16.9	33.8	1.41

林内草本植物能够对降水进行再次分配，在一些研究中，高≤50 cm 的草本植物也

被作为地被物的研究范围 (Marin *et al.*, 2000)。本研究通过浸泡饱和的方法研究发现，受储量影响，草甸、华北落叶松和油松林地草本植物饱和储水量较大，分别为 13.8 t/hm²、5.4 t/hm²、3.0 t/hm² (表 9-16)，占其枯落物未分解层和半分解层饱和储水量之和的百分比分别为 12%、9.3%和 5.3%，由此可见，林内草本植物的吸水功能较大，在今后的水文研究过程中应该引起足够重视(赵艳云，2007)。

表 9-16　不同林地草本植物饱和储水量　　　　　　　(单位：t/hm²)

	辽东栎	白桦	华北落叶松	油松	野李	草甸
饱和储水量	2.0	3.9	5.4	3.0	1.7	13.8

四、森林植被类型枯落物含水量

枯落物含水量变化与林内温度、湿度、风速和连旱日数 (降水情况) 等气象因素关系密切。枯落物未分解层覆盖在林地表面，受地表蒸发和林内降水影响较大，因此，含水量波动大，半分解层表面一般有未分解层覆盖，降水下渗和蒸发滞后，含水量较未分解层变化不大。雨季来临前，枯落物含水量迅速提高，尤其在累积降水量 17.2 mm (6 月 22 日) 时；枯落物含水量上升最快，而在雨季 (8 月)，含水量有所降低，这可能是雨季来临之前，枯落物持续蒸发，含水量不断减少，降水来临时，林内雨水尽被枯落物所截持，含水量不断提高；当枯落物含水量达到一定值以后，水分经由枯落物下渗到土壤的速度减慢，同时，在较厚枯落物覆盖的条件下，较大降水强度使枯落物孔隙暂时受阻，水分的下渗速度小于降水强度，从而导致水分无效流失，枯落物含水量得不到补充，蒸发的存在使含水量降低 (赵鸿雁等，2001)，Tino 等(1996) 和黄忠良等 (2000) 在不同地区的研究也得出了相同的结论。未分解层裸露在地表，蒸发强烈，含水量低于半分解层。此外，枯落物厚度等分布状况也影响着枯落物水分含量，由于阴坡华北落叶松枯落物覆被较厚，半分解层含水量变化较为平缓，而白桦林虽然分布在阴坡，由于枯落物厚度小，其枯落物半分解层与阳坡华北落叶松含水量变化相似 (图 9-9) (赵艳云，2007)。

五、森林枯枝落叶层对降水的截留

据观测，乔木林枯枝落叶层对大气降水的截留率为 5%～13%，对林内降水的截留率为 7%～21% (表 9-17)。枯枝落叶层的截留率取决于枯落物的蓄积量和持水能力。华北落叶松林枯枝落叶层蓄积量多，持水能力强，截留量较其他阔叶林大。灌木和草地分别为 3.1%和 1.1% (赵艳云，2007)。

研究结果表明，枯落物水文生态功能与其持水能力息息相关，而持水能力又可以通过持水率和吸水速率来体现。阔叶林枯落物宽厚肥大，具有较大孔隙，能够吸持较多水分，持水能力大于针叶林；油松枯落物表面光滑，易形成拮抗水层，持水能力最小。由于枯落物孔隙结构的差异，苔藓层持水率远远大于枝条枯落物，而所有植被枝条枯落物的持水率曲线相似，且饱和持水率与枯落物层相差不大。在对枯落物吸水速率进行研究时发现，浸水后 15～30 min，吸水速率急剧减少。所有植被枯落物吸水速率 [Y, g/(g·h)]

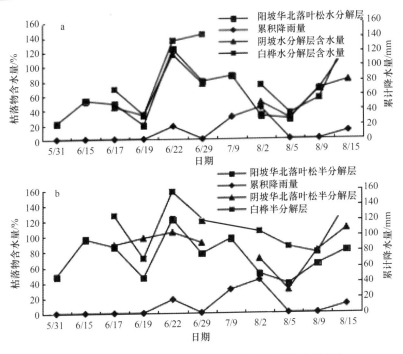

图 9-9　森林植被枯落物未分解层和半分解层含水量变化

a、b 分别为未分解层和半分解层

表 9-17　森林植被类型枯枝落叶层对降水的截留量

类型	枯枝落叶层特征		树高/m	林外降水/mm	截留量/mm	截留率/%	
	蓄积量 t/hm²	最大吸水率/%				对林外	对林内
华北落叶松林	22.3	351.0	10.5	493.8	64.5	13.1	20.9
白桦林	14.9	328.3	12.2	493.8	47.2	9.6	13.0
辽东栎林	13.8	312.8	12.0	493.8	35.2	7.2	8.9
山杨林	16.5	238.2	11.0	493.8	27.9	5.6	7.5
乔木平均	15.6	236.0		493.8	43.7	8.9	
灌木平均	5.9	219.3				3.1	
草地	3.3	135.8				1.1	

与浸水时间 (t, h) 符合方程 $Y = a + b \times t^{-1}$，并达显著水平。枯落物前期含水量与浸水 15 min 时吸水速率之间的相关系数为−0.562，说明枯落物浸水前的含水量影响着枯落物的吸水速率，制约着立地枯落物瞬间水文功能的大小。持水率和吸水速率表征了枯落物的潜在持水能力，饱和储水量和有效拦蓄量则代表了特定立地条件下枯落物水文功能的大小。研究表明，辽东栎林枯落物饱和储水量和有效拦蓄量最大，华北落叶松次之。由此可见，仅从枯落物持水性能上来说，在六盘山林区，辽东栎林和华北落叶松林的建植具有其合理性。同时，草本植物的物种多样性影响着枯落物的结构和持水量，枯落物的持水特征与林地草本植物盖度相关性较大，而与草本植物的物种多样性和均匀度指数关联不大。此外，通过浸水饱和的方法进行研究发现，白桦、华北落叶松和油松林地草本植物饱和储水量占枯落物饱和储水量的 5%~12%，说明草本植物发挥的水文功能较大，因此，

在林地水文的研究过程中，应该重视林地草本植物的相应研究。枯落物覆盖在地表，可以截持降水和拦蓄径流，影响着土壤水分下渗和蒸发。研究表明土壤含水量与枯落物含水量遵循相似的变化规律，并受降水影响显著 (赵艳云，2007)。

参 考 文 献

班勇, 徐化成. 1995. 兴安落叶松老龄林分幼苗天然更新及微生境特点. 林业科学研究, 8(6): 660-664.

程积民, 李香兰. 1992. 子午岭植被类型特征与枯枝落叶层的保水作用. 武汉植物学报, 10(1): 55-64.

程积民, 万惠娥, 胡相明, 等. 2006. 半干旱区封禁草地凋落物的积累与分解. 生态学报, 26(4): 1107-1212.

程积民, 邹厚远. 1990. 六盘山森林生物量与生态水文作用研究. 北京林业大学学报, 12(1): 55-63.

程金花, 张洪江, 史玉虎, 等. 2003. 三峡库区三种林下枯落物储水特性. 应用生态学报, 14(11): 1825-1828.

程金花, 张洪江, 余新晓, 等. 2002. 贡嘎山冷杉纯林地被物及土壤持水特性. 北京林业大学学报, 24(3): 45-49.

高人, 周广柱. 2002. 辽宁东部山区几种主要森林植被类型枯落物层持水性能研究. 沈阳农业大学学报, 33(2): 115-118.

贺康宁. 1995. 水土保持林地土壤水分物理性质的研究. 北京林业大学学报, 17(3): 44-50.

侯喜禄, 曹清玉, 白岗栓. 1994. 陕北黄土区不同森林类型水土保持效益的研究. 西北林学院学报, 9(2): 20-24.

胡相明, 程积民, 万惠娥. 2006. 黄土丘陵区人工林下草本层植物的结构特征. 水土保持通报, 26(3): 41-45.

黄承标, 梁宏温. 1999. 广西不同地理区域森林土壤水文物理性质研究. 土壤与环境, (2): 96-100.

黄忠良, 孔国辉, 余清发, 等. 2000. 南亚热带季风常绿阔叶林水文功能及其养分动态的研究. 植物生态学报, 24(2): 157-161.

焦菊英, 焦峰, 温仲明. 2006. 黄土丘陵沟壑区不同恢复方式下植物群落的土壤水分和养分特征. 植物营养与肥料学报, 12(5): 667-674.

金小麒. 1991. 华北地区针叶林下凋落物层化学性质的研究. 生态学杂志, (6): 24-29.

李红云, 杨吉华, 鲍玉海, 等. 2005. 山东省石灰岩山区灌木林枯落物持水性能的研究. 水土保持学报, 19(1): 44-48.

李惠卓, 韩福生, 张瑞祥, 等. 2005. 雾灵山森林枯落物中养分状况研究. 河北林业科技, (2): 7-9.

李玉山. 2001. 黄土高原森林植被对陆地水循环影响的研究. 自然资源学报. 16(5): 427-432.

林波, 刘庆, 吴彦, 等. 2004. 亚高山针叶林人工恢复过程中凋落物动态分析. 应用生态学报, 15(9): 1491-1496.

刘向东, 吴钦孝, 赵鸿雁. 1991. 黄土高原油松人工林枯枝落叶层水文生态功能研究. 水土保持学报, 5(4): 87-92.

刘洋, 张健, 冯茂松. 2006. 巨桉人工林凋落物数量、养分归还量及分解动态. 林业科学, 42(7): 1-10.

吕明和, 周国逸, 张德. 2006. 鼎湖山黄果厚壳桂粗死木质残体的分解. 广西植物, 26(5): 523-529.

莫江明, 薛璟花, 方运霆. 2004. 鼎湖山主要森林植物凋落物分解及其对 N 沉降的响应. 生态学报, 24(7): 1413-1420.

潘成忠, 上官周平. 2004. 黄土半干旱区坡地土壤水分、养分及生产力空间变异. 应用生态学报, 15 (11): 2061-2066.

申卫军, 彭少麟, 周国逸, 等. 2001. 马占相思 (Acacia mangium) 与湿地松 (Pinus elliotii) 人工林枯落物层的水文生态功能. 生态学报, 21(5): 846-850.

时忠杰, 王彦辉, 熊伟, 等. 2006. 单株华北落叶松树冠穿透降雨的空间异质性. 生态学报, 26(9): 2877-2886.

时忠杰, 王彦辉, 于澎涛, 等. 2005. 宁夏六盘山林区几种主要森林植被生态水文功能研究. 水土保持学报, 19(3): 134-138.

苏里, 许科锦. 2006. 广西玉林市 4 种人工林林下植被物种多样性研究. 广西科学, 13(4): 316-320.

田大伦, 陈书军. 2005. 樟树人工林土壤水文-物理性质特征分析. 中南林学院学报, 25(2): 1-6.

汪思龙, 黄志群, 王清奎, 等. 2005. 凋落物的树种多样性与杉木人工林土壤生态功能. 生态学报, 25(3): 474-480.

王长庭, 龙瑞军, 王启基, 等. 2005. 高寒草甸不同草地群落物种多样性与生产力关系研究. 生态学杂志, 24(5): 483-487.

王金叶, 田大伦, 王彦辉, 等. 2005. 祁连山林草复合流域土壤水文效应. 水土保持学报, 19(3): 144-147.

王瑾, 黄建辉. 2001. 暖温带地区主要树种叶片凋落物分解过程中主要元素释放的比较. 植物生态学报, 25 (3): 375-380

魏文俊, 王兵, 冷泠. 2006. 宁夏六盘山落叶森林凋落与枯落物分布及持水特性的研究. 内蒙古农业大学学报, 27(3): 19-23.

吴钦孝, 刘向东. 1993. 陕北黄土丘陵区油松林枯枝落叶层蓄积量及其动态变化. 林业科学, 29(1): 63-66.

辛晓平, 王宗礼, 杨桂霞, 等. 2004. 南方山地人工草地群落结构组建及其与环境因子的关系. 应用生态学报, 15(6): 963-968.

熊伟, 王彦辉, 徐德应. 2003. 宁南山区华北落叶松人工林蒸腾耗水规律及其对环境因子的响应. 林业科学, 39(2): 1-7.

熊伟, 王彦辉, 于澎涛, 等. 2005. 六盘山辽东栎林、少脉椴天然次生林夏季蒸散研究. 应用生态学报, 16(9): 1628-1632.

薛立, 何跃君, 屈明, 等. 2005. 华南典型人工林凋落物的持水特性. 植物生态学报, 29(3): 415-421.

闫德仁, 刘永军, 安晓亮, 等. 2003. 落叶松人工林枯落物特征研究. 内蒙古林业科技, (3): 23-26.

杨吉华, 张永涛, 李红云, 等. 2003. 不同林分枯落物的持水性能及对表层土壤理化性状的影响. 水土保持学报, 17(2): 141-144.

杨玉盛, 郭剑芬, 陈银秀, 等. 2004. 福建柏和杉木人工凋落物分解及养分动态的比较. 林业科学, 40(3): 19-25.

叶吉, 郝占庆, 姜萍. 2004. 长白山暗针叶林苔藓枯落物层的降雨截留过程. 生态学报, 24(12): 2859-2862.

张光灿, 夏江宝, 王贵霞, 等. 2005. 鲁中花岗岩山区人工林土壤水分物理性质. 水土保持学报, 19(6): 44-48.

张洪江, 程金花, 余新晓, 等. 2003. 贡嘎山冷杉纯林枯落物储量及其持水特性. 林业科学, 39(5): 147-151.

张冀, 汪有科, 吴钦孝. 2001. 黄土高原几种主要森林类型的凋落及其过程比较研究. 水土保持学报, 15(5): 91-94.

张雷燕, 刘常富, 王彦辉, 等. 2007. 宁夏六盘山地区不同森林类型土壤的蓄水和渗透能力比较. 水土保持学报, 21(1): 95-98.

张振明, 余新晓, 牛健植, 等. 2005. 不同林分枯落物层的水文生态功能. 水土保持学报, 19(3): 139-143.

赵鸿雁, 吴钦孝, 从怀军. 2001. 黄土高原人工油松林枯枝落叶截留动态研究. 自然资源学报, 16(4): 381-385.

赵艳云. 2007. 六盘山植被枯落物水文生态特征研究. 杨凌: 中国科学院、教育部水土保持与生态环境研究中心: 1-50.

周重光, 柴锡周, 沈辛作, 等. 1990. 天目山森林土壤的水文生态效应. 林业科学研究, 3(3): 215-221.

朱祖祥. 1993. 土壤学 (上册). 北京: 中国农业出版社: 80-82, 227-230.

Chirwa T S, Mafongoya P L, Mbewe D N M, et al. 2004. Changes in soil properties and their effects on maize productivity following *Sesbania sesban* and *Cajanus cajan* improved fallow systems in eastern Zambia. Biol Fertil Soils, 40: 20-27.

Gregorich E G, Carter M R, Angers D A M, et al. 1994. Towards a minimum data set to assess soil organic matter quality in agricultural soils. Canadian Journal of Soil Science, 74: 367-385.

Guo L B, Sims R E H, Horne D J. 2006. Biomass production and nutrient cycling in *Eucalyptus* short rotation energy forests in New Zealand: II. Litter fall and nutrient return. Biomass and Bioenergy, 30: 393-404.

Kosugi K, Mori K, Yasuda H. 2001. An inverse modeling approach for the characterization of unsaturated water flow in an organic forest floor. Journal of Hydrology, 246: 96-108.

Li Q K, Ma K P. 2003. Factors affecting establishment of *Quercus liaotungensis* Koidz. under mature maxed oak forest overstory and in shrubland. Forest Ecology and Management, 176: 133-146.

Li X G, Li F M, Rengel Z, et al. 2007. Soil physical properties and their relations to organic carbon pools as affected by land use in an alpine pastureland. Geoderma, 139 : 98-105.

Marin C T, Bouten I W, Dekker S. 2000. Forest floor water dynamics and root water uptake in four forest ecosystems in northwest Amazonia. Journal of Hydrology, 237: 169-183.

Naeth M A, Bailey A W, Chmnasyk D S, et al. 1991. Water holding capacity of litter and soil organic matter in mixed prairie and fescue grassland ecosystems of Alberta. Journal of Range Management, 44(1): 13-17.

Palma R M, Prause J, Fontanive A V, et al. 1998. Litter fall and litter decomposition in a forest of the Parque Chaqueno Argentino. Forest Ecology and Management, 106: 205-210.

Raman K D, Madhoolika A. 2001. Litterfall, litter decomposition and nutrient release in five exotic plant species planted on coal mine spoils. Pedobiologia, 45: 298-312.

Schaap M G, Bouten W, Verstraten J M. 1997. Forest floor water content dynamics in a Douglas fir stand. Journal of Hydrology, 201: 367-383.

Tino B, Mark G J, Paul T R, et al. 1996. two-probe method for measuring water content of thin forest floor litter layers using time domain reflectometry. Soil Technology, 9: 199-207.

Wei J, Wu G. 2006. Hydro-ecological effects of artificial *Pinus tabulaeformis* Carr. and *Hippophae rhamnoides* woods in the low mountainous upland of Western Liaoning Province, China. Acta Ecologica Sinica, 26(7): 2087-2092.

Yoshinobu S, Tomo'omi K, Atsushi K, et al. 2004. Experimental analysis of moisture dynamics of litter layers-the effects of rainfall conditions and leaf shapes. Hydrological Processes, 18: 3007-3018.

第十章　森林植被水源涵养效应

第一节　典型森林类型冠层截留特征

林冠截留作为水文循环的重要环节，对林地的降水入渗、产流、土壤水分的空间分布以及蒸散等水文过程具有重要影响，在森林生态系统水量平衡中也占有重要地位，并影响着局地或流域的水分循环 (Peng *et al.*，2013；Tsiko *et al.*，2012；Herbst *et al.*，2008)。受林冠结构、密度、风及降水等多方面因素的影响，林冠截留具有明显的时空变异，其准确描述是精细评价森林水文影响的基础 (陈书军等，2013；Gerrits *et al.*，2010；Wilderer，2011)。国内外学者已开展了大量林冠截留研究，但集中于不同森林类型和气候特征下的样地林冠截留差异及截留模型应用方面，对林冠截留时空变化及影响因素的研究还很少 (陈书军等，2013；Saito *et al.*，2013；Shinohara *et al.*，2013；Shi *et al.*，2010)。He 等 (2014) 描述了青海云杉林样地内的冠层截留空间变化，指出植被表面积指数 (PAI) 是导致截留空间变化的主要因素，这仅是小空间尺度内的探索，并且缺乏时间动态变异特征研究。在作为流域基本空间单位的坡面这个关键研究尺度上，林冠截留不但具有坡位差异，还具有坡面尺度效应，需深入理解林冠截留的坡面变化规律和尺度效应机制，但目前这方面的研究还很薄弱，需要予以关注和加强研究 (刘泽彬等，2017b)。

一、华北落叶松林叶面积指数变化特征

以华北落叶松为例，各样地冠层叶面积指数 (LAI) 的生长季平均值有明显的坡位差异，变化范围为 2.68～3.27，变异系数为 0.06，总体变化规律为 "从坡顶向下渐增，在坡中部大，然后又逐渐降低"。整个坡面的生长季冠层 LAI 的样地坡长加权平均值为 2.90 (图 10-1)。进一步分析发现，各样地冠层 LAI 坡面变化的季节差异明显 (图 10-2)。

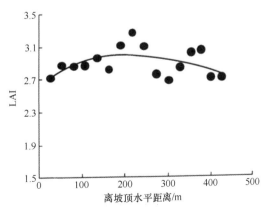

图 10-1　华北落叶松坡面样地冠层 LAI 的生长季平均值随离坡顶水平距离的变化

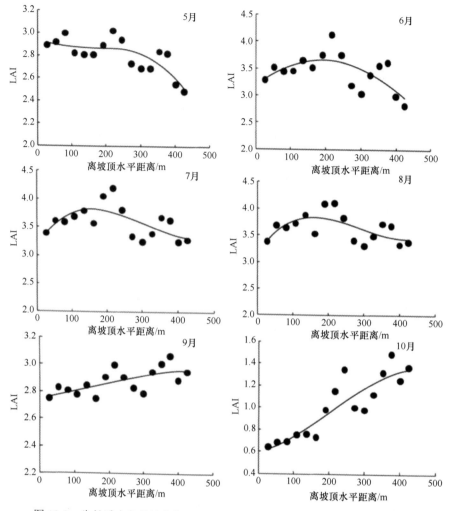

图 10-2 生长季内各月份华北落叶松样地冠层 LAI 随离坡顶水平距离的变化

在 5 月，坡面加权平均值为 2.81，变异系数为 0.05，总体表现为随离坡顶距离增加而逐渐减小。在 6 月、7 月、8 月，LAI 的坡面加权平均值分别为 3.45、3.60 和 3.64，变异系数分别为 0.10、0.08 和 0.07；其沿坡面变化总体相对一致，即随离坡顶距离增加先增后减，大值出现在距坡顶 200 m 处的坡中部。但 6 月坡下部 LAI (3.25) 明显小于坡上部 (3.41)，至 7 月和 8 月这个差异才逐渐减小。在 9 月、10 月，LAI 的坡面加权平均值分别为 2.88 和 1.01，变异系数分别为 0.03 和 0.28，LAI 的坡面变化表现为随离坡顶距离增加逐渐增大的趋势。

二、生长季不同月份林冠层 LAI 相对值变化

为定量评价生长季内不同月份的林冠层 LAI 坡面变化规律及不同坡位样地冠层 LAI 的坡面代表性，我们进一步分析了不同坡位样地 LAI 与各月份坡面加权平均值的比值及其随离坡顶水平坡长增加的变化 (图 10-3)。依据各样地林冠层 LAI 相对值与其离开坡顶水平距离的拟合曲线可知，在 5 月，LAI 比值总体表现为逐渐下降，其中 LAI

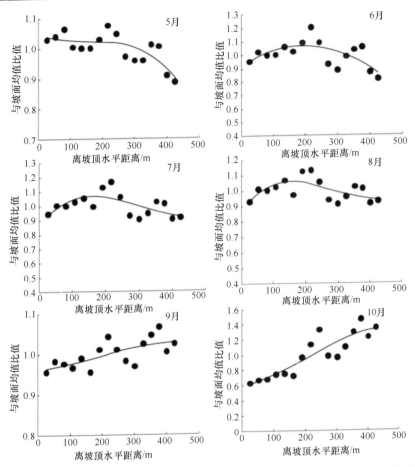

图 10-3　生长季内各月份华北落叶松林冠层 LAI 与坡面均值的比值随样地离坡顶
水平距离的变化

的比值在 0～306.7 m 范围内基本都大于 1，之后向下至坡底基本都小于 1。在 6～8 月，
LAI 比值表现为增加—减小—小幅增大—减小的波动变化趋势，但整体变化趋势呈现
为增加—减小的变化，其中 6 月在 0～62.9 m 和 320.6～425.1 m 范围内小于 1，在 62.9～
320.6 m 范围内大于 1；7 月在 0～62.8 m 和 294.0～425.1 m 范围内小于 1，在 62.8～294.0 m
范围内大于 1；8 月在 0～65.4 m 和 290.3～425.1 m 范围内小于 1，在 65.4～290.3 m 范
围内大于 1。在 9～10 月，LAI 比值总体表现为随水平距离增加逐渐上升的趋势，但各
坡段具体情况有异，9 月，LAI 比值在 0～21.1 m 范围内均小于 1，之后基本都大于 1；
10 月，LAI 比值在 0～224.3 m 范围内均小于 1，之后基本都大于 1。由此可见，利用某
坡位处 (如坡面底部或中部) 典型样地调查值作为整个坡面平均值会存在较大误差。

三、生长季不同月份林冠层 LAI 与环境因子的关系

生长季内各月份林冠层 LAI 与环境因子的关系存在差异。5 月，林冠层 LAI 与海拔
及气温、辐射强度和风速等微气象因子呈显著正相关，与林分结构、坡度和土壤物理性
质不相关；6～8 月，林冠层 LAI 与土壤水分呈显著正相关，与林分结构、海拔、坡度以

及土壤物理性质不相关；9 月，林冠层 LAI 与海拔、辐射强度、风速、土壤总孔隙度和持水能力呈显著负相关，与气温和坡度呈显著正相关，与林分结构、土壤水分和土壤容重不相关；10 月，林冠层 LAI 与海拔、辐射强度、风速、总孔隙度、持水能力和土壤水分呈显著负相关，与气温和坡度呈显著正相关，与林分结构和土壤容重不相关 (表 10-1) (刘泽彬等，2017a)。

表 10-1　不同月份华北落叶松冠层 LAI 与林分特征等因子相关分析

月份	胸径	树高	密度	海拔	坡度	气温	辐射强度	风速	土壤水分	容重	持水能力	总孔隙度
5	0.480	0.341	0.037	0.692**	−0.365	0.692	0.692**	0.692**	0.457	−0.133	0.344	0.323
6	0.234	0.296	0.109	0.366	0.163	−0.366	0.366	0.366	0.530*	−0.078	0.237	0.247
7	0.280	0.326	0.097	0.326	−0.177	−0.326	0.326	0.326	0.629*	−0.177	0.259	0.295
8	0.299	0.379	0.048	0.284	−0.157	−0.284	0.284	0.284	0.527*	−0.178	0.226	0.259
9	−0.325	0.069	0.356	−0.668**	0.622*	0.668**	−0.668*	−0.668*	−0.093	0.378	−0.601*	−0.611*
10	−0.495	0.009	0.29	−0.892**	0.641**	0.892**	−0.892**	−0.892**	−0.644**	0.483	−0.682**	−0.669**

注：*表示相关性显著，**表示相关性极显著。

整个生长季样地林冠截留量有明显的坡位差异，截留量为 64.1～102.0 mm，截留率为 11.7%～18.6%，其坡面加权平均值分别为 80.1 mm 和 14.6%，变异系数均为 0.15。依据各样地测定值与水平坡长的拟合曲线可知，不同坡位样地林冠截留量随离坡顶距离 (水平坡长) 增加总体表现为先升高，在坡中部 (水平坡长 211.5 m 处) 达最大，之后逐渐减小(图 10-4)。

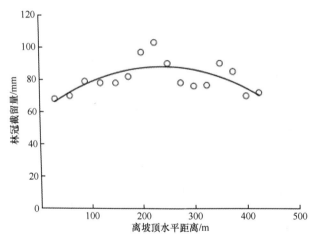

图 10-4　生长季林冠截留量随样地水平距离的变化

样地林冠截留量的坡位变化存在月份差异 (图 10-5)。5 月，各样地林冠截留量为 5.5～10.8 mm，截留率为 13.7%～27.0%，其坡面加权平均值为 8.7 mm 和 21.6%，变异系数均为 0.15；林冠截留量沿坡面变化总体表现为随水平坡长增加逐渐降低。6 月，林冠截留量为 9.2～27.3 mm，截留率为 6.3%～18.6%，其坡面加权平均值为 20.4 mm 和 13.9%，变异系数均为 0.30；林冠截留量沿坡面变化总体表现为随水平坡长增加先升高，在水平坡长 180.0 m 处达到最大值，之后逐渐减小。7 月，林冠截留量为 6.3～17.8 mm，

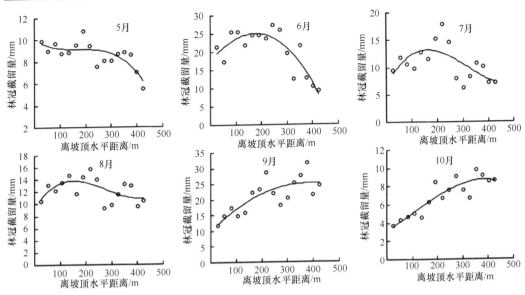

图 10-5 不同月份林冠截留量随样地水平距离变化

截留率为 8.4%～23.8%，其面加权平均值为 10.7 mm 和 14.3%，变异系数为 0.30；林冠截留量沿坡面变化总体为随水平坡长增加先升高，在水平坡长 159.1 m 处达到最大值，之后逐渐减小。8 月，林冠截留量为 9.3～15.8 mm，截留率为 10.2%～17.4%，其坡面加权平均值为 12.3 mm 和 13.5%，变异系数为 0.16；林冠截留量沿坡面变化总体为随水平坡长增加先升高，在水平坡长 147.7 m 处达到最大值，之后逐渐减小。9 月，林冠截留量为 11.7～31.6 mm，截留率为 7.5%～20.2%，其坡面加权平均值为 21.1 mm 和 13.4%，变异系数为 0.26；林冠截留量沿坡面变化总体为随水平坡长增加逐渐升高。10 月，林冠截留量为 3.6～9.8 mm，截留率为 9.4%～25.1%，其坡面加权平均值为 6.9 mm 和 17.7%，变异系数为 0.29；林冠截留量沿坡面变化总体为随水平坡长增加逐渐增加。

林冠截留的空间差异主要与林分结构、立地因子、气象因子等的空间异质性有关。可建立林冠截留量与主导因素的数量关系，并借助主导因子的样地测定值实现林冠截留量坡面均值的推算。相关分析表明 (表 10-2)，叶面积指数的时空变化是导致坡面林冠截留量时空变化的主导因素。虽然研究坡面海拔较小，降水量在整个坡面中较为一致，但林冠截留量大小也直接受降水量影响。

表 10-2 不同月份林冠截留率与林冠结构及树木生长指标相关性

月份	叶面积指数	林分密度	树高	胸径	枝下高	冠幅直径
5	0.750**	0.285	0.224	0.46	−0.042	−0.141
6	0.527**	0.039	0.560*	0.557*	0.486	0.003
7	0.958**	0.351	0.239	0.272	0.313	−0.27
8	0.959**	0.334	0.292	0.198	0.216	−0.35
9	0.865**	−0.105	−0.091	−0.466	−0.004	−0.398
10	0.840**	−0.459	0.172	−0.311	0.289	−0.178

注：*表示显著相关 ($P<0.05$)；**表示极显著相关 ($P<0.01$)。

四、不同森林林型树冠截留量

香水河流域主要林分类型树冠截留阵雨率为 8.58%～18.31%（表 10-3），其中乔木林平均截留率为 15.25%，灌木平均截留率为 15.36%，而且不同林型间截留率的差异与林分特性有关。据测定，林冠枝叶表面粗糙的，如辽东栎，吸水能力较强，截留量较大。表面光滑的，如红桦，吸水能力较弱，截留量稍小。

表 10-3　不同林分类型林冠截留量

植被类型	树高/m	郁闭度	降水量/mm	截留量/mm	截留率/%
辽东栎	9.3	0.6	489.7	87.9	17.95
油松	7.0	0.65	510.6	80.1	15.69
华北落叶松	14.3	0.85	510.6	87.7	17.18
红桦	9.8	0.75	498.7	42.8	8.58
华山松	11.5	0.75	364.2	66.7	18.31
东坡杂灌丛	2.3	0.9	447.2	69.1	15.45
李灌丛	3.8	0.9	509.6	77.8	15.27
辽东栎-椴树	12.3	0.7	403.2	55.8	13.84
乔木平均					15.25
灌木平均					15.36

华北落叶松纯林总降水截留率为 9.8%。截留量明显随降水次数增加而增大，说明由植被冠层枝叶表面积和吸持降水能力所决定的截留容量是影响截留量大小的主要因素。并且在降水次数一致的情况下，降水历时越长，林外降水越大，截留量也越大，即降水历时长，雨期蒸发大，截留量也大（表 10-4）。

表 10-4　6～9 月华北落叶松林降水截持量

月份	降水场数/次	总降水历时/h	平均雨强/(mm/h)	林外降水/mm	穿透雨/mm	截留量/mm	截留率/%
5	1	16.3	1.9	30.1	29.0	1.1	3.6
6	8	65.9	3.0	149.5	133.0	16.5	11.1
7	8	47.8	4.2	77.3	66.7	10.6	13.7
8	5	53.3	2.1	89.8	84.3	5.5	6.1
9	5	33.7	1.8	61.4	55.0	6.4	10.4
总计	27	217.0	2.6	408.1	368.0	40.1	9.8

林冠截留量存在明显的月份变化和坡位差异。5 月，林冠截留量和截留率的坡面均值分别为 8.7 mm 和 21.6%，变异系数为 0.15，其沿坡面变化总体表现为随水平坡长增加逐渐降低；6 月、7 月和 8 月，林冠截留量坡面均值分别为 20.4 mm、10.7 mm 和 12.3 mm，林冠截留率坡面均值分别为 13.9%、14.3%、13.5%，变异系数分别为 0.30、0.30 和 0.16，其沿坡面变化均为坡中部最大，坡上部和坡下部较小，但 6 月坡下部林冠截留量和截留率明显小于坡上部；在 9 月和 10 月，林冠截留量坡面均值分别为 21.1 mm 和 6.9 mm，林冠截留率坡面均值分别为 13.5% 和 17.7%，变异系数分别为 0.26 和 0.29，其沿坡面变

化均为随水平坡长增加逐渐升高。叶面积指数是影响林冠截留量时空变化的主导因素。各月份林冠截留率的坡面变化均与叶面积指数呈显著正相关，表明叶面积指数的时空差异是导致林冠截留坡位差异及月份变化的主要因素 (刘泽彬等，2017a)。

第二节　典型森林林地冠层蒸腾效应

树木蒸腾是林地水分散失的主要途径，影响着森林的稳定性和产水功能 (Bosch *et al.*，2014；Xiong *et al.*，2015)，研究人工林蒸腾耗水对资源性缺水地区的植被恢复与精细经营具有重要的指导意义。热扩散探针法是目前国际上研究树木蒸腾最成熟的方法之一，它不受时空异质性的限制，通过树干液流的尺度外推广泛用于估算单株 (Ford *et al.*，2007)、样地或林段 (曹恭祥等，2013)、流域 (Ford *et al.*，2007) 等尺度上的森林蒸腾。而通过尺度外推精确估算森林蒸腾的前提是必须了解树木蒸腾的空间异质性，已有研究集中在测定点到整树、样树间的蒸腾差异 (Tateishi *et al.*，2008；王华等，2010)，以及树形因子和林分结构特征对单株到林分或林段上推的影响，以上研究为尺度外推提供了基础。而推测流域尺度森林蒸腾时需要从单株到样地、样地到坡面、坡面到流域等尺度的上推，但以往研究直接越过坡面尺度进行外推。此外，有关林分蒸腾坡位差异及其主导环境影响因素的研究还较薄弱。Kumagai 等 (2008) 对 50 年生日本柳杉[*Cryptomeria japonica* (Thunb. ex L. f.) D. Don]林分研究认为，坡上林分蒸腾明显低于坡下样地，而Engel 等 (2002) 对北美红栎(*Quercus rubra* L.)林分蒸腾的研究结论却相反；刘建立等 (2009) 研究表明，林分蒸腾随坡位下降而升高，且在坡脚处林分蒸腾又减少。明确林分蒸腾的坡位差异及引起这种差异的主导环境因子，是精确估算坡面或流域尺度上华北落叶松林蒸腾耗水的前提，有利于林水的协调管理和森林的精细经营 (王云霓等，2018a)。

在六盘山南侧半湿润区，选择了一个东南坡向的华北落叶松覆盖的完整坡面，自上而下设置海拔差 50 m 左右的 5 个不同坡位样地，研究林分蒸腾及其主要环境因子的坡位差异，为利用特定样地观测值的尺度外推以精确估算坡面或流域尺度上的林地蒸腾、评价人工林耗水和人工林精细化管理等提供科学依据 (王云霓等，2018b)。

一、林分日蒸腾变化

生长季内华北落叶松林不同坡位样地蒸腾的季节变化呈现出先增大后减小的变化趋势(图 10-6)。随着华北落叶松枝叶展开，林分蒸腾迅速增大，在 5 月底达到最大；6月、7 月日均饱和水汽压差(VPD)和日潜在蒸散(PET)较高，但由于前期经历了生长季初期的干旱后，土壤水分亏缺严重，林分蒸腾较 5 月略有下降，但仍维持较高的水平，较大的波动是由阴雨天大气蒸发需求较弱而导致的；之后林分蒸腾受降水和温度的双重影响，8 月、9 月呈连续下降趋势，在 10 月初树木落叶后基本停止。

整个生长季林地蒸散的变化基本符合先增加后减小的趋势，峰值发生在 8 月，在生长季初期的 5～6 月(图 10-7)，大气降水量少限制了林地草本和土壤蒸发水分的来源。随着进入生长季雨期来临，降水增加，限制土壤蒸发和草本蒸腾的水分因子解除。同时，气温在雨季时平均水平较高，蒸散潜力较大，加上在生长季中期，草本的生物量达到最

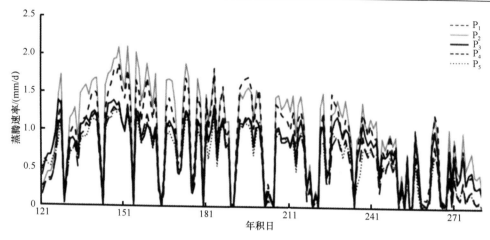

图 10-6 不同坡位华北落叶松林日蒸腾速率变化

P₁、P₂、P₃、P₄ 和 P₅ 分别代表上、中上、中、中下和下 5 个不同坡位的样地。下同

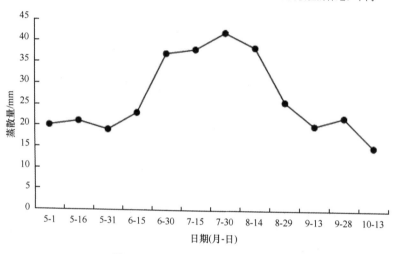

图 10-7 典型林地蒸散量季节变化

大值，且生理活动较为强烈，消耗水的速度较大。因此，总体来说在生长季中期林地蒸散量较大。随着生长季后期的到来，虽然在 9 月有整个生长季 31.5% 的降水，但 9 月林地蒸散量较小，说明水分不是限制林地蒸散的主要因子。9 月林地蒸散量的减小是由于进入秋季，气温降低，外部环境因子的变化导致蒸散潜力的减小，同时也因为进入生长季后期，草本的生理活动减弱，对水分的消耗能力也不如生长季中期。因此才造成生长季内，林地蒸散量随时间呈现出先增加后减小的单峰曲线状。

二、典型林地蒸散特征

1. 天然次生林

测定了树种组成为 6 栎 4 椴、郁闭度为 0.65、林分密度为 1100 株/hm²、林龄为 40 年的辽东栎×少脉椴天然次生林的蒸散量。用热扩散液流方法测定乔木树种辽东栎和少脉椴的蒸腾量，用快速称重法测定灰栒子和黄刺玫的单株蒸腾量，林地蒸发用微型蒸渗仪法测定。由于 5～7 月为树木生长旺盛期,8～10 月为树木生长缓慢时期,因此设定 5～7 月树木蒸腾为 8～9 月的 1 倍。六盘山气象站 1995～2004 年平均蒸发量为 1119.18 mm,8 月和 9 月蒸发量占全年蒸发量的 17.36%。以此为依据估算林地全年的蒸发量。其研究结果见表 10-5。

表 10-5 天然次生林蒸散量

项目	乔木	灌木	林地	林分
8～9 月蒸腾量/mm	0.96	0.30	—	—
8～9 月蒸发量/mm	—	—	0.19	—
8～9 月蒸散量/(mm/d)	0.96	0.30	0.19	1.45
全年估计蒸散量	264.96	82.80	66.65	414.41

注:"—"表示此处无数据,下同。

2. 不同立地类型蒸散特征

为了解六盘山外围林分不同植被类型的蒸散量,选择立地条件和林分结构相对一致的华北落叶松纯林,用热脉冲速度记录仪在典型天气测定了它们的树干液流,用来估算林分蒸腾量。采用快速称重法估算了 7 年生山桃、6 年生沙棘林的蒸腾量。采用蒸渗仪法测定了紫花苜蓿草地的蒸腾和蒸发量。并用多株平衡法分别测定了各林分的蒸腾和蒸发量。据固原气象站资料,固原农田全年蒸发量为 761.3 mm,5～10 月蒸发量为 574.9 mm,为全年的 75.52%,以此推算林地全年蒸发量。其主要结果见表 10-6。

表 10-6 四种森林植被类型 5～10 月蒸腾耗水量 (单位:mm)

测定方法	华北落叶松林		山桃林		沙棘林		紫花苜蓿草地	
	蒸腾量	蒸散量	蒸腾量	蒸散量	蒸腾量	蒸散量	蒸腾量	蒸散量
多株平衡法	243.88	449.06	241.21	399.73	225.5	362.84	—	411.8
生理法	204.28		235.35		160.20			
蒸渗仪法	—		—		—		204.98	393.5
平均	224.08	449.06	238.28	399.73	192.85	362.84	204.98	402.65
全年蒸散量		521.99		452.06		417.94		466.73

在华北落叶松人工林林内按径级先后选择了 10 株胸径为 6.30～15.68 cm、树高为 5.5～10.5 m 的树木,进行了华北落叶松树干液流的测定。利用蒸渗筒测定了样地的林地蒸散。在沙棘群落样地内和 19 年生的柠条林内选择具有代表性的 8～9 年生的树木,然后根据探头的型号在树木上选择合适的样枝,采用包裹式液流测定仪进行了液流测定。用蒸渗筒法测定了其林地蒸散。选择了 4 个不同坡位、坡向的草地测点,用蒸渗筒测定了天然草地的蒸散。其测定结果见表 10-7。

3. 不同森林植被类型蒸散量

根据以上三个试验地点 9 个植被类型研究结果,得到六盘山林区不同森林植被类型的年蒸散量 (表 10-8)。可以看出,中心区域与外围区域植被蒸散有较大差异,每年乔木林分蒸散量相差 205.61 mm。

表 10-7　叠叠沟流域不同植被类型全年总蒸散量　　　（单位：mm）

植被类型	测定月数	测定期间蒸散量	测定期间林地蒸发量	测定期间蒸腾量	全年蒸腾量	全年蒸发量	全年蒸散量
华北落叶松林	4	435.1	195.3	239.8	359.7	358.35	718.05
沙棘林	4	341.6	176.8	164.8	247.2	324.40	571.60
柠条林	6	328.51	223.72	104.79	104.79	296.24	401.03
天然草地	5	257.8	—	—	—	—	431.83

表 10-8　不同森林植被类型年蒸散量　　　（单位：mm）

试验地点	乔木林	灌木林	草地
中心区域	414.41		
外围区域	620.02	460.66	449.28
平均	517.22	460.66	449.28

三、林分日蒸腾对环境因子的响应

坡位变化往往伴随着林分结构、平均气温、最低气温、太阳辐射、风速、土壤体积含水量、饱和水汽压差、空气相对湿度、光照时间等因子的变化，导致林分蒸腾的坡位变化。相关分析表明（表 10-9），不同坡位样地的林分蒸腾与太阳辐射、饱和水汽压差、空气相对湿度和潜在蒸散均呈极显著相关，与风速和平均气温的相关系数较低，未达显著水平；土壤水势与坡下样地 P_4 和 P_5 的林分蒸腾呈显著正相关，与 P_1、P_2、P_3 样地的林分蒸腾呈极显著正相关；除 P_1 外，林分蒸腾与土壤体积含水量呈显著正相关。综合来看，土壤水势、土壤水分和气象条件共同影响和决定着林分蒸腾的坡位差异，影响林分蒸腾的主导环境因子是气象因子，但坡上样地（P_1、P_2、P_3）受土壤水势的影响较大，坡下样地（P_4 和 P_5）受土壤水分的影响较大。

表 10-9　不同坡位林分日蒸腾与环境因子相关性

样地	平均气温	最低气温	最高气温	太阳辐射	饱和水汽压差	空气相对湿度	风速	降水量	土壤水势	土壤体积含水量	潜在蒸散
P_1	0.05	−0.31**	0.586**	0.77**	0.86**	−0.65**	0.14	−0.41**	0.30**	0.23	0.81**
P_2	0.02	−0.31**	0.566**	0.78**	0.88**	−0.67**	0.13	−0.44**	0.22**	0.60*	0.84**
P_3	0.05	−0.40**	0.534**	0.82**	0.87**	−0.72**	0.10	−0.48**	0.22**	0.53**	0.81**
P_4	0.06	−0.34**	0.593**	0.82**	0.84**	−0.72**	0.05	−0.44**	0.18*	0.62**	0.78**
P_5	0.02	−0.33**	0.547**	0.88**	0.87**	−0.71**	0.08	−0.43**	0.17*	0.69**	0.77**

注：*表示相关性显著，**表示相关性极显著。

四、林分蒸腾的环境影响因素

关于林分蒸腾与气象因子的关系，前人已经做了大量研究，但研究结果差异较大，这主要是因为影响蒸腾的因素较多，影响植被蒸腾的主导因子存在差异。例如，陈立欣等（2009）研究认为，在非土壤水分限制条件下，影响树木蒸腾耗水的环境因子依其影响程度由大到小依次为：饱和水汽压差＞太阳辐射＞风速＞降水量＞土壤湿度；而高峻

等 (2010) 认为，杏树蒸腾与气象因子的相关程度为冠层净辐射＞空气相对湿度＞平均气温＞风速。

在六盘山平均气温、太阳辐射、空气相对湿度、饱和水汽压差、潜在蒸散、土壤体积含水量、土壤水势等环境因子均显著影响着不同坡位林分冠层蒸腾，但各环境因子对林分冠层蒸腾的影响具有坡位差异，基本表现为：从上坡到下坡，林分冠层蒸腾对平均气温、空气相对湿度、饱和水汽压差、潜在蒸散及土壤水势的响应呈现逐渐减小的趋势，而对太阳辐射、土壤体积含水量的响应程度则逐渐增大。进一步回归分析和偏相关分析表明：潜在蒸散、饱和水汽压差和空气相对湿度对不同坡位林分冠层蒸腾的影响均占主导地位，土壤水势和平均气温对上坡样地林分日蒸腾的影响较大，而下坡样地林分冠层蒸腾受太阳辐射、土壤体积含水量和最低气温的影响较大。Kumagai 等 (2008) 认为，饱和水汽压差是影响不同坡位单株蒸腾的主要环境因子，太阳辐射次之，土壤水分对上坡位、下坡位的单株蒸腾均无影响；Patrick 等 (2012) 研究发现，蒸腾随着 PET 的增加呈非线性增加，且坡下和坡中样地的蒸腾对 PET 的响应程度要大于坡上样地；Tromp-vanMeerveld 等 (2006) 研究认为，上坡土层薄，土壤水分限制树木的蒸腾，但坡下土层厚，土壤可利用的水分较多，蒸腾不受土壤水分的限制；刘军等 (2014) 研究认为，下坡位土壤体积含水量和土壤水势是影响蒸腾速率的主要因子，在上坡位却是土壤温度和土壤水势。

土壤水分对林分蒸腾的影响比较复杂，有关林分蒸腾对土壤水分条件响应的研究结论并不完全一致，可能与研究区气候、林龄及林分结构等有关。Wu 等 (2015) 认为，刺槐幼苗蒸腾对土壤水分的响应受土壤质地和气象因子的影响；Li 等 (2016) 对六盘山北侧华北落叶松人工林和 Ungar 等 (2013) 对以色列北部半干旱地区的地中海松的研究均认为，林分蒸腾对土壤水分的响应受 PET 的影响。Kumagai 等 (2008) 和 Patrick 等 (2012) 的研究区属于湿润区，多年平均降水量分别为 2150 mm 和 1080 mm，虽然不同坡位根系分布层土壤水分条件存在差异，但可能尚未达到限制树木蒸腾的阈值。而本研究年份生长季降水量仅为 484.12 mm，且集中在生长季后期，这可能是导致不同坡位对土壤水分的响应与 Kumagai 等 (2008) 的研究存在差异的原因之一。此外，Patrick 等 (2012)、Kumagai 等 (2008) 和本研究对象林龄分别为 70 年、50 年、33 年，林分径级分布差异也较大，而森林蒸腾对土壤水分条件的敏感性与林龄、林分结构特征密切相关。例如，Delzon 和 Loustau (2005) 研究认为，54 年生海岸松和 10 年生相比，林分日蒸腾下降显著，对干旱敏感性也显著减低；Kumagai 等 (2008) 研究认为，土壤体积含水量对较大胸径树木蒸腾的影响大于胸径较小的树木。另外，受坡度和土壤物理性质影响的降水坡面再分配会改变土壤含水量的坡面格局，一般来说，径流和土壤水会顺坡流动，使坡度较小的林段和较低坡面处获得更多的降水以外的水分输入。例如，刘建立等 (2009) 通过对六盘山叠叠沟不同坡位华北落叶松林的生长季耗水研究认为，坡上流下来的地表径流或壤中流顺坡输入是引起林分耗水坡位差异的主要原因。

根系分布特点也深刻影响着森林蒸腾对土壤水分条件响应的敏感度。Raz-Yaseef 等 (2012) 研究认为，林分蒸腾主要受根系分布层的土壤含水量控制；Bréda 等 (1995) 研究认为，随着干旱胁迫时间增长，根系吸收水分的土壤深度逐渐加深，即使在高土壤水分条件下，由于根系分布的限制导致土壤水分与蒸腾呈负相关。本研究中，华北落叶松林的主要根系分布层为 0～80 cm，有效根系层 (≤1 mm) 为 30～60 cm，若长期干旱，少量降水对林分蒸腾的影响不大。生长季中期 (年积日 206～240)，植被蒸腾对土壤水分需求较大，但在经历了生长季初期的干旱后，土壤水分亏缺严重，虽然此时段降水增多，但降水前后的蒸腾水平差异不显著。

林分日蒸腾存在显著坡位差异，坡面中间样地的林分日蒸腾显著高于坡面两端的样地。林分日蒸腾与太阳辐射强度、饱和水汽压差、潜在蒸散、最高气温、土壤水势、土壤水分呈显著正相关，与空气相对湿度、最低气温、降水量呈显著负相关。利用逐步回归分析，建立了林分日蒸腾量与环境因子的多元线性模型，发现不同坡位处的入选环境因子存在明显差别：饱和水汽压差、潜在蒸散和湿度对不同坡位林分蒸腾的影响均占主导地位，土壤水势和气温对上坡样地林分蒸腾影响较大，而下坡样地林分蒸腾受太阳辐射、土壤水分和最低温度的影响较大。综合来看，林分日蒸腾的坡位差异是土壤水分和气象条件共同作用的结果，在通过液流速率尺度上推估算坡面蒸腾时，需综合考虑土壤水分和气象因子的坡位差异 (王云霓等，2018a)。

第三节　保护区水源涵养效益估算

森林与人类的生活息息相关，它不仅是可供人类利用的一种资源，也是人类和其他生命赖以生存的环境与物质基础。森林的效益包括许多方面：森林的水源涵养作用，土壤改良及水土保持作用，气候环境改善与维持作用，大气、土壤、水体污染的净化作用，野生动物及生物资源的保护作用，人类健康保健与环境美化作用等，其中水源涵养作用是森林植被最主要、效益最明显的效益。森林植被的水源涵养作用主要是指森林植被对大气降水的再分配现象，即通过树冠、林地植被、枯枝落叶层截留、渗蓄等途径吸收降水，减少地表径流量，以暂时的方式对降水实行再分配，从而减少洪水形成的时间和数量，延缓洪峰产生，然后以土内径流形式或地下水的方式补充给河川，从而起到调节河流流态的作用。

一、水源涵养效益评估方法

1. 水量平衡法

水量平衡法认为在一定时间内，整个区域的水资源收入和支出处于平衡状态。从水量平衡的角度来看，森林涵养水源的总量取决于森林区域的降水量和森林区域的蒸散量。水量平衡法的数学表达式为：

$$L=P-E$$

式中，L 为森林水源涵养量(t/a)；P 为森林区域降水总量(t/a)；E 为森林区域蒸散量(t/a)。

2. 非毛管孔隙度蓄水量法

根据森林土壤的非毛管孔隙度计算出森林土壤的蓄水能力，以便确定森林年水源涵养量数值的大小。蓄水能力法的数学表达式为：

$$L=NCP \times S \times H$$

式中，L 为森林水源涵养量(t/a)；NCP 为土壤非毛管孔隙度(%)；S 为森林区域面积(hm²)；H 为土层厚度(m)。

3. 年径流量法

假设森林与其他类型土地(如耕地、草地、荒山、荒地等)每年的蒸散耗水量都相同，那么，森林区域的水源涵养量可以根据年径流量乘以森林覆盖率得到，或者根据年径流量乘以森林面积来获得。年径流量数学表达式为：

$$L=R \times S$$

式中，L 为森林水源涵养量(t/a)；R 为森林区域年径流量[t/(a·hm²)]；S 为森林区域面积(hm²)。

二、水量平衡

水是森林生态系统中能量和物质循环的主要载体，也是影响森林生产力的重要生态因子。在一定的时域空间内，水的运动保持着质量守恒。把降落到林地的降水作为收入，把蒸发和径流的损失作为支出，这种水量的收支过程即为水量平衡。在一定时期内，几种水的分量在量上保持平衡关系，这种关系即称为该期间的水量平衡，这种平衡关系常用数量表示，即称为林分的水量平衡表，水量平衡研究的时段可以考虑为年、季、月等。森林水量平衡是通过对水分的收入和支出系统进行定量分析，来研究森林植被中水分的运动规律。研究森林水量平衡可以比较全面地认识水的分配状况，以揭示水在运动中所具有的各种形式之间的内在联系，从而通过森林的合理经营使森林生态环境朝着人们所期待的方向转化。六盘山区是我国西北地区十分典型的区域，因此研究其水量平衡变化，对于区域森林植被的管理、恢复和重建具有重要意义。

1. 地表径流量

在叠叠沟流域采用建造径流场的方法测定样地的坡面地表径流。从表 10-10 中可以看出，测定期间各个样地都没有产生有效的地表径流，即使在日降水量达到 100 mm 以上的暴雨情况下地面径流量也很小。因此在分析样地水分平衡时可以将其忽略。

表 10-10　叠叠沟小流域 5 个固定样地的地表径流量

| 测定日期(月.日) | 降水量/mm | 地表径流深/mm | | | | |
		阳坡草地	陡坡华北落叶松	缓坡华北落叶松	沙棘灌丛	半阴坡草地
6.13～10.10	380.6	1.52	1.67	1.15	0.67	1.14

2. 水量平衡

从表 10-11 中可以看出，6 月 21 日至 10 月 3 日期间降水输入为 378 mm，阳坡草地和半阴坡草地群落的蒸散量分别为 237.8 mm 和 204.2 mm，阳坡草地大于半阴坡草地。两个样地平衡项均为正值，即在研究期间这两个样地通过深层渗漏或侧向水流均输出水分，净流出量分别为 120.1 mm 和 161.5 mm。沙棘灌丛群落的总蒸散量为 374.1 mm，研究期间样地净流出水量 24.1 mm。陡坡华北落叶松总蒸散量为 379.8 mm，平衡项为 3.9 mm，样地水分基本保持平衡。缓坡坡脚华北落叶松总蒸散量为 415.7 mm，

表 10-11　6～10 月叠叠沟小流域 5 个样地水量平衡表　　　（单位：mm）

植被类型	降水量	林冠截持量	土壤含水量变化	树木蒸腾量	林地蒸散量	平衡项
阳坡草地	378.0		20.1		237.8	120.1
陡坡华北落叶松	378.0	24.4	−10.2	184.0	175.9	3.9
缓坡坡脚华北落叶松	378.0	35.8	20.2	202.7	177.1	−57.9
沙棘灌丛	378.0	66.0	−20.2	138.8	169.3	24.1
半阴坡草地	378.0		12.4		204.2	161.5

平衡项为负值，即在研究期间外部向其输入水分，净输入量为 57.9 mm，这可能是因为缓坡华北落叶松位于山脚，能够接受较多的从坡上顺坡流入的壤中流（王彦辉等，2018）。

表 10-11 的平衡项仅是在样地水平进行的平衡计算，由于坡面产生的径流要输送到小流域出口，中间还有很多过程，也还需要损耗很多水分，最终形成的小流域径流水资源数量要远远小于坡面样地的计算值。但根据表 10-11 所体现的各植被类型样地对流域径流的可能贡献，可将这几个样地划分为输出型、平衡型和消耗型。草地（阳坡和半阴坡）和灌木林地（沙棘，半阴坡）为输出型。乔木林地可以划为平衡型（陡坡华北落林松）或消耗型（缓坡坡脚华北落林松）。植被和地形特点对于坡面产流都有很大的影响（郭明春，2005）。

三、水源涵养林效益估算

由于目前缺少六盘山林区径流量的数据，因此本研究以水量平衡法和森林土壤的蓄水能力方法估算整个六盘山林区水源涵养效益（表 10-12）。

表 10-12　六盘山森林水源涵养功能指标

项目	乔木林	灌木林	草地
林冠截留率/%	12.53	15.36	—
枯枝落叶/%	8.9	3.1	1.1
蒸发散/(t/hm²)	5172.2	4606.6	4492.8
土壤储水能力/(t/hm²)	766	1019	330

1. 乔灌木林林冠截留降水能力

六盘山林区多年平均降水量为 676 mm，折合为 6760 t/hm²。乔木树种的林冠截留率为 12.53%，灌木树种的截留率为 15.36%。根据 1999 年二类森林资源清查结果，乔木树种面积为 32 469 hm²，灌木树种（包括疏林地和未成林）面积为 12 144 hm²，由此得到整个区域森林植被截留降水能力为 4011.18 万 t，为年均降水量的 10.09%。

2. 森林枯枝落叶截留降水能力

森林植被中乔木林枯枝落叶截留降水率平均为 8.9%，灌木为 3.1%，草本为 1.1%，整个六盘山林区乔木树种面积为 32 469 hm²，灌木树种（包括疏林地和未成林）面积为 12 144 hm²，宜林地和苗圃面积为 14 210 hm²，由此得到六盘山森林植被枯枝落叶层截留降水能力为 2313.62 万 t，为年均降水量的 5.82%。

3. 森林植被蒸发散消耗水资源量

根据以上研究可以得到,乔木林分年蒸发散为517.22 mm,折合为5172.2 t/hm^2;灌木林分年蒸发散为460.66 mm,折合为4606.6 t/hm^2;草地年蒸发散为449.28 mm,折合为4492.8 t/hm^2。六盘山林区乔木树种面积为32 469 hm^2,灌木树种(包括疏林地和未成林)面积为12 144 hm^2,宜林地和苗圃面积为14 210 hm^2,因此六盘山林区森林植被年蒸散量为28 772.15 万t,为年均降水量的72.36%。

4. 六盘山林区产水量估算

六盘山林区多年平均降水量为676 mm,林业用地面积(苗圃除外)58 823 hm^2,年降水总量为39 764.34 万t,森林植被截留、枯枝落叶截留和蒸发散消耗掉35 096.95 万t,因此以水量平衡方法得到每年六盘山林区产水总量为4667.39 万t,即森林植被每公顷每年平均产水79.36 mm,为年均降水量的11.74%。

5. 林地土壤调节降水能力估算

从以上研究可以得知,乔木林内土壤储水能力为76.6 mm,折合成吨数为766 t/hm^2;灌木林分为101.9 mm,折合为1019 t/hm^2;草地为33 mm,折合为330 t/hm^2。六盘山林区乔木树种面积为32 469 hm^2,灌木树种(包括疏林地和未成林)面积为12 144 hm^2,宜林地和苗圃面积为14 210 hm^2,因此得到六盘山林区土壤年储水能力为4193.53 万t,为年降水量的10.55%。

6. 两种方法估算结果评价

从表10-13可以看到,两种方法计算结果有一定差异,两者相差473.86 万t。对于整个六盘山林区来说,每公顷平均相差8.06 mm,为年均降水量的1.27%,相差不到5%,所以可以认为两者的估算十分相近,都是可以接受的。从文献上看,多数人认为,水量平衡方法更为真实可靠,所以多认可水量平衡方法估算的结果,因此我们认为采用年产水4667.39 万t更为合适。

表10-13 六盘山森林植被调节水量和产水量　　　　(单位:hm^2、万t)

项目	整个林区		乔木林		灌木林		草地	
	面积	调节水量	面积	调节水量	面积	调节水量	面积	调节水量
林冠截留作用	58 823	4 011.18	32 469	2 750.22	12 144	1 260.96	14 210	—
枯枝落叶截留	58 823	2 313.62	32 469	1 953.46	12 144	254.49	14 210	105.67
林分蒸发散	58 823	28 772.15	32 469	16 793.62	12 144	5 594.26	14 210	6 384.27
全年降水量	58 823	39 764.34	32 469	21 949.04	12 144	8 209.34	14 210	9 605.96
年产水总量	58 823	4 667.39	32 469	451.74	12 144	1 099.63	14 210	3 116.02
土壤储水量	58 823	4 193.53	32 469	2 487.13	12 144	1 237.47	14 210	468.93

7. 枯枝落叶层一次性容纳大气降水最大潜力

综上所述,乔木林地枯枝落叶量平均为15.6 t/hm^2,最大持水量为37.8 t;灌木林地树种枯枝落叶量平均为5.9 t/hm^2,最大持水量为13.1 t;宜林地枯枝落叶量为3.3 t/hm^2,

最大持水量为 4.5 t。六盘山林区乔木树种面积为 32 469 hm^2，灌木树种（包括疏林地和未成林）面积为 12 144 hm^2，宜林地和苗圃面积为 14 210 hm^2，因此得到六盘山林区枯枝落叶层一次性可容纳大气降水的潜力为 145.04 万 t。

8. 林地土壤容纳大气降水最大潜力

根据前面的计算结果，乔木林地土壤最大持水能力为 4718 t/hm^2，灌木为 4128 t/hm^2，草地为 3644 t/hm^2。六盘山林区乔木树种面积为 32 469 hm^2，灌木树种（包括疏林地和未成林）面积为 12 144 hm^2，草地面积为 21 510 hm^2，因此六盘山林区土壤最大持水潜力为 28 170.16 万 t。

四、六盘山林区与周边水源涵养功能比较

为了解六盘山中心区域与外围区域森林植被水源涵养效益的差异，以下以乔木林分为例进行逐项比较。

位于六盘山中心区域香水河流域的西峡林场多年平均降水量为 703.7 mm，每年林冠截留 107.31 mm，枯枝落叶截留 62.63 mm，林分蒸发散 414.41 mm，总共消耗 584.35 mm 降水，剩余 119.35 mm，占年均降水量的 16.96%，即每年六盘山中心区域的乔木林分中降水量的 16.96% 用于转化或补充地下水或直接流入河流。

位于六盘山外围区域的叠叠沟流域附近的廿里铺多年平均降水量为 493.5 mm，每年林冠截留 48.36 mm，枯枝落叶截留 49.35 mm（按截留率 10% 计算），林分蒸发散 620.02 mm，每年总共消耗 717.73 mm，超出多年降水量 224.23 mm，即六盘山外围区域乔木林分每年降水量不能满足乔木生长需要，有 224.23 mm 来自地下水，根本不可能或很少能给地下水和河流补充水分。如果这种现象长期存在，树木水分亏缺会越来越严重，树木生长不良或死亡，森林植被会逐渐走向逆向演替。

六盘山中心区域与外围区域在水源涵养效益方面之所以有如此大的差别，都是森林植被状况影响的结果，其中最根本的原因在于森林植被的保护效果不同。多年来，六盘山中心区域一直采取严格的保护措施，森林植被越来越好，其水源涵养效益越来越明显。相反，六盘山外围区域保护措施跟不上，森林植被质量越来越差，不仅植被破坏严重，而且其气候也向干旱方向转变。不仅每年降水量比中心区域少 200 多毫米，而且每年蒸发量还多出 200 多毫米，这都是破坏森林植被，不能有效保护森林资源的结果。

因此，通过以上比较分析可以看出，建立自然保护区是保护森林资源、充分发挥森林植被水源涵养效益最有效的措施。

乔木林中每公顷年平均产水量只有 139.13 t，相当于 13.91 mm 降水量，占年均降水量的 2.06%，绝大部分用于蒸发散，极少有剩余。对于速生树种更是如此，如华北落叶松林中年蒸散量达 500～700 mm，全年的降水量往往小于蒸发散，需要吸取地下水才能正常生存。而天然次生林，特别是中心区域的天然次生林，蒸发散则相对少些，每年的降水量都有剩余，可以补充地下水，能充分行使森林植被的水源涵养功能。因此从长远观点和水源涵养功能角度而言，六盘山林区应最好不栽植或少栽植速生树种较为适宜。灌木林每公顷年平均产水量为 905.49 t，占年均降水量的 13.39%，每年水分消耗量次于

乔木林，大于草地，但许多灌木林几乎没有其他效益，如木材、林副产品等，所以也不应大量保存，应逐渐改造成水源涵养效果好的针阔混交林。宜林地每公顷年平均产水量为 2192.84 t，占年均降水量的 32.43%，每年水分消耗量为占年均降水量的 2/3，是六盘山林区产水量最大的植被类型，但如此大的水量，很容易造成水土流失和洪水泛滥，所以应尽可能恢复天然植被，形成水源涵养效果较好的针阔混交林。六盘山林区年产水总量为 4667.39 万 t 以上，平均每公顷产水量为 79.36 mm，为年均降水量的 11.74%。也就是说，按多年的平均降水量计算，六盘山林区每年的水源涵养功能为每年降水量的 12% 左右。

中心区域与外围区域在水源涵养林效益方面存在着较大差异，中心区域的乔木林分每年降水量的 16.96% 转化或补充地下水或直接流入河流，外围区域每年降水量不能满足乔木树木生长需要，约有 1/3 水分来自地下水。这些差别都是由于保护措施不同所致，因此扩大六盘山自然保护区规模和范围十分必要，以使其更好地发挥水源涵养、保护动植物资源和生态环境的作用。

第四节　典型森林生态水文功能综合评价

水源涵养功能是森林生态系统的重要生态功能之一 (Andréassian，2004)，主要体现在森林植被层、枯枝落叶层及土壤层等对水分的再分配过程中 (陈严武等，2015)。而研究表明，不同结构的水源涵养林在功能上表现出一定的差异性。近些年，国内外学者对不同结构林分的水源涵养功能开展了大量研究，如 Crockford 和 Richardson (2000)、Bruijnzeel (2004) 的研究表明，林分的物种组成不同，其水文功能也有所差异；Lowrance 和 Sheridan (2005) 研究认为，与纯林和单层林相比，林分垂直结构发生改变后的林分具有更好的水源涵养功能。宁夏六盘山位于黄土高原的西部，是黄河主要支流泾河的发源地，被誉为黄土高原的"湿岛"。过去，由于人为或自然等因素的影响，该区的天然林遭到了严重破坏，形成了结构相对简单的天然次生林 (如天然灌丛)；同时，该区大面积华北落叶松人工纯林也出现了因树种和垂直结构单一而导致水源涵养功能不佳。近些年，该区以近自然林业的理论与技术为依据，采取灌丛稀植乔木和纯林复层改造等措施调整了天然灌丛和华北落叶松单层人工纯林的林分结构，以提高其水源涵养等生态水文功能。然而，迄今为止还缺乏林分结构调整后不同林分生态水文功能综合量化评价方面的报道。因此，以六盘山南侧华北落叶松人工林和天然灌丛林为研究对象，采用层次分析法和综合评分法对 4 种典型森林群落不同层次的生态水文过程进行总体的评价，确定促进水源涵养功能有效发挥的林分垂直结构，为六盘山缺水区及类似地区水源涵养型林分的结构调整提供参考。

一、水源涵养林评价体系

从林冠层、枯落物层和土壤层三个方面评价森林的涵养水源能力，结合层次分析法的基本思想，从各层中选择相应的具体指标形成综合评价指标体系 (图 10-8)。林冠层指标选择林冠层截留量、叶面积指数和草本层盖度；枯落物层选择枯落物层厚度、枯落物蓄积量、最大持水量和有效拦蓄量；土壤层选择土壤总孔隙度、最大持水量、田间持水量、土壤蓄水量和稳渗速率。

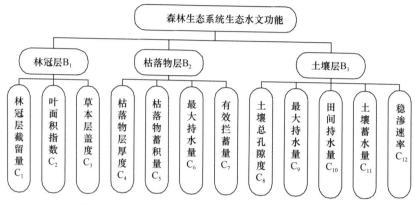

图 10-8 森林生态水文功能评价指标层次结构模型

二、典型林分指标权重确定

根据以往专家和试验研究的结果，对各层次指标构成的判断矩阵进行了一致性检验，林冠层、枯落物层、土壤层及准则层（B 层）间的判断矩阵的一致性检验指标分别为 CR = 0.056，CR= 0.0708，CR= 0.0617，CR = 0.03，均小于 0.1，说明不同层次的指标矩阵具有满意的一致性，符合一致性要求，因此可获得各指标的权重（表 10-14）。

表 10-14　典型林分生态水文功能主要指标合成权重值

权重	B_1 (0.105)			B_2 (0.258)				B_3 (0.637)				
	C_1	C_2	C_3	C_4	C_5	C_6	C_7	C_8	C_9	C_{10}	C_{11}	C_{12}
单权重	0.649	0.279	0.072	0.045	0.091	0.3	0.563	0.054	0.087	0.154	0.271	0.434
合成权重	0.068	0.029	0.008	0.012	0.024	0.077	0.145	0.034	0.055	0.098	0.173	0.277

从权重计算结果可以看出，土壤层的权重值最大，说明土壤层是影响林分生态水文功能最重要的生态作用层；而从目标层（C 层）来看，林冠截留量、枯落物有效拦蓄量、土壤稳渗速率分别在林冠层、枯落物层和土壤层的单权重值较高，说明这三个指标是影响林分整体生态水文能力的重要因子。

三、不同森林植被类型生态水文功能评价

从表 10-15 可以看出，华北落叶松人工纯林的林冠层生态水文功能最优（得分为 0.932），华北落叶松+灌木复层林的枯落物层生态水文功能最优（得分为 0.991），稀植乔木的天然灌丛林在土壤层的生态水文功能最优；4 种林分生态水文功能综合评价结果为华北落叶松+灌木复层林（0.902）＞稀植乔木的天然灌丛林（0.893）＞华北落叶松人工纯林（0.782）＞天然灌丛林（0.708）。由此说明，在香水河小流域，通过人为对林分垂直结构以及物种组成的调整，林分的树种组成更为丰富，林地植被的生长状况及枯落物

表 10-15　典型林分不同层次生态水文功能分值

森林类型	林冠层	枯落物层	土壤层	整体得分
华北落叶松+灌木复层林	0.921	0.991	0.869	0.902
华北落叶松人工纯林	0.932	0.873	0.734	0.782
稀植乔木的天然灌丛林	0.803	0.653	1	0.893
天然灌丛林	0.867	0.542	0.749	0.708

层和土壤层的机械组成也发生了相应的变化，调整后的林分结构趋于稳定发展，生态水文功能得到进一步提高，具体表现为华北落叶松+灌木复层林的生态水文功能优于华北落叶松人工纯林，稀植乔木的天然灌丛林的生态水文功能优于天然灌丛林。

以上研究说明，在六盘山营林区对华北落叶松人工纯林进行林地补植灌木和对退化的天然灌丛稀植乔木等措施有助于林分生态水文功能的发挥，这也为当地其他低功能水源涵养型植被的林分结构调整提供了理论依据和参考 (孙浩等，2016)。

参 考 文 献

曹恭祥, 王绪芳, 熊伟, 等. 2013. 宁夏六盘山人工林和天然林生长季的蒸散特征. 应用生态学报, (8): 2089-2096.

陈立欣, 李湛东, 张志强, 等. 2009. 北方四种城市树木蒸腾耗水的环境响应. 应用生态学报, 20(12): 2861-2870.

陈书军, 陈存根, 曹田健, 等. 2013. 降雨特征及小气候对秦岭油松林降雨再分配的影响. 水科学进展, 24(4): 513-521.

陈严武, 史正涛, 曾建军, 等. 2015. 水源地不同林分水源涵养功能评价. 干旱区资源与环境, 29(2): 67-74.

高峻, 吴斌, 孟平. 2010. 杏树蒸腾与降水和冠层微气象因子的关系. 北京林业大学学报, 32(3): 14-20.

郭明春. 2005. 六盘山叠叠沟小流域森林植被坡面水文影响的研究. 北京: 中国林业科学研究院.

刘建立, 王彦辉, 于澎涛, 等. 2009. 六盘山叠叠沟小流域典型坡面土壤水分的植被承载力. 植物生态学报, 33(6): 1101-1111.

刘军, 陈文荣, 徐金良, 等. 2014. 毛红椿人工林树干液流动态变化对坡位的响应. 应用生态学报, 25(8): 2209-2214.

刘泽彬, 王彦辉, 刘宇, 等. 2017a. 宁夏六盘山半湿润区华北落叶松林冠层叶面积指数的时空变化及坡面尺度效应. 植物生态学报, 41(7): 749-760.

刘泽彬, 王彦辉, 田奥, 等. 2017b. 六盘山半湿润区坡面华北落叶松林冠层截留的时空变化及空间尺度效应. 水土保持学报, 31(5): 231-240.

孙浩, 刘晓勇, 熊伟, 等. 2016. 六盘山四种典型森林生态水文功能的综合评价. 干旱区资源与环境, 30(7): 85-89.

王华, 欧阳志云, 郑华, 等. 2010. 北京绿化树种油松、雪松和刺槐树干液流的空间变异特征. 植物生态学报, (8): 924-937.

王彦辉, 于澎涛, 张淑兰, 等. 2018. 黄土高原和六盘山区森林面积增加对产水量的影响. 林业科学研究, 31(1): 15-26.

王云霓, 曹恭祥, 王彦辉, 等. 2018a. 六盘山南侧不同坡位华北落叶松人工林树干液流特征及其环境影响因子. 生态学杂志, 37(7): 1932-1942.

王云霓, 曹恭祥, 王彦辉, 等. 2018b. 六盘山南侧华北落叶松人工林冠层蒸腾及其影响因子的坡位差异, 应用生态学报, 29(5): 1503-1514.

Andréassian V. 2004. Waters and forests: from historical controversy to scientific debate. Journal of

Hydrology, 291(1-2): 1-27.

Bosch D D, Marshall L K, Teskey R. 2014. Forest transpiration from sap flux density measurements in a Southeastern Coastal Plain riparian buffer system. Agricultural and Forest Meteorology, 187: 72-82.

Bréda, Granier A , Barataud F, et al. 1995. Soil water dynamics in an oak stand. Plant & Soil, 172(1): 29-43.

Bruijnzeel L A. 2004. Hydrological functions of tropical forests: not seeing the soil for the trees? Agriculture, Ecosystems and Environment, 104(1): 185-228.

Chelcy R F, Robert M H, Brian D K, et al. 2007. A comparison of sap flux-based evapotranspiration estimates with catchment-scale water balance. Agricultural & Forest Meteorology, 145(3): 176-185.

Crockford R H, Richardson D P. 2000. Partitioning of rainfall into throughfall, stemflow and interception: effect of forest type, ground cover and climate. Hydrological Processes, 14(16-17): 2903-2920.

Delzon S, Loustau D. 2005. Age-related decline in stand water use: sap flow and transpiration in a pine forest chronosequence. Agricultural & Forest Meteorology, 129(3-4): 105-119.

Engel V C, Stieglitz M, Williams M, et al. 2002. Forest canopy hydraulic properties and catchment water balance: observations and modeling. Ecological Modelling, 154(3): 263-288.

Gerrits A M J, Pfister L, Savenije H H G. 2010. Spatial and temporal variability of canopy and forest floor interception in a beech forest. Hydrological Processes, 24 (21) : 3011-3025.

He Z B, Yang J J, Du J, et al. 2014. Spatial variability of canopy interception in a spruce forest of the semiarid mountain regions of China. Agricultural & Forest Meteorology, 188(3): 58-63.

Herbst M, Rosier P T W, McNeil D D, et al. 2008. Seasonal variability of interception evaporation from the canopy of a mixed deciduous fores. Agricultural & Forest Meteorology, 148(11): 1655-1667.

Li Z H, Yu P T, Wang Y H, et al. 2016. A model coupling the effects of soil moisture and potential evaporation on the tree transpiration of a semi-arid larch plantation. Ecohydrology, https: //doi. org/10. 1002/eco. 1764 [2020-10-20].

Lowrance R, Sheridan J M. 2005. Surface Runoff Water Quality in a Managed Three Zone Riparian Buffer. Journal of Environmental Quality, 34(5): 1851-1859.

Makiko, Tateishi, Tomo'omi, et al. 2008. Spatial variations in xylem sap flux density in evergreen oak trees with radial-porous wood: comparisons with anatomical observations. Trees- Structure & Function, 22: 23-30.

Meerveld T V, Mcdonnell J J. 2006. On the interrelations between topography, soil depth, soil moisture, transpiration rates and species distribution at the hillslope scale. Advances in Water Resources, 29(2): 293-310.

Patrick J M, Richard G B, Patrick N J L. 2012. Responses of evapotranspiration at different topographic positions and catchment water balance following a pronounced drought in a mixed species eucalypt forest, Australia. Journal of Hydrology, 440-441: 62-74.

Peng H H, Zhao C Y, Feng Z D, et al. 2013. Canopy interception by a spruce forest in the upper reach of Heihe River basin, Northwestern China. Hydrological Processes, 28(4): 1734-1741.

Raz-Yaseef N, Yakir D, Schiller G, et al. 2012. Dynamics of evapotranspiration partitioning in a semi-arid forest as affected by temporal rainfall patterns. Agricultural and Forest Meteorology, 157: 77-85.

Saito T, Matsuda H, Komatsu M, et al. 2013. Forest canopy interception loss exceeds wet canopy evaporation in Japanese cypress (Hinoki) and Japanese cedar (Sugi) plantations. Journal of Hydrology, 507(12): 287-299.

Shi Z J, Wang Y H, Xu L H, et al. 2010. Fraction of incident rainfall within the canopy of a pure stand of a pure stand of Pinus armandii with revised Gash model in the Liupan Mountains of China. Journal of Hydrology, 385(1/4): 44-50.

Shinohara Y, Komatsu H, Kuramoto K, et al. 2013. Characteristics of canopy interception loss in Moso bamboo forests of Japan. Hydrological Processes, 27(14): 2041-2047.

Tomo'omi Kumagai, Tateishi M, Shimizu T, et al. 2008. Transpiration and canopy conductance at two slope positions in a Japanese cedar forest watershed. Agricultural & Forest Meteorology, 148(10): 1444-1455.

Tsiko C T, Makurira H, Gerrits A M J, et al. 2012. Measuring forest floor and canopy interception in a savannah ecosystem. Physics and Chemistry of the Earth, Parts A/B/C, 47/48(3): 122-127.

Ungar E D, Rotenberg E, Raz-Yaseef N, et al. 2013. Transpiration and annual water balance of Aleppo pine in a semiarid region: Implications for forest management. Forest Ecology & Management, 298: 39-51.

Wang Y H, Yu P T, Xiong W, et al. 2008. Water-yield reduction after afforestation and related processes in the semiarid Liupan Mountains, Northwest China. Journal of the American Water Resources Association, 44(5): 1086-1097.

Wilderer P. 2011. Treatise on water science. Vol. 2. Oxford: Academic Press: 89-101.

Wu Y Z, Huang M B, David N. 2015. Warrington. Black Locust Transpiration Responses to Soil Water Availability as Affected by Meteorological Factors and Soil Texture. Pedosphere, 25(1): 57-71.

Xiong W, Oren R, Wang Y H, et al. 2015. Heterogeneity of competition at decameter scale: Patches of high canopy leaf area in a shade-intolerant larch stand transpire less yet are more sensitive to drought. Tree Physiology, 35(5): 470-484.

第十一章 自然保护区管理

第一节 基础设施建设

六盘山自然保护区建立以来，国家财政投入基本建设经费 32 年累计 2885 万元，现有固定资产净值 2736.02 万元，近 5 年来保护区通过多种渠道和多种方式筹集资金 1500 万元，进行基本设施建设，保护区现有办公、食宿、展厅、文体活动等管理用房 15 000 m²；林区与林场、护林点道路 294 km；2001 年建立了森林植物园，收集挂牌植物近千余种，是我国西部重要的森林科普基地和教学实习基地；2012 年建立了森林生态系统定位监测站一处，面积 400 m²；业务用车 46 辆；程控电话 50 部；瞭望塔 18 座；森林防火设施 1000 套；森林防火监控中控设施 1 套，监控前端设施 34 套；100%的林场已经建立了新的办公用房。保护区基础设施、设备的建设，为保护区工作的正常开展创造了良好的条件。

第二节 机 构 设 置

机构建设及人员编制：六盘山原管理机构为宁夏回族自治区固原市六盘山林业局，下设办公室、营林科、计财科及下属 15 个林场。现有职工 531 人，干部 167 人，占总人数的 31.5%；从事林业技术工作的 160 人，占总人数的 30.1%。鉴于目前六盘山自然保护区还有一定造林等生产任务，在保护区建制时，将原固原市六盘山林业局仍然保留，六盘山国家级自然保护区管理局、六盘山国家森林公园管理局三个名称并存，机构人员规划如表 11-1 和表 11-2 所示。

表 11-1 六盘山水源涵养及野生动植物保护区管理局内设机构

单位	人员构成/人	主要职责
办公室	24	宣传教育，党员教育培养，党建及精神文明建设行政事务，后勤供应，车辆管理，生活福利
纪检监察室	2	案件查处，检查督查
计划财务科	5	财务预算，资金拨付，数据统计，资金管理

表 11-2 六盘山林业局下属林场等机构设置

林场	人员构成/人	主要职责
二龙河国有林场	27	建设管理与保护
大雪山国有林场	18	建设管理与保护
龙潭国有林场	30	建设管理与保护
秋千架国有林场	33	建设管理与保护
西峡国有林场	35	建设管理与保护
红峡国有林场	19	建设管理与保护

林场	人员构成/人	主要职责
东山坡国有林场	27	建设管理与保护
苏台国有林场	19	建设管理与保护
峰台国有林场	20	建设管理与保护
和尚铺国有林场	23	建设管理与保护
卧羊川国有林场	40	建设管理与保护
青石嘴国有林场	24	建设管理与保护
绿塬国有林场	24	建设管理与保护
挂马沟国有林场	56	建设管理与保护
水沟国有林场	16	建设管理与保护
离退休干部职工服务所	8	离退休干部职工管理服务
工厂化苗木培育中心	14	优良种苗引进繁育
六盘山木材检查站	2	过境木材检疫检查

第三节　保护区规范管理

由于六盘山地区包括大面积特殊的有生态价值和观赏价值、科研价值的森林和自然景观，以及丰富多样的野生动植物种群，具有特殊气候、地质地貌和较高生态价值的动植物栖息地以及各种具有不同生态功能和观赏游览价值的森林生态系统类型。为此，建立六盘山自然保护区管理机构，是我国政府为管理自然保护区而设立的专门机构。我国法律规定，自然保护区属于事业单位，应当建立管理机构进行专门管理。国家规定自然保护区管理机构的主要职责是：①贯彻执行国家有关自然保护的方针、政策和法规；②对保护区的自然环境和自然资源，进行资源考察，建立资源档案；③制定规章制度，统一管理区内的各项活动；④开展科学研究和自然保护宣传教育工作；⑤协助地方政府安排好区内居民的生产和生活；⑥在保护好环境资源的前提下，进行合理的经营活动。因此，以国家规定的自然保护区管理机构的6条职责为依据，在六盘山国家级自然保护区成立了自然保护区管理局，并配备专门的管理人员和科学技术人员，通过多年管理运行的补充与完善，目前已经形成了一套完整的科学化管理体制，自然保护区的管理从建设-运行-发展已全面制度化，科学研究管理从野外调查-样品采集-室内分析到长期定位监测已规范化。

第四节　保护区科学研究

发展自然保护区事业，不仅要保护自然生态环境和珍贵动物、植物资源，而且还要积极利用自然条件，发展和丰富自然资源，开展动物、植物、森林、生态、地理、地质、土壤、水文、气象，以及自然环境保护等多学科的科学研究工作。自然保护区的科学研究工作分为项目（课题）研究和项目（课题）管理两个方面，科学研究项目又分为基础理论研究和应用科学研究。基础理论研究包括自然保护区的本底资源调查、保护对象的长期定位监测等内容，主要为保护区的保护管理提供科学依据；应用科学研究包括自然保护区内动植物的分布、繁殖、利用、演替更新规律研究等，主要为保护区内资源的开发利用提供依据 (曾昭爽，2003)。

保护区是重要的基因库，六盘山有着起源古老的植物种属，有华山松、桦、椴、辽东栎、桃儿七、黄芪等839种高等植物，金钱豹、林麝、金雕、红腹锦鸡等野生脊椎动物270余种，金斑蝠蛾、丝带粉蝶等905种昆虫资源，鸟类200余种，成为生物资源的"基因库"和"天然动植物园"，是引种孵化和生态保护丰富的中草药植物资源，如秦艽、盘贝母、铁棒槌、野黄芪、款冬华、手掌参、桃儿七、羌活、九节菖蒲等100多个品种和林业科学及自然科学研究的天然实验室，被誉为黄土高原上的"绿岛"、"湿岛"和"天然氧吧"，是西北地区重要的水源涵养林区和黄土高原上的一颗绿色明珠 (李金良等，2012)。六盘山自然保护区可为人类提供多种野生物种源，为野生生物培育和驯化提供条件。人们应适当地改善某些稀有珍贵动物的栖息环境和营养条件，为它们创造更适宜的栖息场所和繁殖条件，让其数量尽快恢复。对那些濒临灭绝的物种，应该加以庇护，使其在相应环境条件中自由地生活、迅速繁衍。还有一些目前尚未被认识的物种，在没有认识它们以前，也应该保护它们的适宜生境让它们生存下来，进行自然繁殖。六盘山自然保护区是重要的自然博物馆和综合性教学实习、科研基地，具有复杂的地貌类型、自然条件，丰富的生物资源和独特的自然风景，可作为多专业教学和实习的理想天然课堂。六盘山自然保护区保存着比较完整的自然生态系统、丰富的物种资源和具有重要科学价值的自然遗迹，多年来依托高等院校或科研院所展开研究工作，为开展各种有关学科的科学研究提供了得天独厚的条件，而高等院校和科研单位科研力量雄厚，科研基地缺乏，保护区与高等院校、科研单位结合，走合作研究成果共享的道路，可以解决保护区科研力量不足的问题，达到双方优势互补。在合作研究中，保护区科研人员除了参加项目 (课题) 研究外，还可以提供基础性服务，在生活起居、野外考察等方面提供便利，科研成果与高等院校或科研单位共享，使保护区科研工作持续发展。自20世纪80年代初期，在宁夏回族自治区林业厅和固原行署的主持下，兰州大学、中国科学院水利部水土保持研究所、宁夏农学院、宁夏农林科学院等单位参加开展对六盘山自然保护区第一次科学考察，从此相继开展了相关专题性科学研究工作；自90年代中期至今中国科学院水利部水土保持研究所、中国科学院植物研究所、中国科学院动物研究所、中国林业科学研究院、国家林业局、西北林业调查规划院、西北农林科技大学、兰州大学、宁夏林业厅、宁夏农学院、宁夏农林科学院等单位在承担国家"973、863、自然科学基金、科技支撑、行业专项及省部级项目"的基础上，对六盘山自然保护区的植物种类、区系成分和植被状况进行了专题考察，并采集大量植物标本、种子、苗木，为建立六盘山自然保护区和合理开发利用自然资源以及资源更新提出建议。2018年以来，联合陕西动物研究所、复旦大学、中国猫科动物保护联盟，在阿拉善SEE塞上江南公益组织的赞助下，采购一批先进监测仪器，安装红外相机200余台，对保护区的野生动植物进行全方面、多维度、广覆盖的综合调查。六盘山是我国工农红军二万五千里长征时与陕北衔接的重要通道，也是目前我国西北部重要的生态屏障，黄土高原的重要水源涵养地，已被中外科学家所关注。中国科学院和中国林业科学院已经连续30多年在保护区开展科学研究和长期定位监测，目前正在深入开展工作，为了揭示六盘山水源涵养林的植被群落结构特征与变化过程，有必要加强对六盘山一些特定生态环境的保护。例如，森林与草地的衔接处、成熟林的抚育管理、次生灌木林的改造、人工林的抚育间伐 (密度)、针阔叶林的合理混交方式等和森林水源涵养作用研究，以及森林与气候、森林与土壤、森林与环境等的研究，为各种学术观点的科学工作者提供研究平台。研究其森林生态系统的结构，各要素之间的物质与能量的流动，各种生物群落的演替趋势和演替规律，不仅在揭示自然规律上具有重要的科学意义，而且在生产实践上，可以为进一步保护、发展、利用各生态系统提供重要科学支撑。所以目前由中国林业科学院在自然保护区建立森林生态系统长期定位试验站，并逐步建立研究所和保护区，需要有多学科的科研人员联合工作，不断完善六盘山自然保护区的建设并开展科学研究，从组织机构、管理措施和经费落实上建立新的运行机制，促进保护区各项事业的发展。

自然保护区的科研工作是一项能够出成果、出人才、直接有益于保护区管理的重要工作。地处保护区内的群众，如果掌握了科学研究的成果，可以从保护自然资源和生态环境的理念出发，充分发挥当地资源优势，逐步走向保护与开发相结合的持续发展道路。通过长期的科学研究与管理结合，六盘山自然保护区成果显著、知名度提高，表明科学研究是自然保护和区域发展的基础，只有在科研的基础上，才能保护好、建设好保护区。要实现对保护区的科学管理，实现对自然资源和自然环境的合理开发、利用与保护，充分发挥自然保护区的生态效益、社会效益和经济效益，必须贯彻科研优先的保护方针，将科学研究应用到保护区的管理工作中去，使科学研究成为保护区工作的灵魂。

参 考 文 献

李金良, 郑小贤, 陆元昌. 2012. 六盘山水源林林分目标层次结构研究. 林业资源管理, (4): 43-47.

曾昭爽. 2003. 浅谈自然保护区的科学研究工作. 海洋信息, (4): 19-25.

第十二章　自然保护区评价

自然保护区是保护自然资源和自然环境，拯救濒危物种，保存优良基因，监测人类活动对自然界影响的重要场所和战略基地，也是人类认识自然，改造自然，合理利用自然资源及其自然综合体的良好场所，是一项有益当代，造福后代的宏伟事业。划建自然保护区的宗旨在于：保持基本生态过程和生命维持系统；保存生物物种的多样性和遗传基因的优异性；保证对生态系统和生物物种的持续利用。

第一节　保护区管理历史沿革

六盘山自然保护区始建于 1982 年，为正处级事业单位，行政隶属于宁夏固原市人民政府，土地权属国家所有。自 1988 年晋升为国家级水源涵养林自然保护区。随后成立了宁夏六盘山国家级自然保护区管理局、宁夏六盘山国家森林公园管理局、固原市六盘山林业局三部门，一套班子管理，现保护区人员编制 549 人。

第二节　保护区范围及功能区划评价

六盘山水源涵养林自然保护区位于宁夏回族自治区南部，行政区划地跨泾源县、隆德县、彭阳县、原州区 4 个县区。长期生产生活在六盘山自然保护区林区范围内的农户约 2000 人，主要分布在泾源、隆德两县 6 个乡镇 26 个行政村。根据六盘山水源涵养林的经营性质和任务，在第一次森林科学考察的基础上，2012 年对林区的植被、土壤、动植物及其社会经济与森林经营管理等方面开展了第二次森林科学考察与论证，建议将六盘山林业局现管理的 677.2 km² 范围的森林、灌木及草地全部划为水源涵养林自然保护区。根据保护区的管理和区划要求设核心区、缓冲区、实验区。

一、核心区

核心区即绝对保护区，此区内要保证自然资源及其生态环境的绝对安全，不受人为干扰，保证自然演替条件，更不允许生产或其他破坏性活动。根据《中华人民共和国自然保护区管理条例》第二十七条规定：禁止任何人进入自然保护区的核心区。因科学研究的需要，必须进入核心区从事科学研究观测、调查活动的，应当事先向自然保护区管理机构提交申请和活动计划，并经自治区级以上人民政府有关自然保护区行政主管部门批准，其中，进入国家级自然保护区核心区的，必须经国务院有关自然保护区行政主管部门批准。只容许科研人员进行不影响保护对象及其生境的科学研究工作，如水源效益、水土保持、其他森林生态功能及环境监测等。本区范围包括苏台、红峡、西峡和二龙河林场，共 10 个林班，面积 53 km²，占总面积的 7.83%。核心区森林类型多样，林分生长健康，林相整体，物种多样性丰富。典型乔木树种有油松、华山松、华北落叶松、白桦、红桦、糙皮桦、山杨、辽东栎及零星生长的椴树。灌木有箭竹、虎榛子、峨眉蔷薇、秦岭小檗、灰枸子、高山绣线菊和沙棘等。在群落中还常见少许森林中草本层的种类，如东方草莓、淫羊藿等，而分布在阳坡和半阳坡的白莲蒿草原，多属狼针草草原、甘青针茅草原等的一个演替类型，其下土壤类型为暗灰褐土。珍贵动物有金钱豹、林麝、锦鸡、勺鸡、环颈雉等。该区通过 30 多年的全封闭式保护，形成了建群种明显，自然更新演替合理，林相整体的乔木层，能有效拦截天然降水。在林内受光照、热量、水分等小气候的影响，中生灌木的种类不断增加，在华山松、白桦、红桦和辽东栎林下形成了显著的灌木层，个体生长旺盛，自然更新与萌生能力强，在林间空隙呈片状生长，对降水具有较强的截留作用，林下草本的生长受光照、热量和水分等的影响，虽然物种分布较为丰富，但个体密度小，生物量低。林下枯枝落叶层通过多年的保护，在未受到人为干扰和自然灾害影响的情况下，形成了明显的三层结构 (未分解层、半分解层、全分解层)，一方面改善林下土壤结构，增加土壤肥力，促进森林的生长；另一方面有效积蓄大量的天然降水，涵养水源，丰富河流水源。

二、缓冲区

缓冲区介于核心区与实验区之间，其作用是防止强烈的人为活动对核心区的影响。但是在合理的经营管理下，根据《中华人民共和国自然保护区管理条例》第二十八条规定：禁止在自然保护区的缓冲区开展旅游和生产经营活动。因教学科研目的，需要进入自然保护区的缓冲区从事非破坏性的科学研究、教学实习和标本采集活动的，应当事先向自然保护区管理机构提交申请和活动计划，经自然保护区管理机构批准，可进行相关的科学研究工作，一般要求开展的科学研究工作，要与自然保护区的保护对象及保护目的紧密结合，减少对植被破坏强度大的工程项目开展。其范围包括苏台、红峡、龙潭、西峡和二龙河 5 个站 12 个林班，面积 94.1 km^2，占总面积的 13.9%。本区资源与核心区基本相似，只是资源、物种相对较少。该区通过多年的保护与开展必要的科学研究、教学实习和标本采集工作，促进了森林植被的生长与保护，形成了以白桦、红桦和华北落叶松为建群种，分布均匀，自然更新演替合理，林相整齐的乔木层，并能有效拦截天然降水。在白桦和红桦林下形成了显著的灌木层，不但个体生长旺盛，而且自然更新与萌生能力强，同时在林间空隙呈片状生长，对天然降水具有较强的截留作用，在华北落叶松林内受光、热、水等小气候的影响，灌木的物种数量少，但中生常绿灌木的种群密度在不断增加。林下草本的生长受立地条件和小气候等的影响，在白桦和红桦林下物种分布较为丰富，个体生长发育良好，生物量高，而在华北落叶松林下物种分布数量少，但个体密度大，植株生长低矮，生物量低。林下枯枝落叶层通过多年的保护，形成了明显的三层结构 (未分解层、半分解层、全分解层)，不断改善林下的土壤结构，增加土壤肥力，促进森林的生长，同时还积蓄大量的天然降水，涵养水源，使不同立地条件下分散的地表径流，通过森林群落的不同层次缓慢入渗到土壤中，最终汇入河流。

三、实验区

本区是开展各种科学实验活动的集中地区。根据《中华人民共和国自然保护区管理条例》第二十九条规定：在国家级自然保护区的实验区开展参观、旅游活动的，由自然保护区管理机构提出方案，经省、自治区、直辖市人民政府有关自然保护区行政主管部门审核后，报国务院有关自然保护区行政主管部门批准；在地方级自然保护区的实验区开展参观、旅游活动的，由自然保护区管理机构提出方案，经省、自治区、直辖市人民政府有关自然保护区行政主管部门批准。在自然保护区组织参观、旅游活动的，必须按照批准的方案进行，并加强管理；进入自然保护区参观、旅游的单位和个人，应当服从自然保护区管理机构的管理。首先在该区应划分出封禁区、科研区、教学区、旅游区等，在保证生态功能持续稳定发展的前提下，按照科学研究的要求，高标准、高质量开展各项科研工作，如森林抚育、林分改造、森林更新、荒山造林、林副产品开发利用、苗木基地建设、森林生态系统定位监测等多途径的科学研究。其范围包括卧羊川、绿塬、峰台、秋千架、东山坡、西峡、龙潭、苏台、红峡、二龙河、王化南、和尚铺、青石嘴、水沟和挂马沟 15 个林场，共 18 个林班，面积 530.1 km^2，占总面积的 78.29%。本区天然林集中连片分布较少，且多与人工林、疏林、灌木林及宜林荒山荒坡地相间，是开展各种科学试验活动的良好场所，可以长期从事科学试验、教学实习、参观考察、旅游以及驯化、繁殖珍稀、濒危野生动植物等活动。该区通过多年来的经营管理与科学试验研究，已经形成了一套科学完整的天然疏林改造、人工林建设、灌木林及宜林荒山荒坡地开发利用与经营管理的技术体系。并设立了研究教学实习、参观考察、文化旅游等活动基地，建立了六盘山森林定位监测站、红军长征纪念馆、生态博物馆及具有地方民族风俗特点的文化旅游景点，一方面是宣传、提高和扩大自然保护区的知名度；另一方面是吸引不同方面和不同层次的人员到六盘山开展科学研究，同时进行生态环境保护宣传，不断提高全民的生态环境保护意识。

第三节　保护对象变化评价

一、保护区类型

根据六盘山自然保护区建设与发展的总体目标，依据《国家自然保护区类型与级别划分原则》，该保护区属"森林生态系统"中的水源涵养林生态系统类型。在我国西部半干旱区具有代表性。

二、保护对象

六盘山是华北台地与祁连山地地槽之间的一个过渡带，是一座南北走向的狭长石质山地，受蒙古高原干旱气候和秦岭湿润气候的影响，形成了我国典型的暖温带半湿润区，山体起伏较大，森林群落类型多样，植物物种丰富，山间溪流众多，河网密集，常有流水河谷近百余条，是泾河的发源地，同时还有部分水源流入清水河与渭河，是黄土高原水源最为丰富的地区，也是影响我国西部半干旱区天然降水的重要区域。根据六盘山的自然特点和区位优势，该区保护对象是水源涵养林生态系统与珍稀物种。

三、保护区命名

根据中国自然保护区分类系统，六盘山保护区属生物类型保护区，采用三级命名法。因此，保护区名称为"六盘山水源涵养林自然保护区"。

六盘山水源涵养林自然保护区通过多年的保护、管理与运行，水源涵养林的范围在不断扩大，形成了不同森林群落乔木-灌木-草本-枯枝落叶完整的结构类型，使森林生态系统结构类型越来越合理，森林生态服务功能完善。目前，在保护区开展的科学研究、教学实习、参观考察、文化旅游等活动，紧密围绕森林的保护对象开展工作，在保护区的核心区和缓冲区范围内基本上没有裸露的土地和其他非法经营性活动的开展，都是在保护的基础上开展工作。例如，保护区除在暴雨季节可看到河流小溪有浑浊的流水出现，一般季节基本上都是清水长流，充分体现了水源涵养林的作用。

第四节　保护区管理有效性评价

一、总体规划的指导思想

自然保护区事业，在我国是一项综合科学新事业，有很强的科学性和社会性。科学性强，是因为该项事业涉及学科多，质量要求严格，技术标准要求高；社会性强，是因为自然保护区管理、科研建设涉及的社会面广，政策性强，工作量大。尤其六盘山自然保护区是在林业局的基础上转变过来的，通过多年的运行管理，各级管理人员不断开阔视野，转变观念，提高业务水平，以适应自然保护区的建设与发展。

(1) 坚持森林生态服务功能的宏观理念。六盘山自然保护区协同地方政府，教育和引导群众，不断扩大宣传，理顺几个关系：坚持把恢复生态和保护资源放在首位；林业建设与资源保护并重发展；长远利益与短期效益结合；开发与治理结合。加强资源的合理开发与保护，扩大森林植被面积，提高森林的水源涵养功能。

(2) 坚持依靠地方建设保护区的基本原则。加强法制教育，政策引导。把思想教育与解决问题结合起来。纠正一味索取，单纯利用，不顾后果的错误思想。依靠地方政府积极组织群众参加保护区建设和保护活动。

(3) 坚持生态优先，转变思想观念。自然保护区是一项多学科、广领域、跨行业的大事业，要完成历史赋予的任务，保护区各级领导、全体职工，首先要开阔视野，转变思想观念。

二、目标任务

根据六盘山自然保护区条件和科学价值，建设方针任务应是："全面保护，重点封禁，大力营造，积极研究，合理利用"。建设目标是：在全国保护森林资源和自然环境，积极进行科学研究的前提下，把保护区建成生态功能强、环境质量好、经济效益高的科研、教学基地和高效水源涵养林。

三、项目规划

(一) 森林建设与保护

六盘山森林资源，曾在历史上经历了人类长期的掠夺式利用，破坏非常严重。建立自然保护区，首先应加强护林，强化保护工作，尽快恢复森林植被。六盘山自然保护区现有护林点 (站) 67 处，总护林人员达到 301 人，应增加必需的通信设施及交通工具等。

森林病虫害防治。近年来，培养森林病虫害专职防治人员 1~2 名，掌握森林病虫害的发病规律，对易发森林病虫害的林场和主要森林类型，购置了森林病虫害防治设备，开展长期的森林病虫害的科研及防治工作。

林政管理。六盘山自然保护区多处与外省相邻，增加了自然保护区的管理难度，破坏生态现象较多。因此，应把林政管理列入重要日程。从问题的历史、现状、政策等方面进行系统研究，妥善处理问题，教育群众树立生态保护和生态文明思想。

宣传教育。为了防止对森林的破坏，搞好保护区的建设十分必要，首先要把宣传教育作为一项长期的战略任务抓下去。把法制教育、科普教育、政策教育与新农村建设工作结合起来。地方政府、林业、公安、旅游、工商、外贸等部门应密切配合，广泛宣传，提高广大群众对建设自然保护区重大意义的认识，关心和支持自然保护区工作。

(二) 建立科学研究平台

六盘山自然保护区是多学科 (农业、林业、畜牧业、水文、环境、土壤、气候) 的森林生态系统重要的科学研究平台，根据自然保护区建设目标，首先应开展下列重点科研项目。

森林涵养水源功能及其营林技术和利用途径的研究；经济植物综合开发利用研究；自然保护区环境质量监测评价研究，见六盘山水源涵养林自然保护区科研项目规划表 12-1。

(三) 经营管理规划

1. 土地利用规划

据考察，六盘山自然保护区总面积为 6.78 万 hm^2。林业用地面积 5.89 万 hm^2，占总面积的 86.9%；而有林地面积仅 3.25 万 hm^2，占总面积的 47.9%。加上灌木林 0.59 万 hm^2，覆盖率为 56.6%，还达不到水源林的覆盖率要求。根据六盘山条件和建设目的，应尽可能地将一切宜林荒山全部造林，使森林覆盖率达 85% 以上。充分利用土地资源，加强国土治理。

2. 造林规划

现在宜林荒山面积 1.66 万 hm^2。除划给有关县部分外，实有造林面积 0.94 万 hm^2。

表 12-1 六盘山自然保护区重点科研项目规划

项目	科研项目设置
(一) 森林涵养水源功能及其经营技术和利用途径的研究	1. 不同森林类型涵养水源作用的研究
	2. 人工纯林与混交林调蓄天然降水能力及直接效益研究
	3. 森林水源林的最佳结构功能与培育技术研究
(二) 森林生态保护及效益的研究	4. 六盘山优良落叶阔叶混交树种育苗技术研究
	5. 六盘山天然次生林改造与综合利用研究
	6. 六盘山森林保护及其病虫鼠害防治研究
	7. 六盘山森林生态系统调节气候、增加雨量、保持水土作用研究
	8. 六盘山自然保护区环境质量 (水、土、大气、植被) 监测评价
(三) 野生动植物调查及引种驯化研究	9. 开展六盘山野生动物种群数量调查及其栖息地保护研究
	10. 优良珍稀树种及遗传品质优良的猕猴桃、桃儿七、五味子和观赏植物培育技术的研究
(四) 森林生态服务功能的研究	11. 六盘山森林生态树木园的建设
	12. 六盘山森林旅游年最大游客接待容许量研究
	13. 六盘山森林生态环境效益评价
	14. 六盘山森林的社会效益研究
	15. 六盘山森林植被综合效益评价

计划 1987~2000 年完成。其中 1987~1990 年完成 0.26 万 hm^2，1991~2000 年完成 0.68 万 hm^2。二龙河核心区因荒山面积较大，近期再造林 200 hm^2，之后不再造林，留作自然演替。

3. 幼林抚育

幼林抚育按 4 年 5 次计，根据现有和今后造林面积共需抚育 7 万 hm^2 次。其中：1990 年前抚育 1.8 万 hm^2 次，1991~2000 年抚育 5.2 万 hm^2 次。

4. 成林抚育

成林抚育主要在经营区的秋千架、卧羊川两站进行，共有成林面积 0.6 万 hm^2，除不能抚育者外，可抚育面积 0.25 万 hm^2，平均每年抚育 250 hm^2，10 年轮回一次。

5. 旅游管理

开展旅游业务，是自然保护区工作的一项重要内容。通过旅游，可以进行形象宣传、科普教育，启发人们热爱大自然、保护大自然，促进文化教育、卫生保健及精神文明建设。根据六盘山实际，先规划龙潭、秋千架、西峡、和尚铺 4 个点。这几个点，交通、食宿均较方便，景观各具特色。特别是长征纪念亭和纪念碑，有毛主席著名诗篇《清平乐·六盘山》，可欣赏气势磅礴的壮丽诗篇，进行革命传统教育，鼓舞革命斗志。

6. 档案、标本管理

档案、标本管理是自然保护区的一项重要工作，必须认真做好。1988 年首先做好标本陈列和档案建立，以后逐步充实档案和标本。

7. 规章制度建设

根据六盘山自然保护区建设方针，要深化改革，在原有制度基础上，进一步制定适宜的规章制度，加强经营管理，不断提高经营管理水平。

四、工作进度

六盘山自然保护区建设规划分为 5 个阶段。

(1) 1982～1987 年，第一次组织野外科学考察与资料整理汇编。

(2) 1988～1990 年，六盘山自然保护区为全面落实规划，开展科学研究，保护区全面建成并进入正常运行。

(3) 1991～2011 年，在保护、科研、生产、营造等方面全面开展工作，充分发挥六盘山自然保护区三大效益 (生态、经济和社会)，为地方及国家生态环境建设与区域治理作出重大贡献。

(4) 2012～2013 年，根据环境保护部环函[2010]139 号文件精神，开展第二次野外综合科学考察，在第一次科学考察的基础上，第二次科学考察侧重自然保护区的森林植被变化趋势，森林的经营改造模式，林区周边群众的生产、生活对森林保护的影响，森林资源的开发与保护及其管理模式。

(5) 2018～2020 年，开展野生动植物监测调查。

第五节　生态价值评价

一、森林群落物种组成

在本书的第三章和第六章中已对六盘山丰富的的植物多样性和群落物种组成做了详细的阐述。随着六盘山自然保护区封禁与建设时间的延长，森林群落的变化出现了以下趋势，一是在核心区和缓冲区不断出现新的中生植物种，物种多样性丰富；二是在针叶林下以有性繁殖形成的幼苗成活率高，生长快，促进了森林的自然繁殖与更新；三是在阔叶林下常以无性繁殖为主，形成的幼苗成活率高，生长快，但受病虫危害较为严重，如果不及时防治严重影响森林的自然更新；四是林下灌木和草本多以中生种为主，虽然物种数量较少，但个体密度大，生长快。

二、森林生态系统功能

(一) 保护区典型性

六盘山是我国黄土高原西部保存较完整的山地森林生态系统，位于宁夏 (宁)、甘肃 (甘)、陕西 (陕) 三省 (自治区) 交界处。六盘山是泾河、清水河、葫芦河三河的发源地，森林繁茂，溪流密布，水源效益显著，在中国自然保护区分类系统中，属生物型自然保护区，是我国西北典型、重要的水源涵养林区。

（二）保护区特有性

在植物区系分区中，本区属于泛北极植物区的中国日本森林植物亚区，华北植物地区的黄土高原亚地区。根据前人研究成果，本区无中国特有科。但有中国特有属 11 个，占该地区种子植物总属数的 2.6%（百分比不包括世界分布属），包括虎榛子属、地构叶属、藤山柳属、羌活属、假贝母属、车前紫草属，中国特有种 300 余种，占总种数的近 50%。中国特有种中华北成分、西南成分、西北成分、华中-华东成分等均有分布。

虽然中国特有植物在本区较多，但是地方特有种很少，仅有 3 种，它们是四花早熟禾、六盘山棘豆和紫穗披碱草。宁夏特有成分有细裂槭，陕、甘、宁特有的成分 21 种，如短柄五加、甘肃桃、卷边柳等。青海（青）、甘、宁特有成分 4 种，如疏花翟雀花、毛蓼等。四川（川）、甘、宁特有成分 2 种，如刺齿马先蒿和岷山毛建草。甘、西藏（藏）、宁特有成分 2 种，如无心菜和中华小苦荬。甘、宁特有成分 3 种，如红花岩生忍冬、香荚蒾和密花早熟禾。陕、川、宁特有成分丝叶薹草、贫叶早熟禾等。而在这些特有植物中，以华北成分为主，其次为西南成分。

（三）生物多样性

一是生境的多样性。六盘山地处我国华北台地与祁连山山地地槽之间的一个过渡带，是南北走向典型的狭长石质山地类型，长期以来受蒙古高原、黄土高原干旱气候和秦岭湿润气候的影响，形成了我国典型的暖温带半湿润区，区域内山体起伏较大，从海拔 1750 m 上升到海拔 2920 m，出现了明显的山地、丘陵、台地、沟谷等地貌类型，增加了生境的复杂性，尤其是在不同生境条件下，丰富了森林群落类型多样性，植物物种增加。二是大尺度生物多样性。随着生境的变化，在六盘山不同地貌类型上通过多年的自然恢复演替和人为适度干预，出现了不同的森林类型群落。例如，在天然林中以华山松为建群种的类型，在长期的自然恢复过程中，以有性繁殖为主的个体种群数量在不断增加，形成了六盘山林区山地最具有代表性的天然林群落类型。另外，在不同地貌类型区，通过人为适度干预恢复，在六盘山林区形成了以油松、华北落叶松为代表的人工林群落类型，其适应性强、生长快、分布面积广。同时，依赖六盘山森林群落生存、繁衍的野生动植物极为丰富，其中有许多是珍稀特有物种，是生物多样性丰富的重要地区，也是鸟类生存、迁徙以及其他野生动物的栖息繁殖地。六盘山森林自然保护区有针叶林、阔叶林、针阔混交林、中生落叶灌丛、耐旱落叶灌丛、灌丛、草甸、草原等植被生境和自然景观，独特的自然生境孕育了保护区生物资源的多样性，随着保护区生境的进一步改善，生物资源将更加丰富多样。三是物种多样性。六盘山自然保护区植物地理成分甚为复杂，植物区系的古老性、特有性，加上周边生态条件的极端严酷性造就了保护区内野生动植物资源的独特性和多样性。这些特有物种长期在这种恶劣环境生存、繁衍，保留了极强的抗逆性基因，是人类不可多得的宝贵特种资源。六盘山森林自然环境为野生动物提供了丰富的食物和良好的生存繁衍、进化空间，对物种的保存、延续具有重要作用，是重要的物种遗传基因库。

（四）典型代表性

六盘山地处我国西北东部，宁夏回族自治区南端。在全国三大自然特征区域和自然保护区区划与植被八大区域中，六盘山属西北干旱区域黄土高原区、暖温带落叶阔叶林区的山地森林生态系统。且因山脉南北走向，受东南暖湿气流影响，气候、植被呈现由半湿润向半干旱过渡，由森林草原向半干旱草原过渡的特征。因此，六盘山在地理特征、气候带谱和过渡地区中，都具有很强的代表性。

（五）保护区自然性

六盘山自然保护区生物多样性保存完好，在核心区和缓冲区内无居民生活，人为干扰极少，基本处于自然状态。为森林植被的自然恢复、演替的监测提供了重要基地，是野生动植物的重要栖息地。

（六）水分调节性

六盘山从南向北形成了典型的狭长石质山地类型，高大的山体在长期的保护管理下，孕育了茂密的森林植被，形成了乔木-灌木-草本-枯枝落叶层合理的立体结构类型，层层拦截天然降水，调节河川径流，具有重要的水源涵养作用，受蒙古高原、黄土高原干旱气候和秦岭湿润气候的影响，小气候变化明显，是重要的生态屏障，多年平均降水量与周边百千米外相比高 100～150 mm。

（七）不可替代性

六盘山地处蒙古高原、黄土高原和秦岭的交汇处，山间溪流众多，河网密集，在林区内常有流水河谷百余条，是我国黄河的重要支流——泾河的发源地，流经黄土高原南部，穿越三省十余县（市），同时，在林区还有部分水源流入清水河与渭河，是黄土高原水源最为丰富的地区，也是影响我国西部半干旱区天然降水的重要区域。因此，根据六盘山的自然特点和区位优势，该区保护水源涵养林生态系统具有不可替代性。

三、森林水源涵养作用

我国自 20 世纪 60 年代初就开展了森林涵养水源的研究，尤其是对森林凋落物的研究工作，到 80 年代以后就有了较大的发展，近年来有了更为深入的野外长期定位观测与室内模拟实验研究，已对不同森林类型乔木-灌木-草本-凋落物的降水截留过程和产量动态及其化学组成、凋落物的分解过程及养分释放等进行了较为全面系统的研究，到目前为止已经基本摸清了我国主要森林类型及主要树种的凋落物产量变化动态及分解过程。在六盘山自然保护区森林涵养水源及凋落物的积累与分解一直都被认为是控制天然植被结构和森林生态系统功能的一个复杂、重要因素。六盘山自然保护区森林涵养水源的研究，主要集中在对森林凋落物的研究，涉及两个方面，即森林凋落物的储量变化和凋落物的分解过程。影响森林凋落物量及凋落物分解的因素很多，如树种（针叶、阔叶）的生物学特性、生长的环境条件、林龄、密度等，且森林凋落量及其分解呈现动态变化的过程。

六盘山自然保护区森林林下枯落物层作为森林生态系统中重要的结构层次，不仅影响林地土壤的发育、水热状况、通气状况、营养元素的循环及林地生物种群的类型及数量，而且其疏松的结构，具有良好的透水性和持水能力，能够削弱雨滴对土壤的直接击溅，能吸持一部分降水，减少入渗到土壤中的水量，减少地表径流的产生，起到保持水土和涵养水源的作用。同时森林凋落物对土壤肥力、幼苗更新生长、杂草生长和植物生长等方面都有影响。凋落物可以增加土壤有机质，提高土壤含水量，降低土壤温度，增加土壤酶的种类，提高土壤酶的活力及土壤无脊椎动物的多样性。

森林凋落物的动态变化过程是查明枯落物层的积累和变化的主要根据，可为评价不同森林类型在不同时期的水文生态功能提供科学的依据。六盘山林区位于宁夏南部，是黄河中游主要支流泾河、清水河及葫芦河的重要水源涵养林区，是黄土高原重要的水源涵养地，素有黄土高原上的"湿岛"之称，研究六盘山林区森林林下枯落物层的水文生态功能，对于探讨本地区森林生态系统的生态水文效益具有重要的意义。然而目前在该区内进行的研究还很少，为了研究该区不同森林类型林下枯落物层在不同时期的水土保持与水源涵养功能，本次考察对该区不同森林类型的凋落物动态与林下枯落物层的厚度、储量及其持水特性进行了全面研究，希望为六盘山自然保护区森林涵养水源提供科学依据，为我国的森林凋落物研究提供一些新的思路。

第六节　经济效益评价

森林覆盖率由原来的 46.3%（包括灌木）提高到 1990 年的 54%，到 2000 年为 60%，到 2012 年为 65%，到 2020 年的 73.46%；森林面积由 2.5 万 hm^2 增加到 1990 年的 2.9 万 hm^2，到 2000 年为 4 万 hm^2，到 2012 年为 4.3 万 hm^2，到 2020 年的 6.65 万 hm^2；森林蓄积由 121 万 m^3，增加到 1990 年的 130 万 m^3，到 2000 年为 160 万 m^3，到 2012 年近 200 万 m^3，到 2020 年的 452 万 m^3。仅森林蓄积一项价值，即达到本期总投资的 6～9 倍。

第七节　生态效益评价

随着森林面积的增长，六盘山自然保护区将发挥多种生态效益与功能，据资料推算，在六盘山林区一次可调蓄降水 9000 万 t，相当于 1 个 9000 多万立方米的水库向附近地区蓄水、供水。再加上乔木层-灌木丛-草本层-凋落物层对降水的层层截留过滤，起到了防洪、减少泥沙、净化空气和生态屏障等作用。同时，受大气环流的影响，六盘山森林对气候具有重要的调节作用，不仅增加降水量，而且还可以预防干旱的发生及其夏季干热风对农区的侵袭，其生态效益十分显著。

森林与人类的生活息息相关，它不仅是可供人类利用的一种持续性资源，也是人类和其他生命赖以生存的环境与物质基础。森林的效益包括许多方面，尤其是森林的水源涵养作用，土壤改良与水土保持作用，气候环境改善与维持生态平衡作用，大气、土壤、水体污染的净化与持续利用作用，野生动物与生物资源的保护作用，人类健康保健与环境美化作用等，其中水源涵养作用是森林植被最主要的直接效益。森林植被的水源涵养作用主要是指森林植被对大气降水的多层拦截与再分配现象，即通过乔木、灌木、草本、枯枝落叶层截留、渗蓄等途径吸收降水，减少地表径流量，以缓冲的方式对降水实行再分配，从而减少洪水形成的时间和数量，延缓洪峰产生，然后以土内径流形式或地下水的方式不断补充河川水量，从而起到保持水土、调节河流流态的作用。

六盘山自然保护区是黄河上游多条河流的重要发源地，水源涵养功能是其主要功能。多年来不同学者采用多种方法，对六盘山自然保护区的森林植被水源涵养功能进行了实测与估算。结果表明在丰水年可以不断调蓄地表径流增加河川水量，平水年可不断补充河川水量，苦水年可保护周边的生物多样性，调节气候。六盘山自然保护区周边的泾源县，在红色旅游、畜牧业、饮食、住宿等方面已经形成了较为规范的优势产业，为开展科普教育奠定了良好的基础，其社会效益则更加显著。

第八节　保护区综合评价

国家生态补偿机制的建立健全，是落实科学发展观的重大举措，也是完善社会主义市场经济体制的重要组成部分。2005 年，党的十六届五中全会就明确要求，要按照"谁开发、谁保护，谁受益、谁补偿"的原则，建立健全生态补偿机制。同年 12 月颁布的《国务院关于落实科学发展观加强环境保护的决定》提出，要"完善生态补偿政策，尽快建立生态补偿机制。中央和地方财政转移支付应考虑生态补偿因素"。国家在"十二五"规划强调，要进一步加快建立生态补偿机制。到 2010 年年底《全国主体功能区规划》出台，为建立生态补偿机制确立了空间布局框架和体制基础。2011 年中央一号文件指出：加强水源地保护，依法划定饮用水水源保护区，强化饮用水水源应急管理，建立水生态补偿机制。中国有关生态补偿的实践开始于 20 世纪 90 年代初期，经过十多年的建设与发展，中国生态补偿机制的总体框架已初步形成，目前，实践工作主要集中在森林与自然保护区、重点生态功能区、流域和矿产资源开发的生态补偿等方面。

在党的十八大报告中明确指出，"加大自然生态系统和环境保护力度。良好生态环境是人和社会持续发展的根本基础。要实施重大生态修复工程，增强生态产品生产能力，推进荒漠化、石漠化、水土流失综合治理，扩大森林、湖泊、湿地面积，保护生物多样性。加快水利建设，增强城乡防洪抗旱排涝能力。加强防灾减灾体系建设，提高气象、地质、地震灾害防御能力。坚持预防为主、综合治理，以解决损害群众健康突出环境问题为重点，强化水、大气、土壤等污染防治。坚持共同但有区别的责任原则、公平原则、各自能力原则，同国际社会一道积极应对全球气候变化。加强生态文明制度建设。保护生态环境必须依靠制度。要把资源消耗、环境损害、生态效益纳入经济社会发展评价体系，建立体现生态文明要求的目标体系、考核办法、奖惩机制。建立国土空间开发保护制度，完善最严格的耕地保护制度、水资源管理制度、环境保护制度。深化资源性产品价格和税费改革，建立反映市场供求和资源稀缺程度、体现生态价值和代际补偿的资源有偿使用制度和生态补偿制度。积极开展碳排放权、排污权、水权交易试点。加强环境监管，健全生态环境保护责任追究制度和环境损害赔偿制度。加强生态文明宣传教育，增强全民节约意识、环保意识、生态意识，形成合理消费的社会风尚，营造爱护生态环境的良好风气"。

近几年来，国家对生态补偿整体工作做出了新的部署。对于森林生态补偿，要求逐步提高国家的补助标准；对于草原生态补偿，要求按照核减超载牲畜数量、核定禁牧休牧面积的办法进行补偿；对于流域生态补偿，中央财政将加大对上游地区等重点生态功能区的均衡性转移支付力度，同时鼓励同一流域上下游生态保护与生态受益地区之间建立生态补偿机制；对于矿产资源开发生态补偿，明确要求建立资源企业可持续发展准备金制度，矿产资源所在地政府对企业提取的准备金按一定比例要统筹使用。现代林业建设的主要目标是构建三大体系，首先是完善林业生态体系，其次是培育发达的林业产业体系，最终建立繁荣的林业生态文化体系。六盘山自然保护区对于林业生态体系和林业产业体系研究较多，而对于林业生态文化体系的深入研究却少有报道。森林文化是生态文化的主体，如何构建繁荣的森林文化体系，如何评价森林文化则是研究繁荣的生态文化体系的理论和技术基础。另外，森林健康的评价指标体系包括4部分，即生态、社会、经济和文化。因此，森林文化研究与评价不但对于现代林业建设，而且对于森林健康都有重要意义。目前，六盘山自然保护区总体是：常绿针叶林林相整齐，天然更新与顺向演替趋势明显。落叶阔叶林乔木-灌木-草本-枯枝落叶层次结构合理，具有重要的水源涵养林作用，森林生态效益显著。六盘山自然保护区把林业建设与生态旅游结合，既丰富了森林文化体系，又增加了周边群众的经济收入，促进了林业的保护与建设。

第九节　保护区旅游资源

六盘山各区域自然气候、植被、土壤各不同，构成了风格独特的自然景观。六盘山自然保护区既有北国山势之雄，又兼有南国山水之秀，保护区内自然风景优美，具有类型丰富多样的自然旅游资源，主要由水文景观类、地文景观类和气候生物景观类3种类型组成 (杨学燕和金海龙，2004)。水文景观类旅游资源有葫芦河、清水河、祖历河、泾河及其支流瀑布"溪水"峡谷和堰塞湖、荷花苑温泉 (六盘山东山坡)、泾河泉华、老龙潭等。地文景观类资源主要包括六盘山白垩纪地层剖面、海原大地震遗迹、西吉火石寨和扫竹林，固原须弥山丹霞地貌、黄土梁卯沟壑地貌景观、六盘山和南华山等山地构造地貌景观等。气候生物景观类旅游资源包括大漠落日、多彩云雾、山间日出、灾害性天气、气候山地草甸、森林、干草原、荒漠草原等植被景观，植物园、植物标本室，珍稀动物养殖等 (李成和米文宝，2001；杨雪燕和金海龙，2004)。下面以著名景点为例进行具体分析。

1) 老龙潭

老龙潭俗名泾河脑，位于六盘山东麓，泾河上游泾源县西南20 km，地处崇山峻岭之中，是横贯陕、甘、宁三省 (自治区) 的泾河源头之一 (马冬梅，2006)，是六盘山最早开发的旅游景点之一，老龙潭峰环水抱，山势狭窄，峭壁嶙峋，崖势曲斜而陡峭，被誉为黄土高原上的天然水塔，由几个连续衔接的小潭组成，按进山的顺序依次分为4个潭，一潭在山脚下，平缓无波；二潭距一潭不远，小而深；三潭是老龙潭的精华所在；四潭在最里面，风光独特。每逢春夏季节，境内水雾弥漫，波光暗绿，飞瀑直泻，经潭而出，似银龙飞舞，蔚为壮观，造就了六盘山的神秘与气势。

2) 二龙河

二龙河素有"塞北小九寨"之称。境内森林茂密，流水清清，奇峰连绵，美不胜收。动植物资源非常丰富，有23万亩的自然林和人工林，生长着110科、近760种植物；动物有56科、197种，被誉为"天然博物馆"。流域内有国家重点保护动物金钱豹和林麝，此外红腹锦鸡、金斑蝠蛾、草鹭、丝带粉蝶、绿翅鸭、金腰燕、白尾鹞等也很珍贵奇特。开发后的二龙河，松涛阵阵，游人涌动，景色更胜从前。

3) 荷花苑

荷花苑由于谷内野荷花横生而得名，位于泾源县城西不足 10 km 处，是六盘山东麓香水河源头。荷花苑是一条南北走向的峡谷，谷长大约 17 km，宽 8 m 至 12 余米，境内景色奇异，春季花草丛生，春意盎然。夏季谷风习习，花香袭人。秋季松涛滚滚，天高气爽。冬季白雪皑皑，似银蛇蜡象。

4) 凉殿峡

凉殿峡又称为"凉天峡"，位于六盘山腹地，距泾源县城 32 km，峡谷全长约 2 km，凉殿峡是六盘山地区物种资源最丰富的地区，森林茂密，有杨、椴、桦和榆等多种树种，有芍药、百合和探春等观赏植物，更加奇特的是还有北方罕见的箭竹。此外，峡内动物资源也较为丰富，如红腹锦鸡、金钱豹、野猪等活动频繁。峡内气候湿润，风景优美，自古是消夏避暑的圣地，已发现成吉思汗避暑行宫遗址，如今仍存有当时建筑物的基石、桥墩和断石等，石槽、石墩、石条和点将台等遗迹也大量存在，可供游客观赏。

第十节　人文旅游资源丰富

六盘山保护区是古"丝绸之路"的枢纽重镇，历史悠久，文化积淀深厚，形成了生态文化、红色文化、民俗文化、历史文化、石窟艺术和地质文化等类型的独特丰富的文化旅游资源。根据杨雪艳和金海龙的研究，人文旅游资源主要包括历史遗产类和现代人文类。历史遗产类旅游资源包括人类文化遗址 (如西吉白城乡的三滴水遗址、海原西安乡新石器遗址、海原南华山新石器遗址、周家嘴新石器遗址等)、军事防御体系遗址(如好水川古战场秦代古长城)、瓦亭关故址、古城及古城遗址 (如固原古城垣黄铎古城、彭阳古城遗址、七营北嘴古城等)、帝陵及普通陵墓 (如固原隋代彩绘壁画墓、固原北周李贤墓、任山河烈士陵园等)、革命纪念地 (如六盘山长征纪念亭、将台堡红军长征纪念亭等)、古文化遗址建筑群 (如固原须弥山石窟、岗山石窟、单家集清真寺、西吉扫竹林石窟、石寺山石窟、延庆岭石窟、教陵园地等) 和楼阁建筑 (如东岳山五龙壁、璎珞塔、固原魁星楼等)。现代人文类旅游资源包括博物馆 (如西吉古钱币博物馆和固原博物馆)、现代水工建筑 (如固海扬水工程)、产业旅游地 (如马铃薯加工、养殖业、沙产业、药材种植等)、特色聚落 (如院落回族村居等)、购物 (如当地土特产品、蔬菜、刺五加、蕨类、剪纸和刺绣等民间独特工艺品，党参、松子、泾河源水锈石盆景，以沙棘或枸杞为原料加工而成的食品、回族传统食品、回族书法艺术、丝路文物复制品、回族口弦、唐瓶、回族服饰、宁夏五宝)和抽象人文旅游资源 (如回族习俗婚礼、礼仪、饮食、节日、民居、歌舞、服装及民间文学与民间体育项目等) (李成和米文宝，2001；杨雪燕和金海龙，2004)。

第十一节　对策与建议

六盘山自然保护区是我国黄土高原西部重要的水源涵养林区，其森林生态系统作用和科学价值极为重要，深受国家重视。通过此次综合考察论证，提出如下建议。

(1) 强化生态文明建设，加强资源保护。根据六盘山保护区现实，要认真贯彻《中华人民共和国森林法》《森林和野生动物类型自然保护区管理办法》，采取有效措施，坚决制止偷砍盗伐，加强资源保护工作。

(2) 保护资源、完善水源涵养林的生态系统功能。六盘山水源林位于宁、甘、陕三省 (自治区) 间，资源丰富，水源效益显著，科学价值重要。许多专家提出，治理泾河、渭河，首先从上游治起，建议甘、陕两省在关山与六盘山相邻处划建保护区，进一步扩大水源林生态系统，提高水源涵养效益。

(3) 重点人员培训，搞好保护区科研与管理工作。目前六盘山保护区是由林业局转变过来的。职工对自然保护区的认识还很不够，为了适应工作需要，需采取各种措施培训人员，以开阔视野，转变观念，提高业务水平，做好自然保护区工作。

(4) 天然林的保护与经营管理。六盘山自然保护区天然林面积较大，林龄长，但分布极不均匀，且密度小，林相极不整齐，乔木老化、干枯死亡现象严重，促进了天然灌木的次生，森林的经济效益极低，但生态效益显著。因此，建议除核心区和缓冲区外，结合人工林营造对该类型进行合理的改造，提高森林的生态经济效益。

(5) 人工林合理抚育间伐与经营管理。六盘山自然保护区人工林主要以华北落叶松、油松为主，造林密度大，生长年限长，森林的自然更新能力差，林下光照不足，乔木病害严重，林木径级小，灌木草本种类少，生长缓慢。因此，建议对 30 年以上的人工林开展合理的抚育间伐，控制森林密度，促进大径级木材的生长与生产。

(6) 建立规范化苗木育种基地，建立规模化苗木产业基地。在六盘山林区周边适宜建立育苗基地的土地类型面积大，土壤适宜，水分条件优越。近 10 年来，这里的群众已经自发组织开展苗木育种，积累了较为丰富的经验，目前生产的苗木 (华北落叶松、油松、樟子松、云杉、华山松等)已经销往全国 21 个省 (市)，成为我国西部最大的苗木生产基地。因此建议，第一，在国家林业和草原局和自治区林草局的大力支持下建立六盘山地区林木种质资源库；第二，成立苗木生产或销售协会，聘请专家指导农民建立长远的苗木生产基地，形成生产、销售产业体系。

(7) 规范旅游业运行管理，促进区域产业发展。六盘山旅游区是国务院确定的全国唯一的旅游扶贫试验区，2019 年，共接待国内外游客 180 万人次，实现了旅游业经济收入 6 亿元，旅游业带动地方经济社会发展的作用日益显现。尤其是周边县 (区) 都将文化旅游确立为特色优势支柱产业，充分发挥资源优势，着力打响"高原绿岛、长征圣山、丝路重镇、回乡风情"四大旅游品牌，充分挖掘整合旅游资源，大力开发六盘山红色生态旅游业，启动实施了"大六盘生态经济圈"建设项目。建议结合建设项目，对六盘山林区内的旅游景点，在保护生态环境，不破坏森林植被的基础上，进行部分设施的改造与完善，防止旅游带来的二次污染和环境破坏。例如，对老龙潭、二龙河、鬼门关、凉殿峡、野荷谷、白云山六大景区的 70 多个景点的高山峡谷、流泉瀑布和特有植物资源要进行重点保护。同时再新建和完善六盘山红军长征纪念馆、将台堡红军会师纪念园、红军长征青石嘴战斗纪念碑等一批红色旅游景点。

(8) 扩建小型水库，促进多水循环。在六盘山自然保护区内选择适宜的河谷，在不破坏森林植被的基础上，建立小型低围堰塘坝、滚水坝或水库，扩大林区水面，促进林区水分的不断循环，改变该区域干旱气候状况。

(9) 参照三江源、东北虎豹、大熊猫、祁连山、海南热带雨林、神农架、武夷山、钱江源、南山、普达措 10 个国家公园试点的模式，由自治区人民政府牵头，成立专门的协调工作领导小组，启动以国家公园为主体的自然保护地体系建设，以解决多年来六盘山管理上重复等问题。

参 考 文 献

李成, 米文宝. 2001. 全球变化与天-地-生-人耦合关系研究. 宁夏大学学报 (自然科学版), (1): 89-93.

马冬梅. 2006. 宁夏六盘山区旅游扶贫开发思路及对策研究. 西安: 西安建筑科技大学.

杨学燕, 金海龙. 2004. 六盘山旅游扶贫开发实验区的开发对策探讨. 干旱区资源与环境, (3): 121-124.

图　　版

I　六盘山自然保护区森林与植被景观

森林景观

辽东栎林

白桦林

油松林

青海云杉林

华北落叶松林

华山松林

针阔混交林

次生林改造

林沿灌草地

Ⅱ 六盘山自然保护区森林植被调查

森林生长测定

地上生物量测定

地下生物量测定

土壤容重采样

土壤水分测定

凋落物测定

林沿草地调查

林沿灌木调查

林下草地生物量测定

根系分级测定

灌木不同器官测定

草地取样

Ⅲ 六盘山自然保护区野生动物

（2019-2020 年红外相机拍摄六盘山野生动物图片）

金钱豹（和尚铺）

金钱豹（东山坡）

林麝（东山坡）

野猪（二龙河）

鬣羚（二龙河）

黄喉貂（东山坡）

黄鼬（东山坡）

猪獾（秋千架）

中华斑羚（龙潭）

狍子（秋千架）

金钱豹（东山坡）

毛冠鹿（东山坡）

Ⅳ 六盘山自然保护区鸟类

（六盘山林业局郭志宏拍摄）

长尾山椒鸟

白斑翅拟蜡嘴雀

白顶溪鸲

白鹡鸰

白顶䳭

白眶鸦雀

大白鹭　　　　　　　　　　　　大斑啄木鸟

大杜鹃　　　　　　　　　　　　戴胜

雕鸮　　　　　　　　　　　　　豆雁

高山兀鹫　　　　　　　　　　　褐河乌

贺兰山红尾鸲

黑鹳

黑喉红尾鸲

红隼

红腹锦鸡

红尾水鸲

红胁蓝尾鸲

胡兀鹫

黄臀鹎

灰头麦鸡

金眶鸻

酒红朱雀

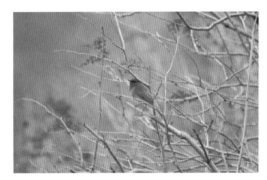

蓝额红尾鸲

绿背山雀

普通鵟

普通翠鸟

绿头鸭

绿翅鸭

针尾鸭

长尾山椒鸟

鸳鸯

勺鸡